woongjin 家庭教育系列

申宜真

0～6岁幼儿父母育儿必备

幼儿心理百科

著 · [韩]申宜真
译 · 陈放 付刚

世界图书出版公司
北京·广州·上海·西安

图书在版编目(CIP)数据

申宜真幼儿心理百科/(韩)申宜真著；陈放，付刚译.
—北京：世界图书出版公司北京公司，(2019.6 重印)
（家庭教育系列）
ISBN 978-7-5100-1191-7

Ⅰ.申⋯ Ⅱ.①申⋯ ②陈⋯ ③付⋯ Ⅲ.①婴幼儿心理学⋯ ②婴幼儿－家庭教育
Ⅳ. B844. 11 G78

中国版本图书馆CIP数据核字（2009）第187496号

申宜真幼儿心理百科——0~6岁幼儿父母育儿必备

著　　者	[韩]申宜真
译　　者	陈 放 付 刚
策　　划	世图北京熊津合作办公室
责任编辑	刘 嘉 曹 文
特约编辑	郭淑琴
内文排版	邵海波
出　　版	世界图书出版公司北京公司
发　　行	世界图书出版公司北京公司
	（地址：北京市朝内大街137号　邮编：100010　电话：64077922）
销　　售	各地新华书店
印　　刷	北京博图彩色印刷有限公司

开　　本	787mm×1092mm　1/16
印　　张	29.75
版　　次	2009年12月第1版　　2019年6月第14次印刷
版权登记	图字 01-2009-3887

ISBN 978-7-5100-1191-7/C·76　　　　　　　　　　定价：69.80 元

　　站在窗前，窗外是一位母亲拉着孩子的小手渐渐远去的背影。那对母子刚刚在我这里进行过咨询后离开了。妈妈身体向前微倾，走得很快，孩子为了赶上妈妈的脚步，吃力地紧紧跟随。虽然我刚对这位母亲讲过，孩子是因为母子依恋关系不稳定才出现了问题；也曾告诉过她，如果孩子得不到充分的母爱，就会留下心病。即便这么讲，这位妈妈还是没有考虑孩子，自顾自地牵着孩子向前走。

　　看到这副情景，我不禁想，为什么妈妈们都对孩子的内心一无所知呢？一边说着自己多么多么地爱孩子，一边却总是从自己的角度出发，用成人的眼光看待孩子，揠苗助长。

　　回想一下，我抚养两个孩子的过程似乎也是这样过来的。在我做实习医生忙得不可开交的时候，因意外怀孕而有了老大庆模。生完孩子后，又要拉扯孩子又要努力工作，忙得晕头转向。因此，我也曾经有好几次因为孩子没按我的意愿行事就对他大发脾气，虽说事后也是后悔不已。

　　父母因为育儿感到吃力的原因之一，就是父母并不了解孩子的发育过程和他们的内心状态。虽然自认为比任何人都了解自己的孩子，但其实很难说他们眼前看到的就是孩子的全部。如果能知道孩子的内心在发生着哪些变化，了解孩子的心理发育已经到了哪一个阶段，那么育儿带来的困难至少会减少一半以上。如果父母对这些情况不了解，就会对孩子继续发脾气，以更为急躁的心态督促孩子，使得情况更加恶化，陷入恶性循环。

　　回头想来，我自己也曾经有过很多同样的失误。每当在医院的小儿精神科里接待前来看病的妈妈们时，我都会回忆起自己的一些相似经历，都会自我反省："那时如果这样做，就更好了。""原来因为这个原因，孩子才那样做的啊！"我有过那么多的失误，幸运的是并没有耽误两个孩子的健康成长，这一点我一直对孩子心存感激。

抚养孩子意味着必须对孩子这个存在的客体充分学习了解，并以此作为当好父母的基础。在孩子一岁岁长大的过程中，父母其实也在伴随着孩子一起成长。

给1岁孩子妈妈的赠言

在怀着老大庆模的时候，我曾经有过一些非常不切实际的想法。比如，我曾经觉得只要生完孩子，就能恢复自由之身，自顾自地逍遥自在；甚至还曾"雄心勃勃"地计划，在产后调养的日子里一定要把怀孕期间耽误的功课重新拣起来。但是，实际情况如何呢？生完孩子以后比怀孕的时候更累，必须忘掉自己，一天24小时都用来满足孩子的需要。这时才切身体会到，过来人说的"孩子在肚子里时最轻松"是多么正确。

就这样，我进入了"妈妈"这个新角色，但一开始却并不顺利。首先，庆模非常敏感，经常啼哭，夜里也又哭又闹，不好好吃辅食，还特别认生，除了带他的人以外，谁也不跟。那时，我甚至产生了"孩子为什么会这样？""难道生他出来就是为了让他折磨我吗？"这样无稽的想法。

为了当一个好妈妈，我以非常迫切的心情开始加紧学习。我逐渐认识到，庆模出现的这些现象都属于天生气质和发育方面的问题。因此，问题并不在于庆模，而在于我对自己的孩子不了解，才会为孩子不按自己意愿行事而烦躁。因此，在庆模出生后的一年里，我努力地去尝试掌握并理解他的气质特点。

孩子出生后的第一年，妈妈们应该了解，此时最重要的事情就是满足孩子所有的生理要求。此时，孩子的身心还没有分离，身体发育就意味着心理发育。因此，为了让孩子具备对身体最好的控制力，按时喂养、按时睡觉、及时更换尿布等等随时满足孩子要求的做法非常重要。

同时，要和孩子建立起牢不可破的情感纽带。当孩子咿咿呀呀地尝试说话时，妈妈即使不明白那是什么意思也要给予回应，对他说"原来是这样呀"；当孩子露出笑脸时，也要与他一起微笑；当孩子希望妈妈抱时，即使妈妈双臂像灌了铅一样沉重，也要努力抱抱他；当孩子想出门时，就应该背上他走出去。

要求一直上班的我能做到这样，可真不是件容易的事。因此，我积极地请求身边人的帮助。东奔西走后，我找到了一位能够在白天替我精心照顾孩子的老奶奶。同时，我还拜托孩子爸爸能够抽空多陪陪孩子。此外，我也尽最大努力，哪怕是减少睡眠，也要尽量抽出时间和孩子在一起。在周末，我经常会一边抱着熟睡的孩子，一边熬夜看书。回首过去，我在产后的第一年里对孩子无条件奉献出了全部的爱，就如同经历了一次"刻骨铭心的恋爱"一样。

给 2 岁孩子妈妈的赠言

到了 1 周岁的时候，庆模开始任性耍赖，简直别提有多么固执了。要是告诉他"不行"或者没有答应他的要求，他也不知跟谁学的，竟然会把手伸进嘴里，强行让自己呕吐。而老二静模怎样呢？平时玩得好好的，可只要一有什么不如意的事，就会号啕大哭，甚至哭得背过气去，有时候还会用头撞墙，简直让人忍无可忍。

望着耍赖的孩子，我意识到真正的战争开始了。过了周岁，孩子每天都要摇着头说上无数次的"讨厌"和"不干"。在妈妈看来，孩子是不听话、耍性子，但这种情况其实意味着孩子已经慢慢认识到了"自我"的概念。此时，孩子发现了一个和妈妈不同的、另外的"我"，希望了解"我"生活的世界是个什么样子。因此，无论什么都只有自己试试才会觉得舒服。但是父母却无法对孩子的举动置之不理，由此，在孩子和父母之间就会不断地产生大大小小的摩擦。

我不禁感叹，如果当时能够把孩子的任性积极地理解为"孩子慢慢开始有自我主张了"并接受它，那么养育孩子的过程该会变得多么幸福啊！然而，虽然懂得这些理论，但在实践中，对孩子耍赖感到无可奈何、怒火中烧的次数又何止一两次呢？

但是，即便在怒不可遏的时候，我也努力做到不伤害孩子的内心。在这时，最重要的就是不要让孩子陷入负面情绪之中。孩子的身体越来越自由，不管什么事都希望按自己的想法去尝试一下。遗憾的是，小小的他们能遂心所愿的事情实在不多，甚至用大型积木玩"码高高"的简单游戏都很吃力。孩子会感到挫折，所以就用耍性子发脾气的方式表现出这种挫折感。

当孩子因不能如愿而伤心的时候，父母要给他温暖的抚慰。此外，只要确保不出危险，就应该尽可能地按孩子希望的方式帮助他。因为，通过自己尝试而积累的经验可以塑造出积极的自我意识，并逐渐发展为孩子的自信心，这对他今后走向社会是非常重要的。

随着孩子自我意识的成长，妈妈会感到育儿更加吃力。孩子的自我意识从周岁以后开始产生，到4岁时才能达到一定高度。因此，在这期间每天被孩子折磨是太正常不过的事情了。孩子年龄越大就越任性，闯祸的次数就会越多。父母会被累得"四脚朝天"，但也别无选择，因为这是孩子成长为具有独立人格的人所必经的过程。

给3~4岁孩子妈妈的赠言

虽然说妈妈是一个"熟能生巧"的"职业"，但如果当妈妈的经历仅有三四年，在教育孩子方面是远远达不到游刃有余的程度的。我自己也是一样的。虽然能够掌握孩子的气质特点，也遵循了符合孩子气质的抚养原则，但庆模还是每天都会出些让我惊慌失措的新状况。

那时候，市面上刚刚出现了手机。虽然我总是信誓旦旦地说"送给我手机我也不用"，但事实上为了不知道什么时候会出事的庆模，最终还是花好多钱买了一个。

"是庆模妈妈吗？"

庆模一过3岁就被送进了幼儿园。幼儿园老师平均不到一周就会打来一次电话。我心里很难过，不明白自己生的孩子怎么这样爱闯祸，有时还会委屈地落泪。被孩子问题困扰的我，直到有一天才突然醒悟了："我这是没把孩子当孩子看呀！"

我总是从自己的判断出发，并且强迫孩子服从。我重新下定决心，要全面认同孩子天生的性格特点，提醒自己无论孩子发育多么迟缓也绝对不能着急。老师说孩子不爱上课，我就拜托老师"在他不愿上课的那段时间里，让孩子做他想做的事情吧！"孩子在三伏天也不愿意脱内衣，我就在内衣外面再套上一件短裤让他出门。

这个时期的孩子就像一颗四处乱弹的皮球。尤其是他还担负着"形成自我意识"的至高任务，为了圆满完成这个任务他会竭尽所能：要赖的行为越来越多，越来越难管教，自我的主张会比之前更加强烈。而且，伴随和同龄人的交往机会的增多，闯祸的几率也大幅提高。另外，这个阶段的孩子在听到别人家的孩子朗读儿歌、数数的声音时，也会倍感压力。这时候，父母要做的事情就是判断孩子的要求是否可以满足。当孩子要赖的时候，能满足的就满足他，不能满足的就绝对不能答应。孩子们是欢迎这种原则的，他们会认为父母制定下与自己有关的规定，并能贯彻执行，这是出于对自己的关心。因此，在孩子不感到困难的前提下，制定规定并持之以恒地执行是这个时期父母的重要任务。

孩子从出生起就具有无限的可能。父母的责任就是要精心呵护好这株幼苗，使它能够自然茁壮地成长。这个时期特别需要"用心灵呵护，用头脑抚养"。

给5～6岁孩子妈妈的赠言

孩子过了5岁以后，妈妈们恨不得高呼万岁。因为，大部分的孩子此时都已经上了托儿所或者幼儿园，妈妈开始体会到"解放"的感觉了。但是，妈妈虽然在身体上卸下了重担，内心却依然不能放松，新的关注点就是孩子的教育问题。因此，很多妈妈在孩子去幼儿园的时候，还会经常上网搜索育儿信息。

我虽然反复说要让孩子慢慢成长，但实际上，在抚养自己孩子的时候，却很难拒绝早期教育的诱惑。老大庆模是个对新环境很难适应的孩子，所以我一直认为只要教给他与世界沟通的方法就可以了。但是和同年龄的孩子一比，我就会非常焦虑，觉得他学得太少，和其他孩子比落后了。因此，即便庆模顽固地拒绝，我还是让他学习各种各样的知识。

老二静模则简直是个天才，在所有方面都表现突出。教他一件事情，他能明白十件事情。我因此越来越贪心，总想着"要不要让他再学学这个？"但是，这确实是我的贪念，认为孩子会很好地跟上进度只是我的错觉。实际上，孩子感受到了巨大的压力，总是在想"学不会怎么办"，觉得妈妈要求的事情一定要努力做到。甚至，孩子开始因为学习的压力而撒谎。那一刻，我才真正明白，曾经的那些想法是多么没有意义。

这个时期的孩子们头脑都非常聪明，情绪异常时知道如何调节，智力发育也达到了可以学习知识的程度。因此，大部分的父母会想当然地让孩子接受知识教育。但是，对于孩子来说，这个阶段重要的学习并不是多说一句英语、学会写字、做加减法。情绪调节能力、冲动控制力、共情能力、道德意识、社会性、好奇心等等，这些在今后社会生活中必需的基础能力才是这个阶段应该掌握的内容。

这些东西不是孩子坐下来就可以学会的，要通过和同龄人做游戏、和父母的互动、实践体验各种各样的环境而自然领悟。因此，请不要让孩子埋头学习，牵着孩子的手，走出家门，让他看到更加广阔的世界吧！学习是今后持续很长时间的事情，而感受父母的温暖、与小朋友嬉戏玩耍……这些珍贵的瞬间组成的童年如果错失了，却再也不能重来。因此，父母要铭记，与孩子幸福地度过每一天就是孩子最重要的学习！

现在，我的老大庆模正在读高一，老二静模也快上中学了。我在写作本书的时候，也在回忆着两个孩子小时候成长的历程，分外地怀念那些让我苦不堪言的瞬间。回想起这几年中我抚养孩子最费力的事情，以及这么多年来在医院里听到无数妈妈哭诉的经历，自然产生了把答案告诉大家的想法。这里凝聚着我几十年来对儿童心理学理论的研究成果和临床经验，并且满载着一位两个孩子母亲所积累的育儿经验。

据称，孩子到6岁时可以形成70％的自我意识。这就意味着在孩子6岁前，人生里程70％的基础已经打造完成。在此意义上，这本书不止是为了孩子的现在，更是为了孩子20年后的将来。衷心希望妈妈们从这个意义出发来阅读本书。

申宜真
2007年11月

目录

序言   3

0～6岁孩子妈妈最关心的 30 个问题

1 让孩子自己睡更好吗？   30
2 孩子的性格可以改变吗？   32
3 孩子是在自残吗？   34
4 孩子行动迟缓和情绪发育有关吗？   36
5 不让看电视就哭，怎么办？   37
6 孩子不愿去幼儿园，怎么办？   39
7 为什么孩子对什么都不感兴趣，也不爱学习？   41
8 孩子又哭又闹的时候应该怎么办？   42
9 孩子不认生好吗？   43
10 孩子为什么喜欢奶奶胜过妈妈？   45
11 孩子有自慰行为时应怎样应对？   47
12 怎样关怀生病的孩子？   49
13 孩子问题多多，是否需要去看小儿精神科？   52
14 什么时候开始教孩子识字？   54
15 如何帮助行动散漫、注意力不集中的孩子？   56
16 比同龄孩子说话晚是大问题吗？   58
17 如何让孩子养成良好的吃饭习惯？   60
18 孩子为什么那么固执任性呢？   62
19 如何鼓励过分软弱和胆小的孩子？   64
20 小哥俩总打架，怎么办？   65
21 为什么孩子不合群，总喜欢一个人玩？   68
22 孩子总是说谎怎么办？   70
23 挨打的孩子才听话吗？   72
24 怎样和无视父母的孩子沟通？   74
25 如何培养孩子的独立性？   76
26 爸爸太忙了，没时间和孩子玩，怎么办？   77
27 父母的育儿观念大相径庭时如何处理？   80
28 妈妈忧郁的话，孩子会不会出问题？   81
29 教训孩子的正确方法是什么？   83
30 离婚后怎样抚养孩子？   84

Chapter 1 | 1岁（0~12个月）

1岁孩子特点须知   88

婴儿啼哭   **孩子一哭就去抱，会不会把他惯坏？**   97
孩子不得不哭的理由 l 对孩子的啼哭要立即做出反应 l
哄孩子不哭等同于帮他完成发育任务

孩子哭得死去活来   101
可能是身体方面的问题 l 气质乖僻的孩子 l
父母首先要控制情绪 l 在孩子大哭之前予以阻止

夜哭郎   104
孩子的恐惧心理 l 妈妈的态度很重要 l
培养孩子具有健康的体魄和开朗的性格

不知道孩子哭的原因   106
出于不同原因的4种啼哭类型 l 告诉妈妈自己生病了 l
无法知道原因的时候怎么办？

睡眠问题   **什么时候才能让孩子自己睡呢？**   109
孩子周岁前不宜自己睡的理由 l 什么时候让孩子自己睡？

夜里一定醒一回   110
孩子不能好好睡觉？ l 不止一次的反复惊醒 l
夜里喂奶是孩子熟睡的最大障碍 l
减少孩子醒来的次数 l 回家很晚的爸爸吵醒了孩子

孩子很难入睡   114
孩子无法入睡时的内心世界 l 闹觉由此产生
哄睡前要让孩子放心

不同月龄孩子睡眠问题的解决办法   116

出生后0~2个月 | 出生后3~6个月 | 出生后7~8个月 |

出生后9~12个月

认生＆分离焦虑   **有了孩子哪儿都去不了**   118

人生的第一次考验：与妈妈分离 | 孩子忍受不了分离焦虑？|

故意置之不理，问题会更加严重

孩子特别认生有问题吗？   120

认生是孩子大脑发育的表现 | 认同孩子的恐惧 |

不要总带孩子见陌生人

完全不认生也有问题   123

依恋关系出现问题 | 智力水平低下的孩子不会认生

对陌生事物极度恐惧   124

周岁前的新鲜刺激对孩子不好 |

给孩子足够的时间适应刺激

孩子不喜欢爸爸   125

对爸爸也会认生 | 要及时把孩子的情况告诉爸爸

不良习惯   **看不到玩具小熊就哭**   127

"妈妈是我的！" | 给予孩子更多关爱和拥抱

一解开尿布就摸小鸡鸡   129

孩子也有性欲吗？|

孩子6个月后可能会抚摸性器官 | 多种多样的原因

一生气就乱扔东西、用头撞墙　　　131

周岁前的过激行为并非故意 I 纠正孩子的过激行为 I
即使孩子听不懂也要讲道理

孩子吮吸手指时不要担心　　　133

6个月以前的孩子吮吸手指 I
吮吸手指也可能是在排解无聊 I 没有灵丹妙药

性格＆气质　　**气质乃天生，必须全盘接受？**　　　135

每个孩子都有自己的气质 I 妈妈和孩子的气质要相互契合 I
对于气质的错误理解

孩子太过乖僻和敏感，简直让人受不了　　　137

乖僻性格的孩子占到十分之一 I 父母的心态要平和 I
给孩子充足的时间适应环境

孩子特别爱闹　　　139

既不能置之不理，也不能强迫压制 I 保护孩子免受刺激

不及时换尿布，孩子性格会变坏吗？　　　140

看到尿布湿了就要立即更换 I
妈妈的情绪会如实地传递给孩子

孩子因为生病变得敏感　　　141

身体不舒服，心理方面的问题也随之而来 I
让生病的孩子也变得开朗 I 妈妈自身的心理健康最重要

周岁前的孩子也会有压力　　　143

周岁前的孩子形成依恋关系最重要 I
给周岁前的孩子造成压力的情况

抚养态度＆环境　　一看到孩子就感觉抑郁　　　　　　　　146
产后抑郁症 I 必须从自责中走出来 I
欣然接受做妈妈的感觉 I 妈妈抑郁孩子受苦

无奈之举——必须把孩子托付于人　　　149
迫不得已更换主要抚养人

成长＆发育　　我的孩子发育正常吗?　　　　　　　　151
生长发育的含义 I 周岁前孩子快速成长和发育

是孩子发育迟缓还是我太心急?　　　152
必须准确掌握发育的主要指标 I
孩子的发育需要适度刺激 I
运动发育和情绪发育是一致的

Chapter 2 | 2岁（13~24个月）

2岁孩子特点须知   156

父母的态度

和孩子在一起的时间太少，又内疚又担心   161
通过有规律的游戏，和孩子共同度过有益的时间 |
孩子生病的时候，再忙也要回到孩子身边 |
说出自己的困难，大方地请求帮助

总是朝孩子发脾气   164
控制自己不发脾气的9个方法

夫妻在孩子面前争吵   166
父母吵架是世界上最恐怖的电影 | 孩子也通过争斗解决问题

不能因为愤怒打孩子   167
教育是批评的目的 | 控制情绪，按照原则体罚

成长&发育

知道应该建立依恋关系，可方法呢？   169
3岁之前要确保"1对1"的抚养关系 |
没有充分形成依恋关系的孩子的特点 |
积极应对孩子的依恋行为 |
妈妈的幸福生活是提高依恋程度的保障

不要强迫断奶   172
孩子不能断奶的真正原因 | 适应需要时间 | 断奶前注意观察

应该如何开始练习排便呢？   174
从何时开始并不重要 | 控制排便的几个条件 |
什么时候才是训练排便的最佳时机？

为了培养独立性，反而耽误了孩子   177

1岁孩子最害怕的事情 | 独立性的基础是对妈妈的依恋 |
多拥抱孩子，是培养独立性的捷径

孩子不会叫"爸爸""妈妈"　　　179
我的孩子有语言障碍吗？ | 语言障碍的原因 |
促进孩子语言发育的方法

不良习惯

如何改掉偏食的习惯？　　　182
偶尔一两次不吃不等于偏食 | 排斥新的食物 |
偏食的其他原因 | 孩子情绪低落的时候不会进食

好斗的孩子　　　185
好斗是过于活泼的表现 | 不要指望2岁的孩子懂得关心他人 |
了解孩子的需求 | 亲哥俩经常打架 | 经常和小朋友打架

不喜欢和小朋友玩　　　188
和父母的关系比朋友更重要 | 不要急于让孩子接触同龄人

一切问题都用哭来解决　　　190
"哭就哭吧"是绝对的错误 | 不同形式的哭，解决办法不一样

自我意识

什么东西都是"我的"　　　192
自我意识和占有欲形成的时期 | 到底要不要责备孩子 |
语气坚决地严厉批评

总是把"不喜欢"挂在嘴边　　　194
"不喜欢"是向妈妈发出的独立宣言 | 善变的孩子 |
培养自律性和独立性 | 24个月时是孩子反抗的巅峰

公共场所耍赖　　　197

不正确的处理方式助长孩子的耍赖习惯 I

难堪一瞬间，效果伴终生 I

表扬和不予理睬相结合，效果会更佳

我的孩子有自闭症吗？   199

什么是自闭症？I自闭症患儿一定会出现的3种症状

性格

培养孩子的好性格   203

家庭成员的关系影响孩子的性格塑造 I

得到的爱越多，性格越好

对任何事情都没有兴趣   205

培养自尊感是首要课题 I

孩子专心玩游戏的时候不要去打扰他

孩子的注意力为什么难以集中？   206

父母的育儿态度造成孩子的注意力分散 I

创造有利于集中注意力的环境

经常有恐惧感的孩子是心理方面出问题了吗？   208

离开妈妈后的不安引发的情绪表现 I

对待可怕事物的不同方法

游戏＆学习

为什么说游戏对孩子有益？   211

通过游戏能得到什么？I游戏的发育阶段

如何培养聪明的孩子？   214

教育不会让孩子变得更聪明 I

孩子的智力水平和父母的关爱成正比

Chapter 3 | 3~4岁（25~48个月）

3~4岁孩子特点须知   218

排便 & 睡眠

孩子裹着尿布到处走   225
18个月开始，36个月完成丨着急不行，不管也不行丨
坐便器就像玩具丨看有关大小便的图画书也是好方法丨
排出的大小便不是肮脏的东西，不要产生罪恶感丨
排便时出了差错要让孩子自己处理

强忍着便意或藏起来排便   229
自理大小便标志着孩子具备自我调节能力丨
奶奶们的排便训练法

睡梦中突然被吓哭，或者下地溜达   231
孩子睡得浅是发育的自然现象丨睡梦中突然出现的夜惊丨
睡梦中突然起身行走的梦游症丨说梦话

自我控制

孩子注意力分散是妈妈的过错   234
高标准的父母带出注意力分散的孩子丨
孩子注意力分散是有原因的丨鼓励好奇，制止无礼

手比嘴快   238
因为环境原因表现出攻击性丨
辅导班的压力也是攻击性的原因丨
宽严相济很重要丨使用"思考的坐椅"

看见什么都要买，不买就耍赖   243
开始产生占有欲丨对训斥说"不"，对协商说"是"丨
即使对耍赖无可奈何，也要让孩子先停止哭泣丨
出门前要约法三章

生气的时候大哭大闹、乱发脾气　　　247

因为耍赖休克被送到医院也属正常 I 情绪激愤的孩子 I
父母也可能是问题所在 I 绝不能被孩子的情绪所左右 I
让孩子自己收拾残局 I 让孩子练习用语言表达愤怒的情绪

对一件物品非常依恋　　　252

孩子独立过程中出现的现象 I
孩子有依恋关系焦虑时会恋物 I
关注孩子依恋的对象，和孩子一起玩耍

难道我的孩子是多动症吗？　　　255

多动症的早期发现至关重要 I
不是孩子有问题，而是孩子的大脑出现了问题 I
多动症在不同年龄段的症状表现 I
不是所有的外向性格都是多动症 I 爱是最好的药

说话

比同龄孩子说话晚　　　262

如果非语言性的沟通能力正常，就不用担心 I
智力水平低下导致语言发育迟缓 I 首先要情绪稳定 I
确认是否与孩子形成积极的互动 I
"啰唆"的妈妈带出爱说话的孩子

不要因为孩子口吃发脾气　　　269

是暂时性口吃还是另有隐情 I 压力是孩子长时间口吃的原因 I
孩子口吃时绝对不能指责他 I 父母平静的心态也很重要

孩子经常骂人、说脏话　　　273

在积累社会经验的过程中学会骂人 I
孩子骂人、说脏话的时候要立即纠正 I

骂人成为激怒对方的手段।
通过交谈告诉孩子骂人是不对的

不要养成说谎的习惯 276

谎言伴随认知能力的发育而产生।学习压力会让孩子说谎।
说谎的原因比谎言本身更重要।
毫无压力却仍然说谎时要严格纠正

习惯

只会捣乱，从不收拾 279

捣乱是孩子实现自己想象力的过程।
孩子集中注意力玩游戏的时候，不要强迫他收拾东西।
把收拾玩具当做游戏।告诉孩子收拾后物品码放的位置।
规定每天都要收拾

不跟大人打招呼 282

有的孩子天生很害羞।先让孩子学会问候特定的人।
增加孩子和其他大人接触的时间।告诉孩子恰当的问候语

只要是"我的"就绝不谦让 284

自我中心意识带来的行为।得到爱才会付出爱।
不要对孩子过分照顾।改善孩子自我中心意识的游戏।
不要替孩子要回被抢走的玩具

还在吮吸手指 287

为了克服分离焦虑而采取的自救方法।
让孩子明白吮吸手指为什么不好।用有趣的游戏转移注意力

把别人的东西拿回家 289

孩子还未建立所有权的概念।不要严厉地训斥或处罚孩子।

通过游戏让孩子知道所有权的概念

不让看电视就活不了   291

不能这样看电视 I 教学录像带导致形成被动的学习习惯 I
拒绝和别人交流的"电视综合症" I 患小儿肥胖的比例高

游戏&玩具   **益智玩具和早教教材真的有效果吗?**   295

6 岁前,孩子的早期教育只是妈妈的生活情趣 I
达到神奇效果之前还得了解副作用 I
促进大脑发育最好的方法

应该给孩子买什么样的玩具?   298

帮助孩子提高想象力的玩具是最好的 I
符合孩子性格的玩具才是好玩具

喜欢搞破坏   301

感兴趣的事情逐渐增多的表现 I 孩子玩够了就会停止

把性器官当玩具玩   302

具备性别认同后表现出的正常现象 I 需要适当的制止 I
孩子除了玩性器官以外就别无乐趣

教育机构   **该把孩子送到哪个幼儿园呢?**   305

孩子准备好了吗? I
亲切的育儿态度和趣味性的学习课程是选择标准

不到 36 个月的孩子不想去幼儿园   308

还没和妈妈完成心理分离 I
相对于设施,首先要考虑老师的人品 I

给孩子充分适应的时间｜

离开孩子的时候要打招呼，接孩子的时候要面带笑容｜

如果孩子很难适应，就不要上幼儿园

36 个月以后的孩子很讨厌去幼儿园 312

没有形成依恋关系而出现的分离焦虑｜

可能是孩子不喜欢幼儿园的生活｜

分别时妈妈要充满感情但也要态度坚决｜

爱是治疗分离焦虑的最佳方法

同胞关系　　　**把年幼的弟弟折腾得够呛** 317

了解老大的内心世界｜通过"退步现象"表达内心的老大｜

两个孩子年龄相差 2~3 岁较合适｜

老二出生后要对老大更上心

不管姐姐做什么，弟弟总是碍手碍脚 321

为了得到自己渴望的疼爱而表现出的行为｜

与学习的乐趣相比，老二更重视结果｜

向老二承诺妈妈会和他在一起｜

夸奖老大的时候也要夸奖老二

兄弟间频繁发生冲突，怎么办呢？ 324

出于独享父母疼爱的愿望｜了解孩子们冲突的原因｜

和孩子们一起讨论解决办法｜深爱每一个孩子

自信心＆社会性　　**被小朋友欺负时一声不吭** 330

胆小的孩子｜不良的环境也会造成胆小的性格｜

不要对欺负孩子的小朋友发脾气

什么事都说"我不会"   333

自信心不足造成"我不会" |
鼓励孩子不怕失败、勇于尝试 | 即使失误也没关系

孩子太害羞   336

先天遗传的害羞 | 给孩子提供思考的时间 |
经常与他人亲近,害羞会有所好转

父母＆孩子

孩子越来越不听话   339

探索世界的本能 | 本能无法阻止,父母要学会适应 |
什么可以做?什么不能做? |
暂离孩子的世界,放松自己的心情

可以动手打不听话的孩子吗?   344

孩子通过几千遍的重复学会说话 |
孩子不是一打就听话的小狗

老人带大的孩子会和妈妈疏远   348

3岁以后的孩子还和妈妈疏远属于依恋障碍 |
"好"奶奶和"坏"妈妈 | 妈妈也可能是问题的原因 |
无条件的爱是解决办法

和孩子无法沟通是父母的问题吗?   351

迎合孩子的情绪是首要任务 |
孩子表达情绪时不要问他"为什么" |
用"直播"的谈话方式促进孩子的情绪发育 |
不要动不动就对孩子发号施令 |
对孩子的问题要诚实回答

Chapter 4 | 5~6岁（49~72个月）

5~6岁孩子特点须知   358

学习问题

一说学习孩子扭头就跑   365
和学习相关的脑组织在6岁以后开始发育 |
每个孩子的发育水平都各不相同 |
明确让孩子学习的目的 | 把学习变成和妈妈一起做游戏

教育孩子需要耐心   368
不被父母认同的孩子不听话 | 母爱 ≠ 教育，母爱 = 共鸣 |
放弃当孩子老师的做法

孩子似乎不明白数字的实际意义   371
脱离日常生活的学习方法 | 进行有助于理解数字意义的游戏

孩子无论学什么，都很轻易地放弃   374
兴趣和厌烦交织的时期 | 轻易放弃还希望得到表扬的孩子 |
是父母的期望值过高了吗？| 有了动力才能持之以恒 |
帮助孩子渡过难关

明智的教育

一定要进行早期教育吗？   377
早教有可能把正常孩子变成问题孩子 |
过度的早期教育会造成发育障碍 |
能力较晚发挥的"大器晚成者" |
要给孩子消化知识留余地

上兴趣辅导班应该学些什么呢？   381
只让孩子学自己喜欢的 | 弄清楚孩子讨厌什么 |
最佳的学习时机是孩子有兴趣并且准备好了的时候

如何培养孩子的创造力？   385

创造力强的特征 | 创造力不可能通过人为教育获得 |
让孩子做有兴趣且愿意做的事情，成长会更快 |
通过直接体验强化感官刺激

经常引出关于死亡的话题   389

回避问题会加重孩子的恐惧 | 说明实际情况是最好的做法 |
告诉孩子，父母会一直陪伴他

正确的性教育   孩子不分场合地摸小鸡鸡   392

性本能强烈、控制力却不足的幼儿期 |
形成性别角色认同的过程 |
孩子性游戏的时候是进行性教育的好机会

遇到尴尬问题可以这样回答   395

"小孩是怎样生出来的呢？" |
"爸爸和妈妈的种子是怎么遇到的呢？" |
"女孩为什么没有小鸡鸡？" | "为什么不能摸小鸡鸡呢？"

孩子出现自慰行为，是心理方面的问题吗？   396

和父母、朋友游戏的时候，出现身体接触 |
想触摸异性小朋友性器官的时候 | 模仿电视画面的时候 |
自慰的时候

孩子遭到性侵犯   398

因受到性侵犯来医院的孩子 |
用努力和勇气消除性侵犯的伤害

孩子看到了父母的性行为   401

在孩子眼中的父母的性行为丨告诉孩子父母正在分享爱情

良好的习惯　**孩子不爱吃饭**　403
有的孩子天生不爱吃饭丨用孩子喜欢的方式适当进食丨
大运动量的活动有助进食

沉迷于电子游戏　406
从父母做起丨电子游戏的"毒性"无法轻易缓解丨
户外游戏比电子游戏更有乐趣丨严格控制玩电子游戏的时间

和妈妈顶嘴　410
建立并遵从逻辑关系的最佳时期丨纠正孩子的无礼态度

如何纠正不良习惯？　412
纠正庆模爱迟到的不良习惯丨不要让父母的话变成"唠叨"丨
想说的话只讲一半

自我表达　**孩子说话含糊，表达不清**　415
观察是否有让孩子害怕的事情丨
不知道正确的情感表达方式丨
让孩子用多选一的方式回答问题

不爱发言　417
关键在于自信丨提问能够培养逻辑和说服能力

自以为是　419
自以为是的情况最严重的时期丨谦虚谨慎是以后的事情丨
肯定孩子自以为是的行为可以培养自信心

幼儿园生活　　**总想欺负其他小朋友**　　　　　　　　　　　422
强势的父母带出暴力的孩子 I 看到过多的暴力场面 I
看到孩子出现暴力行为时怎么办？

争强好胜，拒绝失败　　　　　　　　　　425
渴望得到关心和爱护 I 兄弟之间的竞争是另一种可能性 I
让孩子感受学习本身的乐趣

在一个幼儿园待了 3 年，是否该换个地方？　　427
从托儿所到双语幼儿园 I 环境的改变是翻天覆地的大变化

没有朋友　　　　　　　　　　　　　　430
如果家庭关系出现问题，孩子的社会性发育也会有问题 I
帮助社会性不足的庆模 I 纠正阻碍发展朋友关系的行为

幼儿园老师说孩子有问题　　　　　　　434
站在孩子的立场上分析原因 I 积极地保护孩子 I
"等待"是最有力的武器

读书　　　　**不喜欢读书**　　　　　　　　　　　　437
培养庆模读书的兴趣 I 从孩子感兴趣的书开始

对任何事情都没有兴趣，就只喜欢读书　　440
缺乏社会性是原因 I 逐渐减少读书时间，享受其他游戏的乐趣

入学准备　　**上小学前应该进行哪些准备？**　　　　　442
最重要的是心理准备 I 入学前应该具备的七种能力

还不识字　　　　　　　　　　　　　448
和语言有关的脑组织 6 岁以后才开始发育 I

有思考能力做基础，识字会变得容易 |
上学前的文字教育越晚越好 | 从整体记忆开始认字

写字需要单独教吗？ 450
能使用筷子吃饭时可以开始学写字 | 不同的孩子差异很大

6 岁可以上学了吗？ 452
孩子的准备程度是首先要考虑的问题 |
身材矮小的孩子不宜提前上学 |
如果以提前上学为目标培养，请不要轻易推迟

父母的心

老二比老大更可爱 454
上天赐予的礼物——静模 | 比较只能造成孩子内心的伤害 |
母爱也要通过实践不断完善

不应该发脾气却做不到 458
父母不能发脾气的理由 |
妈妈情绪不好时不要批评孩子 |
我抚养两个孩子时用到的情绪调节方法

索引

0~6 岁幼儿心理关键问题 462

0~6 岁幼儿心理关键词 464

0~6岁孩子
妈妈最关心的 30 个问题

Q1 让孩子自己睡更好吗？

现在，人们有了孩子后，肯定都会去买婴儿床。但是，等孩子慢慢大了，婴儿床就几乎用不上了。看着占据房间一角的婴儿床沾满灰尘，很多母亲都会后悔地抱怨："当初买它干什么呢？"

在国外，婴儿床是产妇必备的育儿用品之一。从孩子很小的时候，父母就开始培养孩子独自睡觉的习惯，这是非常普遍的现象。我的一个朋友在留学法国的时候与法国人结了婚。在生了第一个孩子以后，在孩子睡觉这个问题上，夫妻俩出现过很多分歧。丈夫和婆婆自然是希望孩子自己睡，即便孩子突然哭醒，也不会马上把孩子抱起来，而是等他哭得差不多了再去哄。因为我朋友身边没别人可以交流，所以她也只能按丈夫和婆婆的意见去做。可她后来告诉我："刚开始让宝宝自己睡的时候真是很担心，可慢慢也就适应了。宝宝自己在小床上睡，不会被大人吵醒；而且哭了不用抱，变得一点儿也不缠人。"

西方的研究结果表明，幼儿和母亲一起睡，反而会导致幼儿睡眠质量下降。那么，是不是从一开始就让孩子自己睡更好呢？

没有好与不好，只是文化的差异

孩子不同的睡眠习惯体现出文化背景的差异。在重视"自我"的西方，"个人意识"代表的个人比"我们"代表的集体更受重视，因此不提倡母亲为孩子无条件地奉献。对西方人来说，夫妻间的性生活、母亲自己的生活品质都是和育儿同等重要的事情。由于西方人普遍认为，按自己的方式生活是最基本的人生目标，所以，父母优先考虑的是如何培养孩子的自立意识；而在东方，特别是亚洲国家，虽然也强调"自我"，但更重视"我们"所包含的价值，普遍认为作为个体的"我"和集体中的"我"应该是共存的。比如在韩国，韩国人习惯不说"我的妈妈"，而是"我们的妈妈"；既说"我的爱人"，也会说"我们的爱人"。

在"我们文化"根深蒂固的韩国，为了育儿，夫妻在孩子2岁前完全放弃性生活的例子比比皆是，可谁都不会认为这样的夫妻就彼此不相爱了。母子情胜过夫妻间的性生活是再自然不过的事情。

这里并不是说哪种文化好哪种文化不好，而是表示我们应该更多地从文化差异的角度去看待这类现象。

让孩子自己睡时最重要的两点

无法判断东西方两种育儿方式中哪种方式更好的另一个理由是，孩子各有各的特点，睡眠情况也不尽相同，最适合的方式也是不一样的。有的孩子越让他自己睡他越哭、越需要哄，让妈妈感到很累；而有的孩子很习惯自己睡，妈妈因此感到很轻松，反而觉得孩子更可爱了。所以，睡眠方式其实是由孩子的个性特点、父母的养育方式和价值观等多方面因素决定的。不必为此感到烦恼，让孩子自己睡时，只要注意以下两点就可以了：

第一，孩子自己睡的时候，妈妈会担心吗？虽说孩子自己睡有着培养独立自主意识等诸多好处，但如果妈妈觉得不放心，那么还是先一起睡，等孩子大些了再分开睡比较好。

孩子自己睡时，更多的困难其实在妈妈这一边。因为我们自身的文化背景问题，和孩子分开后会非常的担心。在这种情况下，如果强迫自己离开孩子，母亲会产生深深的不安和愧疚感，进而诱发育儿心理压力。这对孩子肯定也是不好的。

第二，要考虑孩子是否能适应离开妈妈。生性胆小的孩子是不可能离开母亲独自入睡的。虽然不同的孩子存在个体差异，但在发育过程中都有一个依恋母亲的阶段。考虑到这些因素，如果孩子自己睡不着还要强迫他一个人睡，孩子的情绪发育会出现问题。还有的母亲认为："别人的宝宝都能自己睡，我的宝宝为什么不行呢？"要知道，每个孩子都有自己固有的天性，就连亲兄弟之间也是不一样的。

从孩子发育的角度来看，出生百天内，妈妈和孩子一起睡是比较安全的。这是因为婴儿还不具备颈部支撑的能力，一个人睡时存在窒息的风险。

总的来说，能够放心让孩子单独睡的时候才是和孩子分开睡的最佳时期。如果分开睡让妈妈感到不安，则说明时机尚未成熟，不妨等等为好。

Q2 孩子的性格可以改变吗？

很多父母都相信所谓的"天性使然"："我的孩子生下来就胆子小。""他从小就是个急脾气。"很多父母都这样安慰自己。

可是，任由孩子个性自由发展是不正确的。在客观承认孩子天性的同时，任由孩子个性发展会成为孩子成长的障碍。

无视孩子的个性或用大人的思维方式进行说教都是不对的。举个例子吧：生性散漫的孩子越是在人多的时候，越表现得顽皮固执，感到没面子的父母有时会发火，甚至动手打孩子。可这种强迫式的管教或者大发雷霆的方式是根本解决不了问题的。

如果孩子因为性格原因表现得很活跃，父母首先要通过改变周围的环境，帮助他尽快安静下来，然后再告诉他对错也不迟。

孩子生性胆小怎么办？

对于小心谨慎、性格内向的孩子，母亲会担心他在与人交往方面出现问题。其实没有这个必要。孩子慢慢长大之后，会自然而然地离开父母的怀抱。他们会发现，在这个世界上还有很多比和父母在一起更开心的事情，不用大人的督促，他们自己就会走向外面的世界。

孩子暂时不愿离开妈妈，肯定有他的原因和困难。这时候，妈妈不要刻意和孩子保持距离，这样做反而会增加孩子的不安全感，孩子会更加缠着妈妈。那遇到这种情况时该怎么办呢？

首先，要让孩子有安全感。当孩子小心翼翼躲到妈妈身后的时候，要注意观察孩子周围的环境，是有让他害怕的小朋友？还是经常吓唬他的叔叔来了？如果是这些情况，最好先带孩子暂时离开，这样能最大限度地保护孩子。只有母爱才可以帮助孩子获得足够的安全感。

还有，很多胆小的孩子都在母子依恋关系方面存在问题，妈妈应该多想一想是否在爱的表达方式上存在不足。让孩子充分感受到父母的爱吧！

孩子的行为过于活跃怎么办？

有的孩子比较胆小，但有的孩子就"胆大"得过分，过于活跃、行为冲动。这样的孩子从来不知道害怕，喜欢爬高、大声喊叫、疯玩，经常做出各种让父母后怕的奇怪举动。

有些妈妈认为，对待过于活跃的孩子，要像猫捉老鼠那样好好管教。可这样做就像让还不太会走路的孩子去跑步一样，而且发火、斥责是解决不了根本问题的。父母要尽最大的努力，帮助孩子在关爱中树立自信心。

父母要理解孩子的心理。这样的孩子大多不适应较为复杂的外界环境。注意观察就会发现，孩子发生过激行为之后，自己会变得更加不安。这说明他们暂时还不具备控制情绪的能力。

当孩子出现过激行为的时候，首先要判断周围是否存在刺激孩子的事物，有可能是更活跃的小朋友刺激到了他，也可能是其他危险物品激发了孩子的好奇心。如果存在这样的对象或环境，要着手改变周围的环境，把孩子和这些刺激要素分开来。当然，为保持孩子的情绪稳定，平时也应该尽量创造合适的环境条件。从预防的角度来说，在情况改善之前，应尽量避免带孩子去人多和新鲜事物较多的商场或餐厅。

Q3 孩子是在自残吗？

孩子为达到某种目的，有时会出现用头撞墙或地板、打自己耳光等伤害自己身体的行为。妈妈说一句"不行"，就能哭得背过气去。我的儿子庆模常用的做法是故意把手指伸到嘴里让自己呕吐。

孩子周岁后开始明白"不行"这句话的意思了。于是，自己的要求得不到满足时，他们会用头撞墙、扔东西来表示心中的不满。但是，这和大人们认为的带有明显目的性的自残行为不一样，这不过是无法自如地控制情绪的一种表现。心里生气，却不知道该如何表达，所以才会打自己或是用头撞墙。这里并没有"这样做，妈妈就会注意我"的意思，因此，只要妈妈注意安抚孩子的情绪，孩子一会儿工夫就会好转，仿佛什么都没有发生过一样。

从大脑的发育过程看，故意让妈妈发火或目的性的自残行为多发生在孩子36个月以后。36个月后的孩子再出现打自己或撞墙等行为，才可能是有意的。但这种情况下，仍然应该先了解上述行为发生的原因，并从根本上解决问题，不分青红皂白地批评孩子是错误的。

不要吓唬孩子，注意安抚情绪

对于孩子缺乏自控而出现的行为，不要吓唬孩子，而是尽可能去安抚他的情绪。过于严厉的训斥只会让情况继续恶化。比如，如果孩子有故意用头撞墙的习惯，可以在房间里事先铺好垫子，反复撞了几次后，他们就没兴趣了。

另外，还要引导孩子自己收拾残局。庆模把吃进去的饭吐出来或丢碗筷的时候，我总是等他情绪稳定后和他一起打扫。虽然我说的话他不能完全听懂，但一起做做样子也是好的呀！通过这种方式可以告诉孩子，他们的行为会带来怎样的后果，必须对自己造成的后果负责。孩子正处于自我意识形成的阶段，会对自己的行为感到自责。在收拾残局的过程中，孩子可以减轻这种自责，也有利于孩子自我意识的开发。

不要被孩子的情绪影响

孩子发生过激行为的时候，妈妈千万不能被孩子的情绪影响。妈妈乱发脾气，只会进一步刺激孩子，导致更加极端行为的发生。因此，妈妈需要做出理性的判断，耐心对待。这时候，不妨深吸一口气，静静等待孩子平复紧张的情绪。一般情况下用不了10分钟，不用大人劝，孩子就会安静下来的。这时候再对他说："这样发脾气可不好呀！"可能效果会更好。即使孩子听不懂妈妈的话，他们也会知道自己的做法是解决不了问题的。而且，他们会明白妈妈不会理睬这样的行为，做了也没用，只是使自己更不高兴而已。慢慢地，他们就会改变做法。

有时候，为了观察自己不在时孩子的行为，或者希望孩子自己恢复平静，妈妈甚至会故意躲起来。其实，诱发孩子自残的一个重要因素就是离开父母后的不安全感，所以这样做只会刺激孩子，是绝对错误的。

Q4 孩子行动迟缓和情绪发育有关吗？

"邻居的孩子又蹦又跳，我家的宝宝怎么连路都走不好呢？"

有些孩子各方面都发育得挺好，就是行动迟缓，和其他孩子比总是慢半拍，还经常摔跟头。这只是运动能力发育迟缓的问题吗？

运动发育和情绪发育相辅相成

运动发育和情绪发育就像是一辆车的前轮和后轮。特别是6岁前的幼儿发育阶段，总是互有先后，共同发展。由于彼此联系紧密，某方面能力发展不足，往往会影响到另一个方面的发育。

例如，不安和畏难情绪严重的小孩，即使身体发育良好，学走路也会比较晚。这是因为这些孩子虽然具备了正常的运动能力，但是由于胆小，不敢去尝试走路。而且，一些精细运动能力的开发也会比较晚，因为精细运动能力需要通过经常活动身体并不断尝试来发展，而胆小的孩子往往好静不好动。而如果运动能力发育迟缓、自我意识不强，也会影响情绪发育，孩子的不安全感更强烈，进而形成恶性循环。

运动能力不足，应先从情绪方面找原因

孩子运动发育迟缓时，应先了解是否存在让孩子不安的要素。如果是因为情绪方面的原因造成运动发育缓慢，那么消除这些不安要素，提高孩子的自信心才是最根本的解决办法。

有的妈妈会拉着孩子的手，强迫他们练习走路。这会造成孩子对学步的抵触情绪，甚至形成"我怎么连这个也做不好"的自我否定意识。

还有的孩子不是不能走，而是不想走。他们的情绪发育正常，爬得很

快，可就是不愿意走。这是因为孩子的性子比较急，觉得爬起来更快，所以宁可爬也不愿意进行走路的练习。如果属于这种情况，大约16个月左右，孩子就会自己开始学步，不用过分担心。

还有些慢性子的孩子，运动发育也会相对慢一些。这样的孩子做什么都不着急，学习走路自然会晚一些。

需要特别注意的是，有些孩子是因为大脑发育异常而出现的身体发育问题。这样的孩子行动坐卧都不稳定，需要到专业儿科进行咨询。

Q5 不让看电视就哭，怎么办？

年轻父母都知道让小孩看电视是不好的，可控制孩子看电视的时间不是个容易的事情。让孩子拒绝电视的诱惑本身就是难事，更难的是，父母要言传身教，自己先改掉沉溺于电视的毛病。明知道看电视对孩子不好，关了电视却空虚无聊的妈妈不在少数。

不能让孩子单独看电视

和孩子一起看电视还可以勉强接受，最要不得的就是妈妈在旁边忙着，把孩子一个人留在电视机前。不是开玩笑，这样的孩子以后很可能比家庭妇女还爱看电视。

爷爷、奶奶照顾孩子的话，孩子也会形成爱看电视的习惯。现在的父母都知道电视的危害，一般不会让孩子长时间地看电视。起码少看一会儿，就可以少受点影响吧。可老人因为太疼爱孩子，会尽量满足孩子的要求，而且他们对电视的危害性也不够重视，孩子看电视的时间就会延长。

最好不要让不到2岁的孩子看电视。美国儿科学会（American Academy of Pediatrics）曾正式忠告："不要让孩子看电视，特别是2岁以下的孩子是绝对不允许的。"

大脑发育过程中最重要的一点就是和外部世界的交流。2岁以下的孩子通过行走、观察、触摸，能够充分地接受外部刺激。但是，电视是单向传递信息的典型被动式媒体，因此，就算是节目内容很有教育意义，看电视本身也必然会妨碍儿童的语言和智力发育。无限制地看电视会让成人越来越懒惰，而对正在发育的孩子就更不好了。而且，让孩子看电视还减少了培养母子依恋关系的时间。

教育类的节目也要注意

曾经有一段时间，具有早教性质的电视节目收视率很高。这些节目都很有吸引力，孩子也愿意看，但并无证据表明这样的节目有利于孩子语言等能力的开发。很多妈妈还问我："孩子不是看电视，而是通过电脑教学类软件来开发智力，还是不错的吧？"这方面目前进行的研究不是很多，但现有的研究结果已表明其作用并不明显。

让学习英语的孩子反复收看英文节目也是不可取的。语言能力的发展并不依赖于简单内容的不断重复，而必须以逻辑推理等思考能力为基础。反复观看同样内容，并不一定对孩子的语言技巧进步有积极作用。

电视带来的问题

1．电视是单向传播信息的传播方式，经常看电视，不利于培养正确的沟通方式。

2．看电视的同时，孩子失去了和妈妈形成依恋关系的机会，这不利于孩子的情绪发育。

3. 电视画面的更新速度很快，不断地刺激孩子的视觉神经。刺激强度过大，对孩子的情绪影响不好。

4. 由于孩子的大脑还处在不能准确区分虚拟和现实的发育阶段，在看到血腥暴力画面的时候，孩子产生的不安和恐惧会持续相当长的时间。

5. 孩子善于模仿在电视中出现的画面。他们并不清楚自己模仿的东西有何意义，也不知道其中的好与坏，很可能模仿一些暴力的场面。

Q6 孩子不愿去幼儿园，怎么办？

也许是因为工作原因，或是为了培养孩子的独立性，父母会把很小的孩子送去上幼儿园。但是，送孩子去幼儿园可不是件容易的事。虽说不愿上幼儿园是个普遍现象，但每天又哭又闹的孩子还是让妈妈觉得很心烦。

上幼儿园的最佳时期和孩子对幼儿园的接受程度，因每个孩子的发育水平而不同。有的孩子很小的时候就愿意和其他小朋友玩，也愿意听老师的话；可有些孩子很大了还是吵闹着不愿意去。虽然时间先后存在些许差异，但通常满3岁后就可以离开妈妈去幼儿园了。小一点的孩子不愿意离开妈妈而哭闹是很正常的。还有就是，男孩儿的发育相对晚一点，4岁前不愿上幼儿园都是属于正常范围的。

孩子无论如何也不愿离开妈妈

如果孩子3岁以后还不愿意去幼儿园，妈妈就应该仔细观察是否有其他原因了。首先要判断孩子是否处于分离焦虑阶段。这时候，妈妈为了培养孩子的社会性，经常强迫他和其他小朋友玩，可这样会让孩子的焦虑感更强烈。孩子会把去幼儿园和再也见不到妈妈联系到一起，因此顽固地表示拒绝。

另一种可能是，孩子以前去过幼儿园，但因为不适应又回来了。妈妈总是希望孩子能多和外人交流，但孩子如果一时难以适应，自然就不愿意再去了。还有就是生性胆小的孩子，不太容易适应陌生的环境，所以也不愿意去幼儿园。

孩子不愿上幼儿园的原因还有很多。可能是对妈妈过于依恋，或者是不善于处理和其他小朋友之间的关系，也可能是自理能力不强，不适应幼儿园的生活。妈妈应该正确判断真正原因，并立即着手解决。

不去幼儿园也是可以的

幼儿园不一定是孩子最好的选择。特别是个别情绪特别严重的孩子，最好是在家里由妈妈照顾，以后直接上学。孩子没做好心理准备就被父母强行送到幼儿园的话，不适应集体生活的经历和记忆会不断累积，长大后可能会出现厌学心理。经历太多失败对孩子没好处，成功的经验是非常重要的，可以培养孩子的自信。

送孩子去幼儿园之前，为让孩子更好地适应环境，可以逐渐延长孩子和妈妈分开的时间。多带孩子去公共场所或者去亲戚家串串门，创造一些孩子和同龄小朋友接触的机会。一开始孩子会比较关注妈妈是否在身边，当他确认即使妈妈不在身边也不会不安全后，就会逐渐变得独立起来。

刚开始去幼儿园的时候，大人可以多陪陪孩子，适应1~2周后再逐渐引导孩子自己玩。如果孩子的适应能力比较差，可以事先告诉老师，请老师特别留意。去幼儿园大约1个月左右后，如果孩子能够适应最好，实在无法适应，也没必要强求。适应期最好不要超过1个月，即便不能适应，也不要责怪孩子。让孩子在家调整一段时间，找机会再送就是了。

另外，亲兄弟间或者比较熟悉的孩子之间没必要做比较，不是说大的适应了，小的就一定没问题。一定要记住，每个孩子都是独一无二的。

Q7 为什么孩子对什么都不感兴趣，也不爱学习？

大多数孩子都会有一两件不愿意做的事情，可有少数孩子却对任何事情都提不起兴趣。儿童期正是充满好奇心的时期，如果好奇心总被压制，就会形成这样的性格。类似情况还发生在母子情感依恋关系出现问题的时候，情感依恋问题使得孩子对外界产生了怀疑，因此对一切都会失去兴趣。

对这样的孩子事事要求过高，反而会激化不安情绪，加重他的厌烦感。问题的原因多种多样，解决的办法只有一个，那就是通过无微不至的关怀，让孩子切实感到父母的爱。

不爱学习的孩子

强迫有厌学情绪的孩子学习只是妈妈的一厢情愿。因为别的孩子学习就要求自己的孩子也去学，而并不是从孩子的兴趣出发，这种做法不利于孩子的成长。

虽然民间有"从小看大，3岁看老"的说法，但通过孩子6岁前的学习能力和态度是无法预知孩子未来的。在这个阶段，孩子对学习有没有兴趣都很正常。从医学的角度来看，这个阶段和学习相关的脑组织还没有发育成熟；而且，不同的孩子关注点也不同，先发展起来的能力也是不一样的。因此，不妨用轻松的态度去关注孩子的成长。

很多妈妈都会为学龄前的孩子不识字而发愁，其实，这个年龄的孩子不识字是很正常的。让他们学习自己感兴趣的东西，更有利于培养良好的学习习惯。父母的强迫只会让孩子感到学习很乏味。

父母应该宽容对待孩子的失误。孩子的能力都是在不断的尝试和失误中点滴积累起来的。如果孩子的每一个小差错父母都要去严格地纠正，孩子的好奇心和兴趣会被逐渐扼杀。通过适时有趣的刺激，在学习过程中不断激发孩子的好奇心，往往比仅仅得到正确答案更好。

Q8 孩子又哭又闹的时候应该怎么办？

哭是孩子表达思想的最直接方式。但有些孩子哭起来就不会停，和其他的孩子比起来显得性格古怪，情绪表达方式也激烈了一些。虽说这基本上属于气质方面的问题，但先天病理造成这样的情况也是有的。婴儿期接受过手术或者得过慢性病的孩子在情绪表达方面多会激烈、敏感一些。

现在如果孩子哭得背过气去，父母大多紧张得不知如何是好。以前，父母是不太在意孩子哭闹的，现在家家都只有一个孩子，孩子刚一哭，大人就非常紧张。

这种时候，先要确定孩子是不是身体不舒服。如果不是，那么父母先要让自己平静下来，再去哄孩子。这样做可以培养孩子的自我调节能力。虽说孩子生来就对情绪表达有自己的认识，但自我调节的能力还是需要最亲近的人不断培养的。父母镇定的神态可以帮助孩子掌握缓解负面情绪的方法。

防止孩子哭闹的措施

注意观察，在孩子情绪激动前提前采取措施才是最好的解决办法。我就是这样对待小时候的庆模的。那时候，庆模玩着玩着，情绪稍有不对就会突然大哭，弄得我不知所措。而且他一哭起来就没完，怎么哄也不管用，让我感到很无奈。于是，我暗下决心，一定要找到不让他哭的办法。

办法其实很简单：只要发现孩子有要哭的征兆，就立刻转移他的注意力。如果做不到，不妨暂时答应他的小要求。有人说，那岂不会把孩子惯坏，让他养成不良习惯？可更重要的是，孩子只有保持稳定的情绪，才能逐渐掌握调节情绪的方法。

没有稳定的情绪，就不能养成好的习惯。而且，在这个阶段如果无法控制愤怒、挫折等负面情绪，就更谈不到成长和养成好习惯了。再则，2岁的时候如果做不到情绪控制，而要顺延到3岁的话，大脑的发育、能力的培养都会相应滞后。妈妈应该明白，孩子哭到精疲力竭，这不但会激化孩子的不安情绪，还会妨碍孩子各方面机能的发育。

此外，极端敏感的孩子也是有的。妈妈往往担心这种气质会不利于孩子的成长，其实从小注意调整是可以改变的。而且积极的引导，类似气质的孩子还能成为社会的栋梁之才。这个社会并不只需要那些适应性强的人才，对细节敏感、坚持己见的人才同样大有用武之地。

Q9 孩子不认生好吗？

认生是指6~8个月左右的幼儿能够准确分辨妈妈和他人，并主观排斥他人的现象。这有别于和妈妈分开后的恐惧不安心理。分离时的不安感出现于婴儿期6~12个月，是孩子认识到自己和妈妈属于不同个体后的一种不安心理。

妈妈们大都觉得孩子特别认生才是问题，可我觉得，不认生的问题更大。"孩子性格好，才会谁都可以抱"的看法是不对的。遇到这种情况，妈妈要想一下是不是母子依恋关系出了问题。形成正常依恋关系的孩子，在2岁前都会排斥陌生人，只有依恋关系不明确的孩子才不会区分妈妈和其他人，谁都让抱。比如，在孤儿院等地方长大的孩子，因为没有和主要抚养人形成密切的依恋关系，大多数都不知道认生。当然，性格温顺的孩子认生期短、认生程度不深，妈妈尚未察觉就顺利度过认生期的情况也是有的。

不认生还可能是大脑机能发育存在问题

需要特别留意的是，孩子不认生有可能是大脑发育问题造成的。首先，因大脑发育不足而缺乏对关系的认知，就会不知道认生。其次，不认生还可能是发育障碍的一种临床症状，最有代表性的就是自闭症（Autism）。自闭症会导致孩子社会性认识不足，因此就不知道认生。也有可能是孩子缺乏对熟悉或陌生人的判断能力。

如果孩子被陌生人抱起来也不哭不闹，或是和妈妈分开也没有感到不安，这是不符合成长发育的常识的。无论是心理障碍还是生理机能障碍，都是孩子存在问题的一个信号，应对孩子的行动特点给予重视，并去专科医院咨询。

还有些父母认为让孩子多与生人接触对改变认生有好处，所以强迫孩子接触陌生人。这样做会给孩子带来压力，造成孩子睡眠不足或不安障碍（anxiety disorder）。妈妈绝对不能把孩子交给其他人后独自离开。

当孩子逐渐意识到离开妈妈也很安全、愿意敞开心扉之后，认生的情况会越来越少的。姑姑、舅舅、爷爷、奶奶……帮助孩子从熟悉身边的人开始减少认生现象吧！

Q10 孩子为什么喜欢奶奶胜过妈妈？

妈妈作为最主要的抚养人，如果嘴边总是挂着"不行"或者"不可以"而让孩子感到压力，或者没有充分表现出对孩子的关爱的话，孩子往往会畏惧妈妈，会和爸爸或其他人更亲近。

如果妈妈是主要抚养人，但孩子更喜欢其他人，那说明母子间的依恋关系存在不稳定因素。但如果妈妈不是主要抚养人，比如，孩子是奶奶带大的，那么孩子愿意亲近奶奶是正常的。

周岁前的孩子更喜欢带自己的人

婴儿在6个月左右时开始形成对主要抚养人的依赖性。如果带孩子的不是妈妈而是其他人，那么和其他人形成依恋关系是很正常的，因为孩子更喜欢带自己的人是一种正常现象。但如果孩子仍然看见妈妈就不愿意离开，那就要注意那个主要抚养人在抚养过程中是否存在问题。要特别留意孩子和主要抚养人的关系。在此要强调的是，和主要抚养人相比，孩子更亲近其他人的时候，依恋关系存在问题的可能性是很大的。

但是，和妈妈相比，孩子更喜欢爸爸是一种自然现象。周岁前后的孩子运动机能高度发育，特别喜欢利用身体的游戏活动。爸爸往往在这方面更擅长，所以孩子觉得和爸爸一起游戏更有意思，自然愿意亲近。

判断和孩子依恋关系的方法非常简单，看看孩子疲劳或生病的时候，更愿意找谁就知道了。平时和爸爸或是其他人多待一会儿无所谓，生病或累了的时候还是首先想到妈妈。注意观察就会发现，孩子找妈妈说明玩累了或是有其他的需要。

2岁以内的孩子通过依恋关系的形成获得情绪方面的安定感，并形成社会性认识。因此，毫不夸张地说，依恋关系的形成是这个阶段最重要的课题。

上班的妈妈

上班的妈妈因为没太多的时间陪孩子，所以会担心出现依恋关系方面的问题。其实这种情况下，应该更坚决地帮助孩子和主要抚养人形成稳定的依恋关系。妈妈工作繁忙，实在不能多陪陪孩子，倒不如把孩子交给其他更适合的抚养人，让孩子在精心的呵护下茁壮成长。

妈妈没有必要担心孩子会因此而疏远自己。很神奇的是，你会发现，孩子一过2岁自然会分辨妈妈和其他照顾自己的人，并认定妈妈才是这个世界上对自己最好的人。孩子会自发地认识到"妈妈"的存在，认识到这个人才是最爱自己、最愿意为自己付出的人。从此，孩子会在早上揪着妈妈的衣角不让走，白天会追着妈妈打电话让她早点回家。这种情况发展到孩子3岁以后，甚至有的妈妈会认真考虑是不是不再上班了，如何和孩子共同度过这段时间成为这一阶段更重要的事情。

如果由其他人带大的孩子不喜欢甚至是害怕妈妈，那么说明其他抚养人给予孩子的爱是不够的。对妈妈的这种态度反映出其他抚养人对孩子的负面影响。事实上，孩子在小学低年级的时候，其他抚养人的态度对母子关系的影响会远胜于母亲本身的态度的影响力。因此，上班的妈妈不必为不能亲手带大孩子担心自责，应该多用心寻找一位真正愿意付出心血来爱护和培养孩子的其他抚养人。

Q11 孩子有自慰行为时应怎样应对?

"孩子还不到4岁呢,不知道从哪儿学的,总是摸小鸡鸡。我们刚开始也没太在意,可他现在当着大人也总摸,我该怎么办呢?"

"女儿刚2岁,总是把洋娃娃放到两腿中间用力夹,脸憋得通红。不让她做吧,她干脆把娃娃藏起来,背着大人做。"

很多父母发现孩子的自慰行为后,都不知道该怎么办。不好意思咨询别人、暗自发愁的父母很多。孩子的这种自慰行为很容易让父母联想到"性行为"。

其实,孩子的自慰行为并不意味着"性",不过是单纯寻求感官乐趣的一种方式,是发育过程中的正常现象。他们并无类似大人性幻想的心理要素,仅包括单纯寻求快感的感觉要素而已。

2岁前的孩子把抚摸生殖器作为游戏

孩子长到6个月以后会开始抚摸自己的身体。偶然发现生殖器后,出于好奇,孩子会把抚摸它作为一种游戏。妈妈换尿布的时候如果碰到孩子的生殖器,孩子也会产生快感。孩子发现摸生殖器能产生快感或者有兴奋的感觉,就会有意地用手或其他物品接触它,以寻求乐趣。如此反复,2岁前的男孩也会出现勃起的现象。3周岁以后,孩子逐渐认识到男女有别,开始对异性的生殖器产生好奇。瑞典的一项研究成果表明,5~6岁孩子的自慰行为是最频繁的,但上小学后会慢慢减少直至消失。因为上学后他们会发现更多有趣的事情,伴随着这些更高级的游戏,孩子的大脑也逐渐发育成熟了。

孩子沉迷于自慰的原因

如果孩子过分沉迷于自慰，甚至在公共场所也很随意地发生类似行为的话，妈妈就应该注意他是否存在心理方面的问题。首先，这种现象的出现可能是因为母子间的依恋关系不稳定，但也可能是本能的爱玩心理没有得到满足。没有更有趣的事情，只能摸生殖器玩了。孩子情绪紧张的时候也会频繁地自慰。断奶、妈妈生了小弟弟、刚开始去托儿所或幼儿园、被交给亲戚短期照看等都是比较典型的诱因。

孩子频繁自慰的话，要确认孩子哪些方面的需求没有得到满足。是对妈妈有什么不满吗？孩子对什么事情最感兴趣呢？

孩子自慰的原因多种多样，解决这一问题的办法大致有两个：一是给予孩子充分的关心和爱护，二是通过更有趣的游戏分散他的注意力。妈妈就充分表现出关爱，好好陪孩子玩吧！孩子无聊的时候，和他踢踢球、画画，转移孩子的注意力，孩子对自己身体的兴趣会越来越小的。和成年人相比，孩子的执着度低，很容易忘记，只要妈妈努力，一定会有效果的。

孩子受到性暴力侵害后自慰行为会频繁发生，对于这种情况要给予特别的注意。

儿童早期性教育

孩子们无意间会做一些和"性"相关的游戏，比如彼此暴露生殖器或抚摸异性的生殖器等。父母发现孩子的这些行为时，是对孩子进行早期性教育的最好时机，切记不能感情用事，大发雷霆。父母过度的反应会加重孩子的自责和羞耻心，使其对性产生负面认识。不妨这样告诉孩子：

"泳衣盖到的地方是不能摸的，也是不能给别人看的，小朋友之间这么做是不礼貌的。除了洗澡的时候，爸爸、妈妈也不摸不看的。这些地方对其他小朋友很重要，你可不能碰哦！"

经常自慰还可能会造成生殖器发炎，要注意经常清洗，并减少孩子独处的时间。需要特别注意的是，这么做的目的不是监视孩子或者吓唬孩子，而是要不断地告诉他这是不好的行为，是妈妈和其他人都不能去做的行为。

Q12 怎样关怀生病的孩子？

和过去相比，孩子患过敏症和哮喘病的几率越来越高了，特别是婴幼儿患病率直线上升。在美国，患慢性病的孩子占全部新生儿的10%。

照顾患慢性疾病或体弱多病的孩子，健康固然是个大问题，但和正常孩子相比，母子关系的处理难度更大。吃药、打针，总是要让孩子做他不愿做的事情，这自然会影响到母子间的依恋关系。这就需要妈妈加倍努力，维持和孩子的良好关系。孩子本来就体弱多病、性格敏感，如果母子关系疏远，孩子情绪发育方面会出现严重问题。那样的话，孩子即使身体痊愈了，但情绪方面的问题也会成为阻碍成长的重大隐患。

给孩子喂药

对于体弱多病的孩子，喂药是最影响孩子和妈妈关系的事情了。必须吃药的孩子和必须喂药的妈妈都同样痛苦。如果妈妈希望喂药容易些，就不能简单地认为"孩子当然不爱吃药"，而要用心去了解孩子不爱吃药的具体原因。

如果孩子是怕苦，可以在药里放一点糖。有的孩子是讨厌药的颜色，那就试试能否换一种其他颜色的药。实在没有办法，还可以在药丸的外面包一层巧克力试试。不要因为吃药和孩子发生正面冲突，要尝试了解孩子的喜好，找一找大人和孩子都更容易接受的方法。庆模小时候也经常生病，为此我没少吃苦头，每次喂药都仿佛是一场战争。有一天我突然发现，先让庆模喝点可乐再吃药似乎会容易些。虽然从营养学的角度看可乐对孩子不好，但吃药对孩子恢复健康是必需的。与其费尽心机还弄糟了母子关系，还不如稍微喝一点可乐吧！这个办法我一直用到现在。

如果孩子没来由地拒绝吃药，那就更应该帮助他尽快把药吃完，迅速摆脱病痛的折磨。远远地打开药盒，在孩子的注视下把药拿到他的身边，等于延长了孩子哭闹的时间。正确的做法是"快刀斩乱麻"，用最短的时间迅速解决吃药的问题。

还有，孩子服药后如果又吐出来，千万不能发火，否则孩子更不愿意吃了。可以多备一些药，一旦孩子吐了，可以哄他再吃一点。

2岁以前不肯吃药的孩子很多，他们认识不到吃药的必要性。2岁以后，他们才会慢慢懂得，药虽然不好吃，但只有尽快吃了，妈妈才喜欢。这就要求妈妈必须和孩子搞好关系。如果亲子关系本身就不好，孩子自然不会付出这样的努力。

孩子生病时，有些食品就要忌口了。但是，无条件限制孩子吃那些对疾病并无大碍的食品是不对的，这既不利于培养良好的母子关系，也会激化孩子的紧张情绪。我见过过敏症很严重的一个孩子，妈妈从不给他买比萨之类的快餐食品，孩子一看到别人吃比萨就掉眼泪。如果不是因为疾病绝对禁止的食品，适量吃一点是可以的，大人要处理灵活一些。

消除孩子对医院的抵触情绪

带生病的孩子看医生也不是件容易的事情，看见注射器和听诊器就大哭大叫的孩子不在少数。和喂药类似，妈妈首先要知道孩子不愿去医院的原因。大部分孩子是讨厌听诊器接触身体的冰凉感觉。可以要求医生在使用听诊器前先将其捂热，同时把孩子的视线吸引到听诊器之外的其他地方。

医院不可避免地成为孩子们最讨厌的场所。妈妈总带自己去这样的地方，孩子自然觉得委屈。怎样才能让孩子不那么抵触去医院看病呢？下列内容可以参考：

1．不要用去医院吓唬孩子

孩子不听话的时候，有些妈妈会用去医院打针吓唬孩子，这会让孩子更害怕去医院。

2．去医院的时候不要骗孩子

不要因为孩子讨厌去医院就哄孩子说是去别的地方，这样做会失去孩子的信任，甚至造成孩子对其他人的普遍怀疑。

3．找服务较好的医院

为了改变孩子对医院的看法，可以找一些有娱乐设施或医生态度比较好的医院。

4．做一些和医院有关的游戏

孩子并不知道为什么要去医院，因为害怕打针而不愿意去的情况比较普遍。可以通过读书或者游戏告诉孩子去医院的目的是为了身体健康。

还有一点要注意的是，去了医院应该给乖乖就诊的孩子一点小奖励。虽说奖励不是一个太好的习惯，但对生病的孩子却是个例外，这可以帮助孩子克服恐惧，激发配合治疗的勇气。同样，给结束治疗的孩子一点奖励，也有助于消除他们对医院的抵触情绪。

Q13 孩子问题多多，是否需要去看小儿精神科？

在抚养孩子的过程中，父母会感到非常辛苦和无奈，每天都可能发火。偶尔听到别人说孩子的一点不是，妈妈心里会难受一整天；心里只求自己的孩子能像其他孩子一样成长，那样的话再辛苦也是值得的。可孩子总是和自己对着干，妈妈心里经常会冒出这样的想法："难道我的孩子精神有问题吗?"

妈妈可能问过很多人，可每次听到的答案都不一样。有的人说孩子本来就是这样；也有人说是妈妈教育的问题；更有人告诫妈妈，如果孩子不及时改正，今后会出更大的问题。

左思右想，妈妈觉得还是去专门机构看看为好，可对于这些妈妈们来说，小儿精神科的"门槛"还是太高了，甚至让人"望而生畏"。

小儿精神科是帮助孩子成长发育的地方

个人认为，小儿精神科的名字改为"发育医学科"更合适。因为和字面上的意思不同，小儿精神科的作用不止是治疗儿童精神方面的疾病。

小儿精神科的工作范围还包括检查儿童认知、情绪方面是否发育正常并且告诉家长如果不正常，应给儿童提供哪些帮助。与儿童成长相关的一切内容都是小儿精神科的诊疗范围，同样是精神疾病治疗的基本内容。如果不了解孩子的全部情况，任何疾病都是无法治愈的。

尽管如此，父母还是不太愿意带孩子看精神科，这大概有两个原因：一是怕引起旁人的指指点点，二是担心孩子形成负面的心理想法。孩子有可能会想"我的问题都需要看精神科了啊"，从而造成心灵的创伤。其实孩子对精神科的这种认识完全是通过父母形成的。

成长期接受发育检查的庆模和静模

在我的孩子庆模进入小学三年级、静模刚刚入学的时候，我都带他们去做了发育检查。不是因为他们有什么问题，而是为了了解他们是否正常成长。如果发育存在不足，做母亲的应该从哪些方面注意。

我是这样告诉孩子的："在美国，看精神科可是有钱人的特权哦。像身体生病要去医院一样，心理出问题同样是要去医院的，只是因为没有钱去不了而已。你们能有条件看精神科是多么幸福的事啊！"

后来有一次，庆模告诉我："妈妈，我们班有一个同学经常发脾气，我让他去您那里检查一下，以后就不再发脾气了。"

小儿精神科不仅是治病的地方，更能够通过对儿童成长发育的诊断了解孩子的不足，并给予合适的帮助。要培养孩子对小儿精神科的正确认识，妈妈首先要抛开偏见，并且，让孩子明白心理健康的重要性也是做母亲的责任。

什么情况下需要接受诊断和检查

小儿精神科检查的年龄涵盖0～18岁。我接诊的人当中，有哭个不停的5个月大的小孩子，也有小时候曾经接受过检查，现在因为考试情绪紧张自己来找我的大孩子。

来小儿精神科，一般要接受儿童认识能力、自身性格、父母性格、父母抚养态度等方面的检查。由于孩子的发育和父母的抚养态度密切相关，所以父母和孩子都要接受检查。

然后根据孩子的情况，进行下一步检查。根据年龄和问题严重程度，检查的方法和种类都不尽相同。注意力方面，通过计算机测试能够精密分析大脑的发育程度。如果是学习能力下降，可以单独进行学习能力的评估。婴幼儿的情绪发育和身体发育关系紧密，所以身体检查也要同时进行。

对于孩子应该什么时候来精神科接受检查，我是这样回答的："对于那些不能正常适应环境，即使身边的人给予协助也不能摆脱困境的的孩子，请带来接受检查。"

孩子无来由地出现问题行为时，大多数家长会认为"长大了自然会好起来"，问题因此得不到重视。这种想法并不全错，孩子在成长过程中，生理机能发育成熟，社会性形成，很多问题行为都会逐渐自然消失。但这应该仅限于妈妈或老师能够掌控的范围之内。如果妈妈发现了问题，但周围的人觉得无所谓时，应以妈妈自己的判断为准，因为妈妈才是最了解孩子的人。

另外，孩子遇到困难的时候，父母要及时给予帮助。对待刚刚出现反抗期表现的4岁孩子和反抗心理已经形成、打同学或和父母顶嘴的4年级小学生，是有很大区别的。如果是刚刚出现反抗期表现，6个月内可以治愈，定型后再治疗则需要超过两年的时间。这是因为，反抗期还会引发其他问题的出现。

有时候这些治疗会遇到非常排斥药物治疗的妈妈，ADHD（注意力缺陷多动障碍，即多动症）或强迫症、抽动障碍多缘于大脑机能问题，药物治疗最有效，副作用也并不像想象的那么大。其他心理方面的问题，可以通过游戏治疗、谈话治疗、集中治疗等方式缓解症状。有学习障碍的孩子还可以安排专门的学习治疗。

Q14 什么时候开始教孩子识字？

儿童智力开发存在个体差异，每个孩子识字的时期也不是一定的。需要记住的是，从发育角度来看，6岁前的孩子会觉得学习很难。孩子出于本能对新鲜事物很好奇，排斥千篇一律的学习是再正常不过的事。尤其是识字这种对文字结构逻辑性要求很高的学习，孩子肯定是没有兴趣的，他们的大脑发育也远没有达到正确认识、表达文字含义的水平。

如果这个时期的孩子被迫完全按照父母的要求学习，和妈妈一起娱乐的时间减少，会失去很多应有的乐趣。不少孩子只是把学习作为讨好妈妈的一种手段，或者仅仅是表现出顺从气质，并非此时就真的愿意学习。

重点培养孩子的创造力远胜于识字

孩子3~6岁时是最具创意的阶段。虽然逻辑思考能力才开始萌芽，但孩子会有自己的逻辑方式。换句话来说，这个阶段的孩子会根据自己的标准对外部世界进行主观性判断。

但是，学习是掌握规则、公式等纯客观知识的过程。因此，这样的学习会剥夺孩子用自己的方式解读世界的自由，有碍孩子的创造性思维发展。并且，一旦错过这个阶段，就没有机会让孩子的创造性得到开发了。

让孩子死记硬背地认字，这样做的危害在真正需要发挥自身能力的时候——30岁以后——才会显现出来。本应成为某个领域具备创造力的专业人才，却发现儿童期的学习过度使创造力枯竭。在未来的社会，只有能够选择自己道路的人才会成功，而成功的基础正是在3~6岁之间打下的。父母不要为了让孩子多认一个字，而放弃了其他更重要的能力的培养。

上学后再识字也不晚

识字和其他各种学习，在孩子上学后再开始也不算晚，有的孩子就是没做什么准备就上学了，反而比其他人更爱学习。其他同学因为觉得已经是学过的内容，所以感觉上课无聊，但之前没学过的孩子却觉得很有意思，后来听说还当上班长了。

如果父母实在希望孩子尽快识字，那么在上学前一年开始也不晚。没必要担心开始晚，怕学不完。反倒是越晚开始，孩子的大脑发育越成熟，付出很小的努力就能取得更好的效果。如果这时候孩子仍然固执地坚持不肯学，那么提前6个月开始也是可以的。我的大儿子庆模就是个榜样。

庆模从小性格固执，坚持己见，上小学前3个月才开始识字。本来我担心他什么都不知道就上学，功课会跟不上，打算就是强迫也要让他多少识几个字。没想到庆模学得非常认真，虽然刚开始也显得很不耐烦，但听到我说"你一个字都不认识，小朋友们会笑话你的"以后，就开始安心学习了。

不单识字如此，妈妈对孩子的任何学习都不能有越早开始越好的强迫观念，这对伴随孩子一生的创造性和自我意识都会产生反作用。孩子会因为学习上的挫折，产生诸如"我是一个学习差的孩子""我是一个不招人喜欢的孩子"之类的消极想法。

Q15 如何帮助行动散漫、注意力不集中的孩子？

有的孩子行动非常散漫，很难集中注意力做一件事情，还经常在楼梯等危险的地方玩闹，或是突然跑到马路中间，总是让父母非常担心。想和他坐下来聊聊吧，却一刻都不肯安静下来，让父母不知如何是好。

需要专业人士的帮助
和大人相比，孩子注意力集中的时候本来就少，活动量也更大。因此，仅凭孩子行为散漫不能轻易就判断这是病态。如果孩子和其他孩子相比程度更严重，并且影响到日常生活，妈妈也无法管教的话，应该去专业医院进行全面检查。

如果孩子的散漫行为超过了发育过程中正常的范围，从小就缺乏耐性、坐不住而且没有其他环境因素的话，那很有可能就是多动症。孩子患有多动症，如果不加干预，孩子和其他同龄人的关系会恶化，学习能力也很可能下降。而且，孩子会形成负面的自我意识，并伴随其他情绪方面的问题。如果妈妈怀疑孩子有多动症，应立刻去医院检查。

情绪不安也会使孩子行动散漫

有的孩子并非多动症，只是注意力差、存在一定程度的情绪不安。这属于不安障碍。孩子由于心理不稳定，会表现出咬手指甲、双手乱动、东张西望等让谁看了都会觉得不安的行为。这种不安障碍和多动症的症状类似，妈妈很难区分，需要专业医生来进行诊断。

给这样的孩子开出的紧急处方是改变周边的环境，帮助他们稳定情绪。如果孩子的问题还没达到医生干预的程度，那要慢慢引导孩子，开始有规律的、稳定的生活。让孩子做一件事的时候，不一定一下子集中给很多时间，可以10分钟或20分钟地逐渐增加，帮助他们集中注意力。

还有，妈妈如果发现孩子因为散漫做错了什么的话，小错误的话就当没看见好了，大错误也不要发脾气，而是告诉他正确的方法，这样才能增强孩子对妈妈的信任，并在此基础上改变行为。妈妈千万不能发火，要和孩子一起找到做错事的原因，再想一想正确的做法是什么。

因为孩子做不好，就希望他一次性地做很多的事情，结果只能是孩子错得更多。注意力不集中的时候，孩子很难同时处理多件事情，妈妈最好每次只提出一个要求。

总之，最重要的是，妈妈一定要记住孩子行动散漫并非故意，要积极看待，相信他长大以后会逐渐好起来的。

Q16 比同龄孩子说话晚是大问题吗？

如果同龄的孩子能说很多单词并试着造句，可自己的孩子却只会简单地说"妈妈""爸爸"，当父母的都会很着急。虽然心里想着"别担心，慢慢来"，但看到别的孩子都说得很好时，父母内心焦虑、倍感压力是难免的。孩子是有语言发育期的，要注意观察孩子是否发育正常和需要帮助。

判断语言发育情况的4项标准

如果你的孩子说话晚，是该顺其自然还是进行特别的干预，这里有4项判别标准。

第一，通过孩子的动作、表情等非语言能力，观察孩子是否有沟通意识。如果孩子能够与人对视，并能通过模仿来表达想法和感受，即使话说得不好也不用太着急。但如果孩子不能通过非语言的方式实现沟通的话，孩子有可能患上自闭症等发育障碍疾病，需要进行专科诊断。

第二，要确定孩子是否有智力发育的问题。语言发育是认知能力之一，如果孩子智力低下，语言发育也会非常缓慢。孩子的智力发育是否正常，可通过孩子能否学会和年龄水平相符的游戏来判断。例如，如果3岁左右的孩子还不能玩过家家等需要想象力的游戏，而只是能玩单纯的体能游戏，就有可能是智力低下。

第三，看看孩子的社会性发育是否正常。因为语言是与人沟通的手段，如果对别人漠不关心，语言能力当然会发育迟缓。对孩子社会性发育影响最大的是主要抚养人。如果孩子与主要抚养人的关系不融洽或者感觉不安全，内心就会排斥他人。

特别是在分娩后，如果妈妈不能通过抚养与孩子建立起健康的亲子关系，孩子在社会性发育上就会出现困难。在这种情况下，可以通过早期治疗来促进孩子的正常发育。如果在孩子脑部发育接近完成后再进行治疗，不仅治疗的效果非常缓慢，要想痊愈也会非常困难。此外，如果孩子有社会性发育问题，不仅需要妈妈的努力，爸爸、其他家庭成员以及孩子身边所有人的协助都是非常重要的。为了让孩子能够具有社会性，身边的人都要多给他关心和爱护。

第四，因为语言发育与孩子的情绪状态密切相关，所以要观察孩子是否有情绪方面的问题。孩子情绪状态不同，语言表现的差异也很大。因为孩子都是学别人说话的，如果孩子平时郁郁寡欢，话也说得很少，就有必要观察孩子在情绪上是否存在问题。孩子在毫无心理准备的情况下突然找不到妈妈或遭到其他小朋友的孤立，都会导致心理畏缩，从而造成情绪发育迟缓，语言发育也会变得缓慢。所以，如果通过观察孩子周边的环境，发现孩子的情绪问题对语言发育造成障碍的话，最好去咨询专家意见。此外，孩子语言发育缓慢还有可能是因为得过中耳炎而对细微声音不敏感，这就需要进行听力和口腔检查。

如果与上述情况不同，孩子并无特别原因而语言发育迟缓的话，有可能是"发育性语言障碍（developmental language disorder）"，需要进行专科诊断和语言功能治疗。

以上方案适用于2岁后的孩子。2岁前不是孩子语言发育的主要时期。孩子不到2岁时，与其为了语言问题总跑医院，不如多对孩子进行语言发育方面的训练。就是妈妈要对孩子的发音和用词一点点地进行纠正，并反复重复孩子能够模仿的简单词汇。

现在，很多妈妈为了让孩子提升语言能力，经常给孩子朗读很多书。但是，语言发育是通过学习日常生活用语来提高的，与其给孩子念书，不如经常和孩子说说话。

另外，还要多给孩子制造话题。经常带孩子到动物园或博物馆等有意思的地方，促使孩子产生交流的欲望。在睡觉前把一天中发生的事情在孩子耳边小声说说也是个好方法。此外，妈妈还可以不厌其烦地用拟声词或略显夸张的语调反复刺激孩子的听觉系统。

在家中刺激孩子语言发育的4要素：
1. 要慢慢地和孩子讲话。
2. 多使用适合孩子语言水平的简单词汇。
3. 帮助孩子用非语言的手势、动作等各种方法来表达想法。
4. 通过游戏积极地为孩子制造话题。

Q17 如何让孩子养成良好的吃饭习惯？

孩子的吃饭问题经常让妈妈很头疼。妈妈拿着勺子追着喂一口都很困难，即使很费劲地塞进孩子嘴里，还可能被孩子吐出来。有的孩子甚至还利用吃饭和妈妈讲条件，比如说"不给买什么就不吃"之类的话。孩子正是长身体的时候，可吃顿饭都跟打仗一样，妈妈自然又着急又无奈了。

饮食习惯的形成是从吃辅食阶段开始的。有的孩子是给什么吃什么，有的孩子却相反，对食物的口感、味道、颜色等都很挑剔。这可能是对特定食物的气味和味道反应敏感，也可能是先天就不适应食物的味道。

但是，追着孩子喂饭的妈妈会认为这属于孩子成长期的一种正常现象。所以，就会表现出"无论如何吃完了再说"的态度。而孩子们会有意地把妈妈的态度当做弱点加以利用。他们察觉到，如果自已不吃饭，妈妈会很着急，于是把吃饭当成了"谈判"的条件。另外，对妈妈有些不满的时候，也会出于逆反情绪而拒绝吃饭。如此看来，孩子不吃饭的理由是很多的。妈妈没必要强迫孩子必须把某一顿饭吃完，重要的是找到孩子不爱吃饭的原因，这才是培养孩子养成正确饮食习惯的第一步。

强迫不如诱导

关于孩子吃饭，最重要的原则是不管什么原因都不要强迫。妈妈最好能在孩子身边慢慢观察孩子拒绝吃饭的理由。如果是因为孩子的气质敏感、口味挑剔，就需要改变烹调方法，或者在饭菜材料上加以变化，努力做出让孩子满意的饭菜，通过反复尝试找到孩子不吃饭的正确原因。例如，孩子有可能是对某些食物的口味不能接受；也可能是对酸或咸等味道比较敏感；可能是讨厌油腻；也可能是不喜欢食物的特殊颜色。

有些孩子吃饭的时候，不是安安稳稳地坐在座位上，而是到处乱跑，让妈妈端着饭碗在后面追来追去的。妈妈这种错误的态度也会导致孩子不良的吃饭习惯。虽然这样做能起到一时的作用，但长此以往会让孩子的不良习惯更加根深蒂固。

但妈妈也不能因此就向孩子发脾气或者表现出不耐烦，这只会让不明事理的孩子更加抗拒。所以，在吃饭的时候，妈妈要把容易分散孩子注意力的物品收好，并寻找一些让孩子对吃饭感兴趣的方法。还应该要求孩子在固定的地方和时间用餐。如果妈妈的反复劝告仍然没有好的效果，那就干脆让孩子饿一顿。此外，还要反复和孩子讲必须好好吃饭的理由。孩子们适应吃饭是需要时间的，强迫不如诱导。

纠正错误吃饭习惯的方法

1 . 没吃完就离开饭桌

如果每口饭喂的量太大，孩子就很容易在没吃完前离开饭桌，或者因为性急，不好好咀嚼就囫囵吞枣地咽下去。所以，要让孩子小口小口地吃，并告诉他细嚼慢咽，吃完饭才可以离开。

2 . 跑来跑去，吃饭的时候坐不住

首先，要把分散孩子注意力的物品收好。其次，把孩子感兴趣的物品或者喜爱的玩具放在饭桌上。这样的话，孩子就会感到有趣，愿意在饭桌前多停留些时间，等他乖乖坐下来，就可以喂饭了。

3 . 打翻饭碗或扔勺子

这种行为并不是故意的，多半是因为不会使用而失手打翻的。而且孩子对使用勺子和筷子会觉得不顺手，一时性起才将其乱丢。因此，父母要耐心指导孩子使用餐具，并选用孩子不容易打翻的大一些的饭碗。

Q18 孩子为什么那么固执任性呢？

2岁左右的孩子，语言能力迅速提高，开始真正地说话了。但是，这个时期他们最常说的就是"讨厌""不行""我就要那个"等一些任性的话。不仅是说话，行为也没来由地固执得要命，根本不听妈妈的话。因

此，现在的妈妈们已经不说"3岁讨人嫌"了，而变成了"2岁讨人嫌"。也正是从现在开始，父母和孩子间的"战争"正式开始了。

固执是孩子自我意识形成的信号

当孩子不听话、固执己见的时候，大都会被说成"太任性了""脾气太倔了"，全部是负面看法。然而，从孩子发育来看，这说明孩子的自我意识在增强，想要坚持自己意志。但是，因为他们的表达能力还很差，还不会完整地表达自己的想法，所以只能用"讨厌""不行"等判断式词汇或者用头撞墙等过激行为来表达。

2岁左右的孩子的思考能力和分辨能力非常差，这不是孩子通过主观努力就能克服的不足。只有随着大脑的发育，随着认知、情绪等方面发育、成熟到一定程度，才能形成合理的主张。

因此，当孩子任性要脾气的时候，妈妈不需要立刻判断对错，而首先要从处于成长期的孩子的角度想一想。不要在孩子发脾气的事情上太费脑筋，而是要努力找到这背后的动机。

随着时间的变化，孩子懂得关心他人以后自然会收敛脾气。不经历这样的过程，孩子长大后会变得没有主见。

宽容比强迫更有效

孩子发脾气的时候，妈妈多会出于从小养成好习惯的考虑，立刻训斥并阻止孩子。当然，如果孩子的固执给自己或他人造成危害的话，有必要适时阻止。但是，如果妈妈仅仅是因为觉得孩子的行为是无理取闹就强加阻拦的话，是不利于培养孩子的自信心和独立性的。因此，即使孩子不可理喻地耍脾气，也不能一味呵斥他。最好的办法是对他的无理要求置之不理，而对他有积极意义的坚持要毫无保留地予以表扬。例如，当孩子自己不会穿衣服，给他穿上后他又脱下来，坚持要自己穿的时候，就不要觉得孩子是在"制造麻烦"，而要表扬他能够自己试着做事情。

如果孩子小时候不能表达自己的主见，等到了对自我产生困惑的青春期或成年后，他可能就会因为情绪不能自控而出问题。因此，在孩子表现固执的时候，最好能在最大限度地尊重孩子的自律性和自我意识的基础上加以处理和引导。

Q19 如何鼓励过分软弱和胆小的孩子？

在尊重礼仪的东方文化中，大多数家长更喜欢文静、听话的孩子。但是，身处竞争越来越激烈的社会，越来越多的妈妈又开始担心自己的孩子性格太文静了，不利于将来的竞争。

"这么软弱的性格，以后怎么在社会上立足呢？别人稍微厉害一点儿，他就连话都说不利落，真让人揪心呐！"

爱护孩子，一切慢慢适应

许多学者都主张，在儿童教育方面，要按照每个孩子特有的气质来培养。有一种孩子天生对新事物适应得特别慢，总是害羞和不安。具有这种气质的孩子小时候在陌生环境中容易经常受到惊吓，长大成人后患上抑郁症或不安障碍的概率很高。因此，父母对这类孩子的抚养态度尤为重要。

首先，要正确判断孩子的气质。如果父母因为想要改变孩子的气质而强迫他适应新环境或者不断地接触陌生人，孩子会变得更内向，内心也更加排斥他人。此外，在孩子表现出内心脆弱的时候，比如哭泣时，父母不要去责备孩子，而要亲切地安慰并保护他不要受到伤害。

对于这种气质的孩子来说，适应陌生环境尤为困难。可以通过把孩子喜欢的物品带到新环境等做法，帮助他逐渐适应。

此外，也不要为了让孩子与小朋友交往而强迫他参加集体活动。我治疗过的一些孩子就是因为家长想培养其社会性，而强行将孩子送去幼儿园，结果导致孩子得了不安障碍。

称赞是最好的药

有些孩子害羞并非气质原因，而是因为自小就形成了负面的自我意识。妈妈强迫他做功课、妈妈和爸爸在孩子面前吵架以及把孩子长期寄放在别的地方等等，这些强制性的做法和对孩子漠不关心的态度，会让孩子无法形成正面的自我意识。孩子类似体验越来越多，最终就会失去自信心，并产生"我是个总挨骂的倒霉孩子"的想法。

对于形成负面自我意识的孩子，称赞是一剂良药。在通过称赞帮助孩子恢复自信心的过程中，孩子有时也会耍脾气或者表示抗拒。但是，这其实是自我主张长时间受到压抑后突然迸发出来的表现。此时，父母要宽容对待这种行为，孩子自然会慢慢改变的。即使孩子的做法的确是错误的也不要对他发脾气。最好是在孩子的自信心恢复之后，再帮助他掌握与人交往的礼仪和规矩。

Q20 小哥俩总打架，怎么办？

虽然同胞手足之间互敬互爱是人之常情，但是同胞情谊并不是自发的。我经常跟妈妈们说同胞手足之间的关系就像过去的"妻妾"关系一样。大一点儿的那个会嫉妒弟弟、妹妹抢走了父母的关心和爱护，而小一点儿的那个也会为了独享母爱而竭尽全力。就这样，在父爱母爱面前，同胞手足的关系势同水火。

我认为，要保证兄弟姐妹之间的关系融洽，妈妈生孩子的年龄间隔最短也要在3年以上。如果妈妈为了尽量趁着年轻生孩子，生了大孩子后只间隔1~2年就生第二个的话，大孩子的情绪发育还没成熟，却因为妈妈要照顾"更需要照顾"的小孩子，那大孩子趁妈妈不注意的时候对小的掐掐打打，或者摆出一副兄长的样子教训弟弟、妹妹就会是经常的事了。

从兄长看待弟弟、妹妹的角度出发

从大孩子的角度来说，会因为担心弟弟、妹妹抢走母爱而去欺负弟弟、妹妹。这时，很多妈妈都会责备大孩子，向他发脾气，会说"都当哥哥了还这样""一点都没有当姐姐的样"等等。其实，此时最需要理解的应该是老大的内心想法。

当大孩子的年龄也还比较小时，更需要得到妈妈关心。很多时候，妈妈因为照顾刚出生的婴儿很吃力，就把大孩子交给别人带。可实际上，正确的做法是应该把小的交给别人，而对老大更加用心。这种情况下，让大孩子离开，会破坏他对弟弟、妹妹的第一印象，从此埋下同胞之间摩擦的种子。此外，如果需要让大孩子照顾小孩子，最好能让他明白弟弟、妹妹的含义，让他知道"弟弟、妹妹比我弱小，是需要照顾的人"。

如果此时不能很好地抚慰大孩子，大孩子可能会出现能力退化的现象。例如，孩子本来已经会解小便了，但突然又尿了裤子；或者吵着要用弟弟的奶瓶吃奶；明明自己能吃饭却耍赖让别人喂等等。这时候，就顺着他的意思做吧！等他心气顺了，他自己会停止这些行为，反复折腾几次，他自己也会觉得别扭的。要理解孩子，他这样做他心里也不好受，最好用"妈妈怎样帮帮你才好呢"之类的话来安慰他。

抚养两个完全不同的孩子

再从小一点的那个孩子的角度看看吧。

抚养第二个孩子的时候，妈妈会把以前经受的挫折和教训当做经验。有的妈妈认为，抚养第一个孩子的过程是"彩排"，抚养第二个孩子才是"正式演出"。这种想法很危险。及时总结养育过程中的方法没错，但并不等于可以照搬之前的经验。

通常，小一点的孩子不管哥哥、姐姐干什么都会跟着，还会抢他们的玩具或布娃娃，哥哥、姐姐去幼儿园也要跟着。父母也许会觉得让他们互相竞争也好，通过这种方式可以教育孩子，却不知这会加剧兄弟姊妹间的竞争心理。

他们会说："哥哥就是这样的哦！"

站在弟弟、妹妹的立场，自然认为哥哥、姐姐比自己大，能够得到父母更多的爱，是自己很难超越的对象。

我在抚养两个孩子的时候，一开始就很注意避免大孩子和小孩子之间形成竞争的关系，就连买书的时候，也会根据他们不同的性格和爱好分别挑选。去托儿所和幼儿园也是送到不同的地方，虽说这样有点麻烦，但可以避免别人进行"谁是谁的弟弟""谁是谁的哥哥"之类的比较。上小学后，他们在意的也是和其他同学之间的竞争。要知道，兄弟之间的比较和竞争对孩子没有任何好处。

最重要的是，看到孩子有什么举动的时候，不要只关注这些行为的表象。孩子们所做的一切都是为了得到父母的关爱，不要因为表面现象就去责备他们。

如果哥哥把弟弟照顾得很好，也可能是因为"这么做是因为不想失去母爱"的想法。这时候，要留意孩子对母爱的渴望能否能用其他形式给予满足。此外，父母还应该反思一下对两个孩子是否真正做到了公平看待。

Q21 为什么孩子不合群，总喜欢一个人玩？

有的孩子觉得和小朋友在一起没意思，只喜欢自己一个人玩。虽说孩子之间也打打闹闹，但一起玩还是很有意思的，可有的孩子却没有朋友，或者因为太任性而不受其他小朋友的欢迎。对于这样的孩子，妈妈是顺其自然好呢？还是在问题严重之前进行干预？

孩子交友困难的原因是什么呢？如果孩子性格敏感或者非常固执，在交友方面自然存在困难。他们不仅不懂得与他人分享，还总认为自己是小朋友当中最棒的，这样的孩子当然很难和别人相处。如果是健壮一点的男孩，虽然并非恶意，却也会经常欺负其他小朋友，这是因为他自己的表达能力还不健全，只能用这种方式表达关心和好感；同时也因为大脑发育还不成熟，还认识不到自己的行为会伤害到别人。而性格上被动文静的孩子，则不愿意主动和小朋友讲话。

综上所述，性格、大脑发育等多方面的原因都会导致孩子没有朋友。因此，要解决孩子交友困难的问题，首先要了解孩子的特点、所处环境以及妈妈抚养态度等各方面的情况。

在家里能好好玩的孩子，和小朋友也能玩到一起

首先要关注的是母子间的关系。如果孩子和妈妈的关系很好、能在一

起玩，那么即使出去了也能和别人一起玩。孩子通过妈妈知道了这个世界是很有趣、值得生活的好地方，并能够把这个圈子向外逐渐扩大。与之相反，如果在家里每天和妈妈对峙、总被批评，这样的孩子在外面也是很难与别人交朋友的。

此外，还要关注孩子和爸爸、兄弟姐妹等其他家庭成员之间的关系。家庭是孩子遇到的第一个社会，必须了解孩子能否在家庭中建立起很融洽的第一层社会关系：在家庭成员面前是否能表达自己想做什么、讨厌什么？是否能关照兄弟姐妹并能做到忍让……如果孩子在家里具备这样基本的能力，那么在交友方面就不会有太大困难。

给孩子介绍小朋友

对于交朋友有困难的孩子，有的父母希望通过学习跆拳道或练习演讲等方法激发孩子的勇气。然而，这种做法无助于培养孩子的勇气和自信心。性格内向或态度消极的孩子反而会更加胆怯、内敛，更不愿意和他人接触。

如果父母认为自己的孩子在交友方面已经做好了准备，就没必要去强迫他，而应该在日常生活中自然而然地为孩子创造机会。例如，偶然遇见新朋友时，可以教他一些更适合大家一起玩的游戏，或者悄悄告诉他一些和小朋友相处的好办法。

此外，最好平时能够经常和孩子说一说待人处世的方法。不止是大人，在孩子们的世界中，联络关系也是从记住名字开始的。所以要告诉孩子，遇到新朋友的时候，最好要记住朋友的名字并主动和朋友打招呼。还有一点非常重要，就是要让孩子学会倾听朋友的话。虽然孩子的思考方式都是以自我为中心的，但可以告诉他理解小朋友情感和想法的重要性，帮助他慢慢地理解同年龄的孩子。让他换个角度，去体会其他小朋友的想法和感受。

另外，还要让他明白与人分享的乐趣。这可能是孩子最讨厌的事情了，可以先从和妈妈一起分享做起，孩子会慢慢理解其中含义的。

父母的榜样非常重要。如果看到父母能和其他大人保持良好的关系，成长中的孩子自然而然地就会模仿父母的样子。

Q22 孩子总是说谎怎么办？

发现孩子说谎时，妈妈会又吃惊又紧张，因为"说谎是不好的，千万不能学"的概念在头脑中根深蒂固。因此，妈妈会发脾气，并教导孩子不要再说谎了。但更明智的做法是，在孩子说谎的时候不错过这个机会，努力去发现孩子说谎的动机：是因为什么才说谎？是否在心理方面存在其他问题等等，因为说谎往往是孩子出了问题发出的某种信号。

孩子说谎的理由

孩子的逻辑思维还没有发育成熟，所以看不到现实本来的面貌，会极端主观地进行解释。因此，遇到令他不安并想逃避的情况时，他会编造出和事实截然相反的故事，并深信自己的故事是真的。很自然地说出被人一眼看穿的谎话，是孩子在这个发育时期的基本特征，但这并不代表孩子学坏了。

孩子在不想做什么事的时候，会经常说谎。问他"手洗了吗？"会回答"洗了"。妈妈如果打算确认一下，他会把手藏在身后，一直坚持说洗了，或者已经忘掉刚刚说过的谎话，改口说"马上会去洗"。就算孩子具备编瞎话的想象力，他这样的谎话也缺乏逻辑性，一下子就被识破了，这只是孩子本能地敷衍讨厌做的事情罢了。

妈妈这时候发脾气，孩子会觉得妈妈生气不是因为自己说谎，而是自己的谎话被识破了。没有什么比妈妈发脾气更让孩子害怕的了。因此，孩子为了不让妈妈生气，会继续隐瞒真相，编造更多的谎言。

孩子说谎并非出于自私或者恶意，而是自我意识形成过程中，通过自我为中心方式的思考，自然形成了那些既不真实、也不客观、即兴而又单纯的谎言。因此，当孩子说谎时，妈妈不要单方面责备孩子，而要分析孩子说谎的理由，找到并尽快消除让孩子感到不安的压力，正是这些压力导致谎言脱口而出。

撒谎说"洗手了"的孩子，可能心里想的是"洗手太讨厌了，为什么妈妈总让我洗手呢？"如果孩子真是这样想的话，妈妈应该和孩子一起洗手，并且态度温和地告诉他如果不洗手会怎么不好，妈妈的手为什么很干净等。如果妈妈偶尔发现孩子自己洗了手，要给予充分的表扬。

对付谎话最明智的做法

"如果放任不管，会养成坏习惯吧？"虽然妈妈会有这样的疑问，但实际上，伴随着大脑的发育成熟，孩子脱口而出的、立时会被揭穿的谎言会慢慢减少。正如前文所述，如果妈妈严厉训斥和吓唬孩子，孩子会因为感到不安而很容易再次说谎，同时还会形成负面的自我意识。那么，孩子说谎时，妈妈应该怎么办呢？

首先，要了解孩子说谎的心理，并告诉他大人是理解他的。"讨厌洗手，才和妈妈说谎的吧？能告诉妈妈为什么讨厌吗？"

只有多给予理解，孩子的不安和压力才能消除。以后遇到类似情况，孩子说谎的次数会逐渐减少的。

其次，要告诉孩子为什么不能说谎，并且要和他明确以后再说谎会怎样处理。当然，处理方式不能是命令，要和孩子商量。作为参考，比较好的惩罚办法是孩子犯了错误就不让他做他喜欢的事情。而且开始处罚时力度不宜过大，随着孩子不断做错事而提高惩罚力度，这样惩罚才会真正有效果。

Q23 挨打的孩子才听话吗？

孩子在别人家到处乱翻乱动，为了看电视耍赖，让大人买广告中提到的玩具……这样的经历大部分妈妈都有过。妈妈有时候会因此发脾气、打孩子，可事情过后又感到后悔。

世界上没有喜欢打孩子的父母。一时气不过打了不听话的孩子，可过后自己也心疼。妈妈们经常提到的问题之一就是关于体罚。

"虽说是不打不听话，可真因为孩子淘气打了他，还是心疼。"

"为了改掉不良习惯，适当的体罚还是可以的吧？"

体罚有害的理由

打孩子究竟好不好的争论由来已久。新时代的父母们的价值观变化很大，很多人已经没有了"不打不成器"的观念，有些妈妈只是为了培养孩子的好习惯而在必要时体罚孩子。

现在的家长大都有小时候挨父母打的经历。兄弟姐妹之间打架、因为贪玩很晚才回家、在厨房里打破碗碟、在墙壁上胡乱涂鸦、背着妈妈偷吃糖果等等，挨打的理由真是不胜枚举啊！

但是回想起挨打时的瞬间，最先想到的就是父母令人害怕的眼神和挨打时自己心中的愤怒、羞耻感以及害怕无助的感觉。这说明自己并没有真正认识到错误。体罚只是疏远了母子关系，而知晓是非、按正确的价值观做事似乎和体罚没有什么直接的因果关系。挨打的瞬间，孩子也会说知道错了。但那只是因为怕疼，疼痛过后，留下的只是羞耻感、对父母的怨恨和愤怒。

体罚还有其他坏处。妈妈有了第一次用棍棒教育孩子的经历，以后体罚的程度会慢慢加重。因此，孩子听话是因为害怕挨打，会慢慢丧失自己判断做出正确行动的机会。此外，孩子会对"有武力才有威力"印象深刻，认为必须用武力才能得到自己想要的东西。

最糟糕的是体罚让孩子失去自信心。孩子越挨打，越觉得自己是"坏孩子"，认为自己的错误无法改正，因而自暴自弃。

必须要打的时候

虽然体罚存在诸多的负面影响，但在教育孩子的过程中，也有不得不打的时候。在这些情况下，父母首先要稳定自己的情绪。情绪激动的时候打孩子，不仅不能指出孩子的错误，还会让他感到难堪，从而对孩子的心灵造成伤害。孩子不会认为自己错了，只会觉得自己是坏孩子。

此外，要在固定的地点、用固定的工具来教训孩子。不分场合打到解气为止、不分青红皂白抬手就打的习惯非常不好。在打孩子之前要明确告诉他为什么挨打、这次要怎么打以及打几下、再犯错误如何处理等等。而且，打完孩子之后一定要哄一哄。告诉他，打了他妈妈也很伤心，不要让孩子对妈妈产生怨恨之情，对他自己也不要有负面的认识。

Q24 怎样和无视父母的孩子沟通？

　　时代变了，父母的观念也变了。很多父母对孩子不再是强权和压制，更多地希望成为孩子亲密的朋友。随着父母观念的变化，孩子也有很大的变化。都说以前的孩子比较听话，现在的孩子没规矩、自私，我在诊所里也确实能看到很多无视父母、自顾自的孩子，可妈妈却不知道该如何管教孩子，只能顺着孩子的意思照办。有些孩子甚至会揪妈妈的头发，真的很过分。

顺从孩子的真实内心

　　父母用爱心养育孩子，从孩子的角度看问题是正确的。保持母子亲密的依恋关系是成长期最重要的课题，做不到这一点，孩子就不可能在情绪方面得到成长。

　　但这并不意味着妈妈要无条件地迎合孩子。妈妈担心孩子长大后变坏，担心管教后孩子会讨厌妈妈。同样，孩子也担心失去妈妈的爱。这样的心理状态模糊了父母与子女间本来的界限。父母知道应该爱孩子，却不知道如何正确表现，只能一味地迎合孩子。

　　结果是，孩子并不认为父母爱自己，并不以父母为荣，反而轻视父母，认为父母就是"给我想要的东西的人"，甚至是"没有我就活不了的人"，并对此加以利用。更有甚者，妈妈会这样描述自己的孩子："只有钱包里有钱的时候孩子才听话"。

　　如果孩子轻视父母，做父母的就很难对孩子成长起到引导作用了。孩子会不把父母当做父母，无论怎么教育也把父母的话当做耳边风。

　　虽然应该和孩子保持亲密的关系，但界限和距离也必不可少。父母和孩子必须达成共识，在家庭中父母有自己的威严，作为监护人担负着教导孩子的责任，并在生活中切实执行。

做受孩子尊敬的父母

总之就是一句话：要努力成为受孩子尊敬的父母，或者说成为孩子的良师益友。要让孩子觉得父母才是身边最能够帮助他的人，是自己学习效仿的榜样。

这可不是父母通过强权树立威信就能够办到的。首先，父母自身要有正确的生活态度。要让孩子看到父母的生活很充实，同时，父母要经常站在孩子的立场关心他、爱护他，需要纠正孩子错误的时候，要展示出自信和果断。

为了更好地说明这个问题，举一个"农夫赶猪"的例子吧。农夫赶着猪从田边走过的时候，会让猪群走在前面，自己在后面跟着。走了一阵后，猪会在田边的水沟里歇歇脚，而农夫会用树枝朝猪的屁股猛打一下，猪因为主人在后面没有催赶而放宽心的时候突然挨打，会吓得立刻向前走。聪明的农夫就这样把猪赶到了目的地。

孩子总是被强迫的话，是体会不到父母的权威的。如果父母平时对孩子非常爱护，而孩子犯错的时候让他看到父母严厉一面的话，孩子就会感受到父母的权威。反之，如果父母总是对孩子很严厉，会对孩子成长造成极大的副作用。

孩子在生理和心理成长过程中，如果父母没有爱只有强权的话，他们就会反抗父母，甚至会打自己的父母。孩子这么激烈地反抗大多事出有因。因此，为了正确引导孩子，父母与孩子之间应该保持一定的界限。

Q25 如何培养孩子的独立性？

"我不帮他的话，他什么都学不会。我还要上班，也不能总带着他，真是担心啊！"

很多父母都因为孩子缺乏独立性和自律性而烦恼。孩子的依赖性并非与生俱来，而是在成长环境中形成的。孩子在2岁后开始形成自我意识，想要自己做的事情也越来越多。独立意识是伴随这个阶段生成的自信心和正面的自我意识而形成的。因此，在这个阶段，如果过分地想保护孩子或者强迫孩子顺从父母意愿，孩子就确立不了自我意识，变得依赖性很强。韩国俗语中有一句话叫"裙边风"，意思是指韩国的妈妈们对孩子的保护意识非常强烈，就连孩子站着都会觉得不安全，总想抓着孩子的手。长此以往，孩子自己能做的事情越来越少，自信心也会慢慢消失。

然而，父母以培养孩子的独立意识为理由，在孩子真的需要帮助时置之不理也是不对的。孩子自己想做什么的时候，父母应该在旁边守护他，在他需要帮助时适当地伸出援手。调整好父母帮助孩子的尺度，支持他树立自信心，孩子自己能做的事情一定会慢慢多起来。

允许孩子失败

孩子是通过失败来学习的。经历过挫折、困难，孩子才能够有所领悟，获得成长。但是，性急的父母会因为孩子的困难和失败而心痛，从而剥夺孩子领悟如何从失败中学习的机会。

要想孩子独立性强、自律性高，就必须要让他自己从失败和挫折中领悟和学习。父母要有让孩子自己努力去赢得自己想要的东西的智慧。如果父母要提供帮助，也应该是真正有意义上的帮助，而不是干涉和唠叨。

现实生活中，妈妈不要替孩子选择，而要为孩子保留更多他自己选择的机会。此外，还应要求他对结果负起责任。

Q26 爸爸太忙了，没时间和孩子玩，怎么办？

专家们说过："在抚养孩子方面，和妈妈相比，爸爸的作用更重要。"这说明，虽然爸爸和孩子在一起的时间短暂，但给孩子造成的影响却很大。这是因为孩子和爸爸不经常在一起，反而对爸爸的言语和行动更敏感，从而受到影响。

爸爸参与育儿，不是可有可无，而是必须的。因此有必要特别留意爸爸和孩子相处时的种种表现。

孩子的成长受爸爸育儿方式的影响

爸爸的育儿方式不同，孩子的性格也会各不相同。另外，有些孩子会受到爸爸的负面影响而出现问题行为。首先要了解爸爸的育儿方式会对孩子产生哪些影响。

● 严厉的爸爸

这样的爸爸虽然会对孩子道德发育有积极影响，但也会造成孩子极端消极被动的性格。在本应和父母形成亲密关系的阶段，如果爸爸总是命令式地说"不行""不可以"，孩子就会变得胆怯。因此，孩子会对爸爸察言观色，更加不愿离开妈妈。如果爸爸一直用严厉的态度对待孩子，孩子会慢慢变得畏缩，变得消极被动，严重的话甚至不能自如地表达自己的意见。

● **漠不关心的爸爸**

爸爸不关心孩子，会导致孩子发育迟缓。世上所有的孩子都希望不仅得到母爱，还能得到父爱。因此，在漠不关心的爸爸面前，孩子为了赢得他的关注，会尽力做出讨好的举动。当目的无法达到的时候，孩子就会觉得失望，变得情感冷漠。不能通过和爸爸的亲密接触获得充分交流的孩子，性格往往会变得比较内向。

● **溺爱的爸爸**

如果爸爸什么事情都替孩子做好、替他争取，就无法培养出孩子的自立意识，孩子会变得依赖性很强。依赖性越强，孩子就越不愿自己做事——哪怕是很小的事情，因此会慢慢失去自立意识和领导能力。

● **神经质的爸爸**

这种类型的爸爸很容易培养出具有攻击性的孩子。如果爸爸对鸡毛蒜皮的小事都神经兮兮的话，孩子也会变得胆怯、不安。特别是神经质的爸爸缺乏理性、态度情绪化，所以与这样的爸爸在一起时，孩子即使没做错任何事也会时常感到恐惧，并因此变得易怒。这种过程不断反复，孩子的性格也会变得神经质，言谈举止容易过激，攻击性也比较强。

努力成为好爸爸

所有的爸爸都希望自己是一个好爸爸。但是，工作忙、身体疲劳、不知道如何与孩子相处，种种理由让爸爸渐渐远离了育儿工作。事实上，只要稍加努力就会成为相当优秀的爸爸。如果在孩子小时候不能成为好爸爸，爸爸最终会在家庭中失去应有的位置。

想成为好爸爸，需要真心实意地和孩子一起玩耍。只有和孩子频繁地进行身体接触，才能和孩子保持亲密的关系。抱抱孩子，亲亲他，和他一起玩耍等等，这样做的次数越多，爸爸和孩子的关系越亲密。父子感情依恋关系稳定的孩子懂得信赖别人，并能够在此基础上培养良好的社会性。这些过程都不能勉强完成，只有孩子真正感受到和爸爸在一起的乐趣，才有可能实现。

此外，爸爸还要改变"作为父亲必须严厉强势"的观点，学会直接表达自己的感情。一定要放弃诸如"喜怒不形于色""男儿有泪不轻弹"之类的观念。

无论是谁，如果无法表达自己的情感、愤懑于胸的话，都会得病的。如果这些积压的情感某天突然爆发出来，那情况就糟糕了。要教给孩子如何在悲伤时、高兴时、生气时表达出自己的情绪。而且，也请爸爸正确地表达出自己的情绪，生气的时候不要大声训斥孩子，而要温和地告诉孩子，爸爸现在生气了。

除此之外，爸爸和孩子一起做家务，也会对教育孩子起到积极作用。对孩子来说，平时只和妈妈在一起，如果爸爸也能参与的话，孩子更能体会到家庭的真正含义。经常和爸爸在一起的孩子，对社会生活也会很容易适应。如果孩子平时连爸爸的面都见不到，就很难改掉依赖妈妈的习惯。因此，请爸爸多花些时间和孩子一起做做家务吧！这样的话，孩子不仅会感受到爸爸的爱，也会知道家务事并不是妈妈一个人做的，而是所有家庭成员都应该帮忙的。

Q27 父母的育儿观念大相径庭时如何处理？

平时对孩子生活情况并不了解的爸爸，周末突然说要尽尽本分，带着孩子出去玩了。回来之后，妈妈发现孩子兴高采烈地捧着最新款的游戏机。孩子本来就对电子游戏非常热衷，现在更是一发不可收拾。妈妈正感到无奈的时候，爸爸却说了一句："现在的孩子都玩这个，咱们的孩子怎么能没有呢？"

在育儿的细节方面，妈妈和爸爸会存在不同的意见。妈妈会细心地为孩子准备好全棉的被褥，可爸爸却觉得用什么都无所谓。力求尽善尽美的妈妈和随随便便的爸爸到底谁对谁错呢？每次都这样争执，对孩子的成长也不好。

伴随孩子的成长，孩子接触的外部世界逐渐扩大，让父母操心费力、需要父母关心教导的事会越来越多，因此，父母在育儿方面的分歧也会越来越大，尤其是在孩子的教育上分歧特别尖锐。

认同彼此在道德取向上的差异

实际上，妈妈和爸爸从出生起就存在道德取向上的差异。爸爸的道德取向是要明辨是非，必须做正确的事情；而妈妈的道德取向却是一种女性特有的、对于他人的理解和共鸣。男女之间这种本质性的差异会在教育孩子时突现出来。爸爸大多在教育孩子方面更重视原则，孩子违反了既定的原则就要接受惩罚，而遵从了原则就会受到表扬；但是，妈妈会尽可能理解孩子的心理，了解孩子为什么违反原则，是不是因为遇到了困难才违反原则的。

实际上，到底哪种取向更好是无从分辨的。为了让孩子的成长走上正轨，两种道德取向都是必须的。但这并不是说两种取向都重要，爸爸、妈妈有不同的育儿原则，但是要认同彼此之间存在的本质差异，共同确定原则并保持执行的一贯性。

比如，因为孩子欺负别的小朋友，爸爸决定打孩子一顿。如果事先已经跟孩子讲明，那么孩子犯错的话就可以按照原则训诫孩子。此时，妈妈不要和爸爸一起呵斥孩子，而应在爸爸惩罚孩子以后安抚孩子，以保持教育上的平衡，即在育儿方面做好各自擅长的部分。

爸爸和妈妈对于孩子就像飞机的两翼一样共同作用，帮助孩子在人生的道路上起飞。为了孩子，爸爸、妈妈平时要多沟通，共同确定一贯性的原则并互帮互助，只有这样才能教育好孩子。

Q28 妈妈忧郁的话，孩子会不会出问题？

前不久看到报纸上的一篇报道：研究结果显示，父母压力过大，子女自杀的概率就会很高。我对此深有同感。

人们常说："抑郁症是心灵感冒了。"这该如何理解呢？感冒了越早治疗就越早痊愈，但是如果一天天地耽搁就可能发展成肺炎。与此相同，对抑郁症置之不理，其结果会超乎想象地严重。

不久前电视里播了一期节目，讲述了一些妈妈们讨厌自己孩子的故事，让很多人都感到震惊。节目里的妈妈们当孩子还在肚子里的时候都很爱孩子，但在生下来之后却不想要他。这样的妈妈最近越来越多。她们或者是因为患上产后抑郁症，或者是因为丈夫和身边的人帮不了忙、只能自己一个人负担养育孩子的责任。如果妈妈有心理问题，大部分孩子也会有心理问题。因此，在孩子接受治疗的同时，很多妈妈也在接受治疗。

妈妈要注意自己的心理状态

妈妈的心理状态对孩子的影响远比想象的更大。特别在孩子3岁以前，因为孩子的大脑会通过和妈妈情绪的相互作用进行发育，所以妈妈在心理方面的健康就尤为重要。

如果妈妈在妊娠期受到压力，会对胎儿造成致命性的严重后果。妈妈受到的压力越大，类固醇荷尔蒙就分泌得越多，这种荷尔蒙会破坏孩子的大脑和中枢神经。这样的孩子在出生后会变得特别敏感、爱哭。

妈妈在经历过妊娠和生产后，因为荷尔蒙的水平出现急剧变化，会感到忧郁，人们称之为"产后忧郁情绪（baby blue）"。50%~70%的产妇都有轻微的产后忧郁经历，其中10%~15%的产妇会在数周内感到忧郁乏力、无法控制自己的情绪，这就是产后抑郁症。

妈妈的这种负面情绪会原样地传递给孩子。对孩子来说，最重要的是妈妈理解自己并给予充分的母爱。如果缺乏这样的爱，孩子就不能形成稳定的母子依恋关系，导致不安障碍，其智能发育、社会性发育、情绪发育等都不能正常进行。

为了给予孩子更多的爱，妈妈必须保持良好的情绪和健康的心理状态。妈妈情绪不好时，可以暂时和孩子分开，这样做的效果会更好。

患上产后忧郁症时，妈妈自身的努力尤为重要。总是被无谓的烦恼困扰，对孩子、丈夫以及身边的亲人无故发火，这种情况持续发生的话，应该立即接受治疗。此外，妈妈不要总憋在家里，可以做些自己喜欢的事情，或者出去见见朋友，积极地调整自己的情绪。爸爸和家里的其他人对妈妈的关心和体贴也是非常重要的。爸爸要理解妈妈的痛苦并主动分担责任，这才是对妈妈的莫大帮助。

Q29 教训孩子的正确方法是什么？

孩子有时会从高处摔下来，打坏东西或者任性要赖。为了让孩子养成好的习惯或安全成长，父母不得已训斥孩子的时候真是太多了。知道应该和孩子耐心交流、好好讲话，但想到说过的话还要反复再讲，真是让人生气，还会感到很累。

无论如何，先要压住怒火再和孩子交谈。自己生气的时候，即使孩子做错了最好也不要训斥。另外，在教训孩子时请记住以下几条原则：

第一，教训孩子的目的不是为了强行阻止他的行为，而是身为父母必须要告诉孩子为人处世的原则。因此，与其大声训斥、吓唬孩子，不如和颜悦色地给他讲道理，让他更好地理解原则。事实上，也只有这样做，孩子才能把父母的话听进去。

有些父母会一边盘算着"下次再犯错的话一定不原谅你，等着瞧吧！"一边等着孩子犯错。孩子总是要犯类似错误的，而父母的这种心态对孩子绝对不会有好的影响。孩子的错误可以记在心上，但由此引发的情绪却应该随时释放。

第二，为了防止孩子犯同样的错误，要和孩子一起制定预防措施。哥哥打了弟弟的时候，首先要理解哥哥这样做是因为妒忌弟弟，然后再帮哥哥寻求解决方法，如跟他说"觉得弟弟更招人喜欢伤心了吧？那也不能打弟弟呀，你要是真生气的话，那就打这个布娃娃吧！"这样的话，孩子既不会犯错，也能发泄不满的情绪。

第三，先听听孩子说些什么。不要急于纠正孩子的错误，先要弄明白孩子为什么这样做并找到根本原因，然后再解决问题。跟孩子说话时没必要长篇大论，而是要言简意赅。此外，交谈时，不要拿他和别的孩子做对比，否则会引起孩子的自卑感或猜忌心，反而产生副作用。

第四，事先要和孩子约定好哪些事情可以做，哪些事情不能做。孩子在各方面都还不成熟，因此事先要告诉他该如何做并帮助他。

最后，绝对不要在人多的地方训斥孩子。在众人面前难堪连大人都难以接受，更何况是孩子呢？认为"孩子能知道什么呀？"这样的观念非常危险。孩子可能会因为羞耻心和侮辱感而反抗愈烈，并会在逆反情绪的驱动下犯下更大的错误。

Q30 离婚后怎样抚养孩子？

虽然因为相爱而结婚，但在共同生活后，夫妻之间经常由于各种原因争吵，最终选择离婚的情况也是有的。虽说离婚以后就各不相干了，但在有孩子的情况下还是无法彻底脱离干系的。比如，孩子由谁抚养、如何负担抚养费等很多问题都需要夫妻双方协商解决，不会像在离婚协议上签字那样简单。

现如今，"单身妈妈""单身爸爸"的情况越来越多。但是，单亲父母负担抚养孩子的全部责任是不容易的。因为孩子越大，妈妈和爸爸所担负的责任就越不相同，所以独自抚养孩子会感觉困难重重。

父母离婚后最大的苦恼就是，不清楚孩子能否接受父母离婚的事实，父母离婚会不会给孩子心灵造成伤害，以及如何避免这些情况的发生。毋庸置疑，正常情况下，单亲父母独自抚养子女肯定不如双方共同抚养好，但这并不表示离婚对孩子就一定不好。孩子每天只看见父母争吵和相互诋毁，心理上会受到冲击。与之相比，父母的一方全心全意地抚养孩子或许会更好。

那么，如果已经决定离婚了，该怎样抚养孩子呢？

首先，父母自己要打消离婚带来的罪责感，要对离婚的现实有清醒的认识，并和孩子讲明实际情况。这时孩子的情绪是最重要的。要注意了解孩子对父母离婚的想法。如果孩子可以说话，就要耐心地和他交流；如果孩子还不会说话，就要深入观察孩子的态度是否有变化。

大部分孩子在某种情况下产生了巨大压力时，不太可能有条理地说清楚心中的想法，但会表现出一些奇怪的举动。比如孩子能控制小便了却突然尿湿了裤子，做出用头撞墙等自残性举动，甚至平时话说得很好的，会突然失语等等。这些都是孩子承受高度压力时的表现，需要对他更加关爱。

很多孩子会觉得父母离婚是因为自己不听话或不乖，从而产生自责感。此时，父母要用"很痛苦吧？妈妈也很痛苦，爸爸也是一样的啊！我们一起咬牙挺过去吧！"用这样的话安慰孩子，并对孩子迷茫的心情产生共鸣。不要试图让孩子理解离婚这样复杂的问题，但要让他相信"虽然爸爸、妈妈从此各自生活，但我们永远是你的爸爸、妈妈"。

就像离婚前一样，即使离婚了，抚养孩子也不是父亲或母亲单方面的任务。虽然离婚的父母不再是夫妻，但作为父母，孩子是两个人共同的责任。在孩子长大成人之前，两个人要一起商量抚养孩子的计划，并履行为人父母的职责。

如果再婚的话，抚养非亲生子女也不是一件容易的事情。这种情况下，新爸爸或者新妈妈与其强迫自己履行父母的职责，不如先以一名家庭成员的身份，和孩子相互理解和彼此适应更好。对孩子来说，本来已经有了父母，再强迫他接受新父母，这会让他更为迷茫。

Chapter 1

1岁
（0~12个月）

婴儿啼哭

睡眠问题

认生&分离焦虑

不良习惯

性格&气质

抚养态度&环境

成长&发育

1岁孩子特点须知

身体发育同样意味着心理发育

从出生到1岁，孩子会经历惊人的成长过程。经过只具备反射反应的新生儿期以后，孩子开始可以控制自己的身体，能够翻身、独坐、爬行、行走。

孩子自出生到1岁是身体和意识合为一体的时期。因此，这个阶段的身体发育是与心理发育密切相关的。这个阶段最佳的育儿方法包括：有规律地喂食，按时换尿布，按时睡觉，孩子哭的时候哄劝，让孩子保持良好的心情等等，从而使孩子拥有健康的身体和开朗的性格。

通过刺激实现智力和情绪的发育

6个月以下的孩子并不是通过眼睛观察和大脑思考来认识世界，而是通过感觉来认识世界的。由于听觉和嗅觉非常敏锐，孩子能通过声音和气味认出妈妈。因为听觉是从胎儿时期就开始发育的，所以婴儿一降生，就能在听到妈妈声音的时候把头转向相应的方向。

如果每天都能听到同一个人的声音、闻到同一种气味，孩子的听觉和嗅觉就会更加发达。特别是嗅觉，它是与负责情绪发育的脑组织直接相关的，如果每天都闻到同一种气味，将有助于孩子的情绪发育。

因此在这个时期，放任很多人在孩子周围走来走去、让孩子听到各种声音的做法是不对的。更换主要抚养人，使孩子闻到不同的气味同样也是错误的。周岁前，让孩子每天都能听到同一个人的说话声，闻到同一种气味，用同样的方式吃饭、睡觉，形成有规律、有安全感的生活，对孩子来说比什么都重要。

规律的生活对孩子的智力发育非常重要。孩子肚子饿了哇的一声哭出来的时候，妈妈应该温柔地抱起他并喂他食物。当这种情形反复出现，孩子就能知道自己的举动所带来的结果，从而有所期待。但是，如果肚子饿了一直哭都没有人来喂，尿布湿了的也不给换，孩子会因为没有出现自己期待的结果而感到慌张。这样不仅会对孩子的智力发育造成影响，还会让他对这个世界和父母产生不信任感。

刚刚出生的婴儿用哭泣来表达自己感受到的所有不适。对于曾在妈妈肚子里作为妈妈身体的一部分、一直舒舒服服的孩子来说，这个世界是又冷又可怕的地方：曾经不间断供应食物的"餐厅"打烊了，自己有可能好几个小时忍饥挨饿；温度还忽冷忽热，再加上湿乎乎的尿布，一天当中没有多少舒服的时间了。因此，只要孩子一哭，父母就应当知道他是在表达"我不舒服"的意思，要立刻帮助他解决问题。

母子关系就是整个世界

从出生的那一刻起，孩子和妈妈之间形成母子依恋关系这一重要课题就产生了。当然，这指的是妈妈作为孩子主要抚养人的时候。

当孩子哭泣时，妈妈会跑过去抱起他；孩子肚子饿了，妈妈会给他喂奶；此外，妈妈还会及时给孩子换尿布，按时哄孩子睡觉等等，这些温暖的关爱比什么都重要。

但是，有的妈妈并不把满足孩子的需求放在首位，更多情况下是照自己的意愿行事。典型的例子就是患上抑郁症的妈妈。孩子哭泣的时候，患有抑郁症的妈妈有时会跑过去安慰，可有时却任凭孩子哭泣，怎么也不去抱，也不经常和孩子说话。这种不正常的做法孩子是能够感觉到的。在这样的环境中长大的孩子，会出现晚上闹觉或者不爱吃饭等各种问题。

当妈妈们带着孩子来到医院问诊时，为了给她们解释原因，我总是这样问："您了解自己的孩子吗？"

出生没多久的孩子对一切事物都是用感觉来感受并用身体来记忆的。此外，这个时期的孩子是分不清自己和妈妈的，他会认为妈妈就是自己，自己就是妈妈。当妈妈情绪不好时，孩子也会不高兴；当妈妈开心时，孩子也会快乐。因此，妈妈始终要面带笑容、言语温存地对待孩子。只有这样，孩子才能信任妈妈，认为这个世界是安全、温暖的地方，也才能够健康成长。

如果妈妈是上班族，孩子更喜欢主要抚养人才正常

很多妈妈在孩子出生不久后就必须返回工作岗位，只好把孩子交给奶奶或保姆来看护。此时，孩子的主要抚养人就从妈妈变成了其他人。

当把孩子交给别人看护的时候，最重要的是要有一个人自始至终地照顾孩子。看护孩子的人经常变更或按时轮换会使得孩子在气味、声音等感觉方面得不到规律性的刺激，不利于情绪发育。

这个时期的孩子还无法正确分辨出谁是妈妈，只会喜欢和自己相处时间最长的人。因此，如果和妈妈相比，孩子更喜欢追随其他主要抚养人是非常正常的。妈妈心里虽然有些难过，但对于主要抚养人能够很好地照顾孩子这一点，还是应该心存感激的。

相反，如果妈妈一出现，孩子就跑过来找妈妈而不想回到主要抚养人身边，这就说明主要抚养人没有给孩子提供安定的养育环境。如果奶奶带孩子的时候让孩子整天看电视，或者带着不喜欢陌生环境的孩子在社区里走东家串西家、让孩子接触到许多人，就很难与孩子建立稳定的依恋关系。

孩子的天性气质各不相同

不同的孩子对各种不同感觉的反应都各不相同。比如，感觉"肚子饿

了"的时候，有些孩子的表现是愁眉苦脸，有些孩子的表现是大声哭闹，这些差异源自孩子不同的天性，这是遗传和生物学的天然基础，在这里我们称之为"气质"。还不会说话的孩子有的很烦人，有的很听话，就是因为气质各不相同。对气质的研究由来已久，据最新综合研究成果表明，孩子的气质大体可分为三类。

● 温顺的孩子

这种类型的孩子在吃饭、睡觉、排泄等方面的生理规律稳定，很容易适应新环境。因为这类孩子有充足的幸福感和安全感，所以大多数父母会觉得这类孩子很好带。这种特点的孩子虽然容易抚养，但也不要忽视给与他们一定程度的刺激和爱护。

● 乖僻的孩子

是指那些生理周期不规律、对外部刺激敏感的孩子。他们对新环境很敏感，需要很长时间才能适应。因此，很多父母都感到抚养这种气质的孩子很困难。对待这样的孩子，重要的是父母要控制好自己的情绪，并理解孩子的情绪和反应。

● 迟钝的孩子

是指那些虽然很听话，但对新环境适应很慢的孩子。他们在情感表达上不积极，会拒绝接受陌生事物，但一旦适应就会有很积极的反应。因此，对待这种类型的孩子，父母不要失去耐心，要给孩子充分的时间去逐渐适应。

气质温顺并不一定是好事

一般人都认为温顺型的气质好，乖僻型的气质不好，事实并非一定如此。站在父母的立场上看，气质温顺的孩子更容易抚养，但正如前文所说，如果孩子在成长过程中缺乏必要的关心和爱护，孩子也会出现问题。特别是抚养双胞胎的时候，如果一个孩子很温顺，另一个孩子很乖僻，那么父母就容易对温顺的孩子放任不管，因此对这一点要多加注意。

此外，即使孩子的气质很乖僻，如果身处适合的环境，孩子也不会出现任何问题。假如孩子天生就是乖僻气质，又不停地更换主要抚养人，或者父母每天争吵，令环境变得更差，使孩子受到惊吓，那么孩子气质引发的问题将变得更加严重。

考虑孩子气质的同时，父母也要关注自己的气质。如果父母和孩子的气质不协调，同样会出现问题。例如，妈妈自身比较敏感，如果孩子的气质也类似，妈妈是不可能好好对待孩子的；相反，妈妈敏感，但是孩子温顺，孩子就会得到充分的关心和爱护。因此，父母首先要判断自己的气质，并努力不要让孩子因为父母的气质而受到伤害。

孩子天生的气质会受到环境的正面或者负面的影响。如果想抚养好孩子，需要父母适当地改变环境以适应孩子的气质。

过度的视觉刺激阻碍大脑发育

在出生后6个月左右时，孩子一直通过听觉和嗅觉感受世界。在此之后，孩子的视觉开始发育了。孩子能用眼睛来分辨事物，并将父母和其他人区分出来了。了解孩子的视觉发育特征后，有些父母会买来适合这一年龄段的教学视频给孩子看，但这样做会阻碍孩子的大脑发育。一般来说，孩子大脑发育的顺序是情绪首先发育，然后才是社会性以及认知机能的发育。因为从脑部的构造看，调节情绪和社会性发育的部分是边缘系统，只有这两部分组织发育好后，控制认知机能的大脑皮质层才会发育。

在边缘系统发育的时期，如果刺激尚未发育的大脑皮质层，会造成大脑无法正常发育，并导致脑部发育障碍。当孩子处于需要情绪和语言刺激的时期，却不和孩子进行情感和语言交流，只是让孩子坐在电视机前，会导致孩子脑部机能低下，从而出现语言障碍等各种问题。如果把孩子比作电脑的话，就等于硬件被损坏了。

这个阶段的育儿原则应该是宁缺毋滥。也就是说，过度的刺激还不如少刺激。孩子会自己寻觅需要的刺激，例如从厨房的水池里拿出碗碟到处乱丢或者胡乱敲打电话机等等。此外，孩子会自己调节刺激强度，以达到期望的程度。乖僻敏感的孩子在面对自己难以应对的刺激时会躲避，而喜欢探索的孩子则对什么都感兴趣，会跑过去摸一摸。这些反应都符合孩子自身大脑发育规律，父母只要接受就可以了。如果父母为了帮助孩子树立好习惯而对其严加管教，或者时时刻刻给予孩子超过其接受能力的刺激，都会影响孩子大脑的发育。

喂辅食也要找到适合孩子的方法

当孩子过了百日之后，妈妈可以添加少许辅食；孩子出生6个月以后，就可以正式提供辅食了。孩子出生以后，妈妈无论在时间上还是精神上都感觉很紧张，因此希望到了这个时候可以轻松一些，不需要每天都对奶瓶消毒，也不用在孩子啼哭的时候匆匆忙忙地冲奶粉或者撩开衣襟喂奶了。然而，事实并非如此。很多情况下，妈妈会变得更加吃力。因为孩子是在接触一种和奶不一样的味道，也不能再像吃奶那样咕咚咕咚地大口吮吸，必须慢慢尝试用牙或牙床咀嚼食物，并慢慢吞咽下去的新方式。尽管有些孩子可以毫不费力地适应辅食，但嗅觉和触觉敏感的孩子大多会吐出嘴里的食物，拒绝辅食。

从这时起，妈妈和孩子便开始因为吃饭问题而相互"较劲"。如果不能顺利地渡过这一难关，孩子长大以后也会讨厌吃东西，因此父母应该重视吃饭问题。精心制作的辅食，孩子只吃了两口就闭紧嘴巴，妈妈当然会伤心甚至生气。但是，在孩子面前发火并强迫孩子进食，只能给孩子带来更多的烦恼。严重的话，孩子可能会从此不吃某种食物，甚至演变成厌食症，或者严重影响母子关系。

当妈妈觉察到孩子不喜欢吃辅食时，就要想到"孩子现在还不爱吃辅食啊！还是再等等看吧。"更聪明的妈妈会进行一些尝试："孩子不爱吃这个，换成其他的试试吧！""喂的方法是不是有问题呢？"通过这样的分析，找到适合孩子的方法。如果孩子爱吃蜂蜜却不爱喝粥，可以偷偷地在粥里掺一点儿蜂蜜再喂。这样的话，无论多让人伤脑筋的孩子都会慢慢适应辅食的。

保护好认生的孩子

6~8个月大的时候，孩子已经能够区分自己的妈妈（照顾自己的人）和除妈妈以外的"陌生人"，于是就开始认生了。哪怕只是和妈妈分开一小会儿，孩子都会变得不安；即便是妈妈背转身子，孩子也会大哭，弄得妈妈动都不敢动。更有甚者，当路过的大人夸孩子可爱并多看几眼，都会把他惹哭。认生意味着孩子的智力已经发育到能区分不同人的程度，对于陌生人的不信任则说明孩子的社会性还没有发育。因此，当孩子认生时，为了尽快克服认生而让别人把孩子抱来抱去的做法是错误的。这样做不但会加重孩子认生的程度，而且会对原本牢固的母子依恋关系产生负面影响。从孩子的角度分析，他会认为"妈妈对我来说就是整个世界，可为什么妈妈总想把我推给别人呢？"

所以，当孩子认生的时候，妈妈要经常抱一抱、背一背，始终在孩子的视线范围以内，让孩子放心。只有在妈妈充分关爱的基础上，孩子才会觉得"这个世界挺好啊！"从而对外部世界产生基本的信赖。

对于能够自由活动身体的孩子，安全最重要

原来只能躺着的孩子会坐、爬、站了，在1岁前后便能够按自己的意愿活动身体了。从这一刻开始，妈妈能够轻易判断出孩子的意图了，看到孩子做出可爱举动的时候，妈妈也体会到了养育孩子的乐趣，会感到很幸福。

但是，孩子此时的活动量也在增加，孩子开始东跑跑西跑跑，四处搞破坏，要求越来越多，耍赖的次数也逐渐增加，妈妈感到越来越吃力。

此时，最让人操心的就是孩子的安全。这个阶段的孩子总喜欢模仿别人，无论看到父母在干什么，自己都想跟着做，还把能够看到的一切物品都当做玩具。因此，要把危险的物品藏到孩子看不见的地方。特别是孩子进屋后，经常会莫名其妙地按下门把手上的按钮，把自己关在屋子里。我就有过这样的经历：庆模1岁左右的时候，进屋后自己把房门锁上了，一个人在屋里害怕得直哭，最后我们只得破门而入。为了防止发生类似情况，父母最好把每个房间的钥匙都收好，妥善保管。

没有安全意识的孩子经常会因为到处乱跑而被撞伤或擦伤，也会被火意外烧伤。这么小的孩子受伤，孩子和妈妈都会很麻烦，真可谓"受伤就失去了一切"。治疗或处理伤口的时候，孩子会发脾气，妈妈也很疲惫，容易忽视对孩子的充分关心和爱护，导致孩子无法达到这个阶段应该达到的发育水平。所以，必须特别注意孩子的安全。

婴儿啼哭

孩子一哭就去抱，会不会把他惯坏？

对于新妈妈来说，孩子哭是非常令人头疼的事。只要孩子一哭，妈妈就必须立即放下手中的事情跑过去哄；如果孩子夜里哭闹，妈妈更是睡不了一个安稳觉。不过对于妈妈来说，最累的莫过于搞不清孩子啼哭的原因。尿布干干爽爽，奶也刚喂过，孩子还是哭个不停，无可奈何的妈妈甚至会产生动手打孩子的冲动。在这种无助的情况下，有的妈妈只好抱住孩子，和孩子一起哭。但是妈妈别忘了，在孩子学会说话之前，啼哭是他表达意愿的唯一方式。而且，孩子是不会毫无理由地哭闹的。因此，无论妈妈多么辛苦，都不要对孩子的啼哭熟视无睹，啼哭是孩子呼唤妈妈的一种语言。

孩子不得不哭的理由

世上没有比带孩子更辛苦的事了，不但对体能的要求比任何体力劳动都高，而且还要承受巨大的精神压力。妈妈需要事必躬亲，一整天都拴在孩子身边，简直和蹲监狱没什么两样。而且，这种痛苦不是一两天就能过去的，至少在孩子学会走路之前，每天都会循环往复。想到这些，的确让人绝望！特别在孩子不停地啼哭，妈妈又怎么都找不到原因，觉得孩子是在"无理取闹"的时候，妈妈甚至可能会产生动手打孩子的念头。

但是，请站在孩子的立场上想一想吧！出生以前，孩子在妈妈的子宫里无忧无虑地度过了10个月，那里既没有烦杂的噪音，也没有刺眼的光线，还不用为肚子饿发愁，可以不分昼夜地吃呀、睡呀，过着安乐的日子。但是突然之间，他被抛到这个世界上，周围凉飕飕的，耳边传来莫名其妙的嘈杂声音，刺眼的光线让人无处躲藏。猛然间变得混乱的环境对孩子来说是非常恐怖的，而孩子除了扭动身躯、摇晃手脚外，什么都做不了；同时，为了"吃饱活命"，还必须使劲吃奶。此外，下身经常湿漉漉的也很不舒服，而自己却无可奈何。从孩子的角度看，这些都是让他感到委屈的原因。

而此时的孩子还不会说话，于是，孩子表达不安感受和自我意愿的唯一方式就是啼哭，除了哭以外什么也做不了。所以他就会用尽力气、扯着嗓子号啕大哭。

在此期间，孩子为了适应这个世界也会做出努力。他能根据不同的情形发出不同的哭声，情绪好的时候还会咧嘴一笑，并发出咿咿呀呀的声音。此刻的孩子是多么可爱呀！

问题在于，孩子的快乐与不舒服相比，总是少之又少。所以从妈妈的角度看，孩子总是在哭，需要自己不停地照料。

孩子是不得不哭的。如果不知道哭，那就是感觉发育相对迟缓的征兆。因此，无论怎么看，孩子的啼哭都是非常幸运的事，即使听着不舒服也请稍加忍耐吧！

对孩子的啼哭要立即做出反应

这个阶段的孩子用单一的语言方式——啼哭——并通过这样那样的啼哭节奏来和世界沟通。因此，对于孩子的啼哭，妈妈要及时做出反应。妈妈应该明白，自己就是孩子的全部世界，啼哭是孩子跟这个世界唯一的交流工具，假如妈妈毫无反应，孩子就会产生挫折感，对整个世界失去信心。

特别是在孩子出生后的3个月内，妈妈必须要做的、也是最重要的事情，就是尽可能及时、充分地满足孩子的要求。假若孩子的要求总能被及时、充分满足的话，孩子就会对这个世界产生安全感，并在此基础上形成健康的自我意识①。相反，若孩子的要求没有得到及时的满足，他就会感觉不安和恐惧，从而对这个世界产生负面认识，并产生乖僻的性格倾向。而且，孩子会因此哭得更频繁。这种恶性循环一旦形成，对母子关系也会造成负面影响。

有的妈妈这样问我："孩子哭的时候总抱的话，会不会惯坏他？"

在西方，有人主张：当孩子哭的时候不要马上跑到孩子身边，而要稍等片刻。我在某个育儿网站上还看到过题为《孩子哭个不停可以打开吸尘器》的来源不明的文章，在电视等各种媒体上也时常有类似言论。孩子正处于需要无条件关爱的时期，这样的做法的确让人担忧。

抱起哭泣的孩子并不会惯坏他。相反，如果对哇哇大哭的孩子置之不理，孩子长大后性格方面会出现问题。当孩子因为肚子饿、尿布湿了或者想妈妈而哭的时候，妈妈慢吞吞地走过来或者突然让孩子听到吸尘器尖利的呼啸，孩子会有怎样的感觉呢？当孩子的要求持续得不到满足，失望越积越多并且感到挫折时，就会对这个世界失去信任。孩子会认为"妈妈好像并不爱我""我其实是无关紧要的人"，继而对世界产生消极认识，变成内心脆弱、对任何事情都没有自信的人。

因此，即便为了孩子能够对世界产生积极的认识，拥有健康的心理状

不要孩子一哭就喂奶

有的妈妈只要孩子一哭就喂奶。由于孩子的消化器官还没发育好，所以在一天中需要分多次喂奶。虽然很多时候孩子哭的确是因为肚子饿，但不能孩子一哭就盲目地喂食。在这个阶段，孩子的感觉发育程度还没有达到能够体会饱胀感的水平，不管肚子有多饱，只要吃到奶，他就会本能地吮吸。可吃奶过多会导致消化不良，而消化不良引起的不适会使他哭得更厉害，由此产生恶性循环。所以当孩子啼哭时，先要确认他是不是想让人抱了，是不是需要换尿布了，是不是哪儿碰疼了等等，排除了这些情况之后，再给他喂奶。

---

① 自我意识：是指人对自己身心状态，以及对自己同客观世界的关系的意识。每个人的自我意识都并非生来就有的，而是在成长过程中逐步形成和发展起来的。

态，也应该对孩子的啼哭立即做出正确反应。

哄孩子不哭等同于帮他完成发育任务

正如前文所述，孩子出生后最重要的发育课题就是形成对世界的信赖感，即所谓的"基本信赖感（basic trust）"。基本信赖感是孩子对出生后最先遇到的人——妈妈产生的信赖感。此外，如果在这个阶段，孩子的主要抚养人不是妈妈而是别人，对此人的信赖感也属于基本信赖感。孩子以此信赖感为基础，慢慢扩大对世界的信赖范围。简而言之，此阶段形成的信赖感可以看做今后人际交往的基础，并且对幼儿未来的社会生活也会产生重要影响。主要抚养人在孩子出生初期至关重要的原因也在于此。

妈妈的作用就是这样重要。对孩子的啼哭做出积极的反应，抚慰并满足他的要求，正是帮助孩子积累基本信赖感的非常重要而具体的方法。孩子啼哭，妈妈对他进行安抚，这是妈妈理解孩子立场、满足孩子要求、帮助孩子完成他力所不及的事情的表现，也是母爱的具体体现。通过这一过程，孩子会形成正面的性格，成长为性格开朗活泼的孩子。因此，当孩子哭闹时，妈妈马上跑过去抱一抱，努力安抚孩子，等于帮助他在一定程度上完成这个阶段的发育任务。

孩子哭得死去活来

孩子有时会毫无原因地哭个不停。逗他、哄他、喂奶、换尿布，试过所有的办法，孩子还是止不住地哭。这说明还有妈妈没想到的其他原因，例如可能是孩子气质方面的问题、身体疾病，或者是父母错误或不当的育儿方式等等。孩子总是哭的话，父母不要烦躁，应该找到真正的原因并采取相应的措施。

可能是身体方面的问题

有一次，一位妈妈怀抱着刚出生50天的孩子来到儿科诊室。孩子在夜里哭个不停，整宿没有睡觉，所以天一亮妈妈就抱着孩子来医院了。妈妈担心孩子得了重病，忧心忡忡地等待检查结果。

医生的诊断非常简单："婴儿腹绞痛。这是新生儿的常见病，再过些日子就会好的，不用太担心。"

婴儿腹绞痛常见于1～4个月左右大的孩子。患上婴儿腹绞痛的孩子会出现晚上无故啼哭的症状。在这个阶段，假如孩子身体没有特别异常，但怎样哄劝都止不住哭的话，很可能是患上了婴儿腹绞痛。遗憾的是，目前没有找到婴儿腹绞痛的真正原因。因此，唯一的方法就是紧紧抱住孩子并不断地安抚他。

除了婴儿腹绞痛，孩子啼哭不止还很可能是身体其他方面出现了问题。例如，周岁生日前的孩子，因感冒引发扁桃体发炎，继而出现呼吸困难；因患中耳炎而感到耳朵疼痛；因遗传性过敏症（atopy）或湿疹又痛又痒而无法入睡，都会让孩子一直哭闹。这个时候啼哭就是疾病的信号。如果感觉孩子的哭声与平时不同，首先要观察孩子身体是否出现了问题，原因不明的话，一定要去看医生。

此外，因先天性严重疾病，在新生儿时期动过大手术或在医院接受过治疗的孩子也非常爱哭。无论是动手术还是接受治疗，孩子都会变得很敏感，很小的事情都会把他惹哭，而且只要哭起来就不会停。对于这样的孩子，妈妈要格外关照。孩子越敏感，妈妈就越要精心照顾，要给孩子更多的关注，保护他不受到情感上的伤害。

气质乖僻的孩子

气质乖僻的孩子也经常哭，而且每次都会哭得死去活来。从我的亲身经历看，老二静模小的时候就总是哭得很凶，谁也哄不好。偶尔他稍微歇口气，就马上又号啕大哭，直到让自己哭得背过气去为止。

在这种情形下，妈妈的确是束手无策。努力理解并接受孩子的这些特点吧，不要强迫孩子改变！虽然我也知道，这做起来其实很难。这个时候妈妈要做的是在孩子身边提供帮助，不要让孩子的乖癖气质伤害到他自己。如果妈妈能够适度调节，孩子的这种气质有时反而会产生积极的力量。感情极度敏感的孩子会更好地开发自身能力，长大后为社会做出贡

婴儿腹绞痛的症状和治疗方法

婴儿腹绞痛发作的时候，孩子会在哭泣的同时双手攥拳，双臂向身体两侧伸开，双腿向腹部并拢，或反复做屈伸动作。其特征是孩子腹部用力、脸涨得通红，孩子会持续地哭上几分钟、甚至是几个小时。虽然婴儿腹绞痛在一天当中随时可能出现，但在傍晚和夜间更容易发作。

患婴儿腹绞痛的孩子，肚子比正常孩子的肚子更鼓，摸上去更硬，排气也更多。在孩子情绪紧张，或者出现便秘、消化不良以及胃部痉挛等情况的时候，婴儿腹绞痛多有发作。但是，由于还没有找到发病的真正原因，目前还没有消除婴儿腹绞痛的有效方法。

幸运的是，在孩子百日前后，婴儿腹绞痛就会自然消失。在这以前，妈妈能做的只是不要让孩子受到惊吓，并让他感觉安全。抱着孩子温柔地抚慰他，让他听到妈妈心跳的声音，为他按摩并轻轻拍打他的肚子都是很好的方法。

献。如果孩子属于对周围环境反应敏感的气质，妈妈要积极看待，把它理解为孩子的长处。

父母首先要控制情绪

以前，孩子哭得凶并不是什么值得担心的事情。看看奶奶们是如何带孙子、孙女的吧！即使孩子拼命耍性子、哭到背过气去的程度，奶奶也能从容应对。但是，现在的年轻父母大多只有一个孩子，他们把全部精力都倾注在孩子身上，对孩子每一声啼哭都会很敏感。因此，孩子哭得背过气的话，父母也跟着揪心。

事实上，很多问题都是妈妈的处理方式不当造成的。要是孩子只是情感上稍有敏感而哭得很凶，身体方面没有其他问题，这么哭对孩子的生活没有别的不好的影响，那么哭泣其实不是大问题，只不过是父母过于敏感，把这当成了问题。

妈妈要认识到孩子哭得厉害是正常的。因此，在孩子哭的时候不要惊慌失措，要以平和的心态对待，孩子看到妈妈平和的神情，会学会掌握控制情绪的方法。要让孩子懂得，生气或者感觉忍无可忍的时候不管不顾地发脾气、大哭大闹是毫无用处的。妈妈始终保持平和的心情，可以使孩子拼命耍性子、哭闹的情况得到相当程度的缓解。

虽然孩子表达情感的方式是与生俱来的，但也会受身边人的影响而发生改变。妈妈惊慌失措、大发雷霆或者伤心流泪，一切都会被孩子看在眼里。孩子的模仿能力又强，一定会模仿妈妈的行为举止。所以，妈妈一定要学会控制自己的情绪。

在孩子大哭之前予以阻止

在孩子哭得背过气去之前采取措施，让孩子停止哭泣是最明智的做法。每当我看到静模有一点要哭的征兆时，就会尽全力转移孩子的注意力。比如在孩子开始呜咽时，马上抱起孩子换个地方，或者把准备好的玩具递到他眼前等等。此时，善于"察言观色"是非常重要的，对孩子举动不敏感的妈妈十有八九会错过好时机。

只要平时留心观察，了解孩子的生活方式、习惯以及不良习惯，大体是能够察觉到孩子在何时会哭的。此外，还要了解怎样使孩子保持好心情，孩子喜欢什么、讨厌什么等等。提前采取行动避免孩子号啕大哭，那由此带来的烦恼也会相应减少许多。

正如前文所述，一旦孩子哭起来了，就要更加温柔地抚慰孩子。因为孩子还不会控制情绪，哭起来就很难止住，变得愈加烦躁。妈妈要记住，越是这样的时候，孩子越需要妈妈的温柔呵护。

夜哭郎

到了晚上，累得筋疲力尽的妈妈以为总算可以闭眼休息了，可孩子就像算准了时间似的，又开始哭起来了，而且怎么哄都没用，像是被什么东西吓到了，或是看到了什么可怕的东西，扯着嗓子猛哭。有个妈妈曾经对我说："孩子一关灯就哭，害得我一到晚上就紧张得不行。"那些白天玩得挺好，晚上却特别爱哭的孩子，究竟是出了什么问题呢？

孩子的恐惧心理

有的孩子晚上特别爱哭，吃饱了奶，白天就开开心心地玩耍，但只要天一黑，便哼哼唧唧地哭起来。这样的情况并非一两天，而是每天如此，妈妈当然会感到绝望，如果处理不好，还可能发展成产后抑郁症。

孩子出生6个月左右时开始会感到害怕，也就是能体会到"恐惧"。在这之前，孩子只是通过单纯生理性的满足，如进食、睡眠、排泄等来感受世界。从6个月左右起，孩子将体验之前从未经历过的感觉——恐惧。

一般情况下，这个阶段的孩子在环境突然改变的情况下会感到害怕，比如搬到陌生环境，突然传来巨响，天黑了，或者被强光照射等情况。随着环境变化程度的加剧，孩子的恐惧感也会随之增强。

　　如果孩子身体没有任何异常情况，父母的养育方法也没有什么问题，但一到晚上孩子就特别磨人、爱哭的话，可能是因为在发育过程中出现的恐惧心理。这时，打开一盏光线柔和的灯，或者播放柔美的古典音乐，可以给孩子安全感。

严格禁止如此对待"夜哭郎"

　　发育快的孩子在出生后2个月左右时即能区分昼夜。如果孩子夜里哭就喂奶，或者像白天一样和他玩耍，会养成孩子在夜里吃奶、玩耍的坏习惯，因此这些做法是不可取的。假如孩子并不是因为饿才哭，就要尽力抚慰孩子，让他平静下来，轻轻拍着他，哄他再次入睡。

妈妈的态度很重要

　　有的妈妈认为孩子在夜里哭是不听话的表现，就训斥孩子"为什么还哭？"虽然只有几个月大，可孩子已经能从妈妈的表情、动作、语气上准确感受到妈妈的情绪了，这就是母子间非语言性的互动。白天因为照顾孩子很辛苦，妈妈还可以发点小脾气，但夜里孩子惊醒后啼哭的时候，妈妈千万要抱起孩子及时给予安慰。在妈妈温暖的怀抱中，孩子才会放下心来，一点点地消除自己内心的恐惧。相反，如果妈妈对哭泣的孩子发火，对他说："妈妈也要睡觉呀！你不能不哭吗？"那么孩子内心的恐惧心理不但无法消除，反而会因为妈妈的责备变得更加强烈。

培养孩子具有健康的体魄和开朗的性格

　　如果孩子身体虚弱，恐惧心理会更强烈。此外，天生敏感气质的孩子，即便周围环境发生细微变化也会感到很害怕。

　　气质温顺、性格开朗的孩子相比敏感的孩子情绪上更为稳定，恐惧感较弱，并能快速从恐惧感中走出来。因此，为了让孩子身体健康、性格开朗，平时要让孩子尽情玩耍。

不知道孩子哭的原因

孩子哭泣的原因不同，哭泣的类型也有相应的变化。身体出问题的时候、想玩耍而向妈妈提要求的时候、想得到妈妈疼爱的时候、情绪上出现问题的时候等等，所有这一切，孩子都是通过不同的啼哭来表现的。孩子哭的原因，需要妈妈自己来寻找。

出于不同原因的4种啼哭类型

新妈妈最头疼的就是搞不懂孩子啼哭的原因，不理解啼哭的含义。然而，即使开始弄不清楚，也可以通过细心观察慢慢分辨出其中的差异。虽然每个孩子的啼哭千差万别，但结合我本人的经验和其他妈妈的讲述，孩子的啼哭大致可以归纳4种类型。

● **眼睛时睁时闭、嘤嘤地哭**

这种啼哭多出现在孩子困倦的时候。表现为用不尖锐的中音，没有表情变化或者没有眼泪地干哭。当孩子这样哭的时候，首先要布置好孩子入睡的环境。如果周围开着电视、放着吵人的音乐或者房间太亮的话，孩子是很难入睡的。让周围安静下来，并调暗室内光线之后，就可以轻拍着孩子的背部哄他入睡了。

● **睁着眼睛、张着嘴巴哭**

这种啼哭多出现在孩子肚子饿的时候。此时，如果把手放在孩子嘴边，孩子会转过头来看手指或者吮吸手指，这是孩子肚子饿了的表现。此时首先要确定上一次喂奶的时间，孩子吃奶2~3个小时后要再次喂奶。如果喂完奶没过多久，可能是吃的量不够，孩子还想吃，所以还要确认喂奶量。

● **突发性啼哭**

如果是因为困倦或肚子饿而哭的时候，孩子在哭之前会有不好好玩或变得安静等表现。如果孩子正玩得起劲，突然哭了起来，就要看看他的尿布。孩子玩得正欢时，突然觉得下身不舒服，就会哭起来。如果尿布干爽可孩子却突然哭的话，就要看看孩子的身体有什么不对头的地方。有可能在吃辅食的时候掉下的食物残渣变干后粘在衣服上，让孩子觉得不舒服。

● **哭声很大却没有眼泪**

这是孩子在呼唤妈妈，大多是"干打雷不下雨"，既没有眼泪，表情也没有什么大变化。孩子大声哭却没有眼泪，不会是因为肚子饿或者是尿布湿，很可能是在撒娇，表示"再抱抱我吧"或"和我玩玩吧"。此时，妈妈应该好好抚慰孩子，让他停止哭泣后，再一边看着孩子，一边和他一起玩一会儿。

告诉妈妈自己生病了

妈妈必须仔细观察孩子的啼哭，因为它很可能是孩子表达身体不适的信号。婴儿腹绞痛发作时，孩子经常会在睡梦中突然尖声哭起来。如果孩子屈着腿、肚子硬邦邦的，就可能是婴儿腹绞痛发作。当孩子因为婴儿腹绞痛发作而哭的时候，是很难让他停止哭泣的。这个时候，只能轻轻地抚摸他的肚子，给他喂点儿温开水，让他打打嗝。只要痛劲一过去，孩子就会像什么都没发生过似的重新入睡。

孩子表现得很吵闹，并用手捂着耳朵，哭得喘不上气来的话，可能是得了中耳炎。特别是当孩子有感冒迹象的时候，如果突然哭起来，患上中耳炎的可能性会较高，要及时去医院就诊。如果无法弄清孩子啼哭的原因，无论怎样哄着抱着都停不下来，而且反复出现哭着哭着突然安静下来又再次高声哭起来的情况，很有可能是患上了肠套叠，只要肠子一被牵动就会疼，一疼就会哭。这种情况也要立即去医院治疗。

无法知道原因的时候怎么办？

前面说过，啼哭是这个阶段孩子表达自己意愿的唯一手段，而且都是有原因的。但是，也有无论如何都弄不清原因的时候。这是孩子渴望母爱，用哭声在呼唤妈妈呢！请想一想，平时是不是经常和孩子进行眼神交流？爱他的话说得够不够？是不是能迅速解决让他不舒服的问题等等。在孩子不哭的时候，妈妈也要充分传递母爱。做不到这一点，孩子就会觉得母爱不充分，总是哭着找妈妈。

睡眠问题

什么时候才能让孩子自己睡呢？

很多妈妈都想知道应该从什么时候开始让孩子自己睡。实际上，即使已经给孩子准备好了婴儿房，大多数孩子也无法和妈妈分开睡。时间一长，孩子的爸爸不得不分房自己睡，夫妻关系也似乎变得疏远。为此，有的妈妈想尽早培养孩子自己睡，却又担心这样会影响孩子的情绪发育，不敢轻举妄动。

孩子周岁前不宜自己睡的理由

在西方，孩子常常是从出生起就自己睡，这是为了培养孩子的独立意识。西方人认为经营好个人生活是人生最大的目标，因此父母自己的生活比养育孩子更重要。根据这种价值观，父母把从小培养孩子的独立能力作为教育的目标。所以，父母在孩子周岁前会准备好小床，或者安排好单独的房间，让孩子能适应独自睡觉。当孩子哭的时候也只是哄一小会儿，但不会和他一起睡。

但是这种方式不一定正确。对于周岁之前的孩子来说，最重要的不是培养他的独立意识，而是培养他和父母之间的依恋关系。如果让一离开妈妈就会哭的孩子自己单独睡觉，会对孩子的情绪发育带来不利影响。想象一下，在漆黑的房间里，孩子从睡梦中醒来，看不到妈妈，只能仰望黑乎乎的天花板的时候，会感到多么恐惧啊！如果孩子因为害怕而极力坚持要和妈妈一起睡，就应该答应孩子，和孩子一起睡觉。

什么时候让孩子自己睡？

孩子长到3岁时，已经知道即使分开，也并非彻底见不到妈妈了。因此，从这个阶段起就可以试着让孩子自己睡觉。但是，如果孩子仍然害怕或表示反感，就不能强制性地让孩子单独睡觉。

孩子长到5~6岁时，基本的生活习惯和性格应该完全形成了。从这时起，可以正式让他独自睡了。但要切记，一定要循序渐进，逐步适应。打开孩子的房门，让他知道妈妈就守护在门外；把房间布置得温馨一些，或者买一张新床，尽可能让孩子喜欢自己的房间。要让孩子意识到，即便分开睡，他仍然能够感受到妈妈的关爱。

让孩子独立睡觉的标准不是年龄，而是孩子的情绪是否稳定。当孩子能够接受和妈妈分开的事实、一个人也能安心睡觉的时候，就可以尝试分开睡了。

夜里一定醒一回

很多妈妈在养育不满周岁孩子的时候，经常会为孩子在凌晨醒来而担心。大家都知道睡眠好有利于发育，"真要是因此影响发育可怎么办呢？"不过，这并不是多么严重的问题。与成人相比，孩子睡得较浅，在睡着后很容易醒来。虽说在夜里起身哄孩子不是一件容易的事情，但总有一天必定会告别这种辛苦的日子。既然不得不做，就欣然地接受吧！

孩子不能好好睡觉？

三分之二的成长荷尔蒙是在夜间由脑垂体分泌的。这种荷尔蒙能够刺激其他内分泌腺，激活内分泌腺的活动，对孩子的成长和身体发育起着重要的作用。这些重要过程都是在孩子睡觉的时候完成的，如果孩子睡不好觉，总是惊醒，会导致生长发育迟缓。

此外，在睡眠不充足的情况下，孩子的抗压力、注意力、忍耐力、好奇心、灵活性等方面都可能表现不够好。实际上，假如你留意观察那些爱发脾气、注意力不集中的孩子时，你会发现他们大多存在睡眠时间不规律的现象。正是由于这个原因，困倦的孩子才会耍性子并哇哇大哭。

与此相反，睡眠好的孩子情绪较好，能够集中精力，富有好奇心，学习能力也比较强。此外，孩子的免疫机能在睡眠的过程中非常活跃，因此足够的睡眠能够提高对疾病的抵抗力。让孩子睡好觉是培养健康聪明孩子的首要方法。因此，即使妈妈觉得孩子在夜里醒过来很麻烦，也要努力哄他继续入睡。

不止一次的反复惊醒

周岁前的孩子，还没有完全形成作息规律，不但很难哄，睡着了也会时常醒来。此外，由于睡眠浅，常做噩梦，对外部的刺激也反应敏感。敏感的孩子睡不到一两个小时就会醒过来哭，或者翻来覆去地不肯入睡。

孩子醒来以后，如果没有妈妈的帮助，很难再睡着，这个阶段的孩子是不会自己入睡的。从妈妈的角度考虑，哄孩子不容易，但孩子能睡好觉，就可以培养出规律的睡眠习惯，所以妈妈还是要有耐心。

夜里喂奶是孩子熟睡的最大障碍

孩子6个月以前，在夜里也需要喂奶。但是，醒过来以后立刻喂奶的做法是不可取的。超过标准量的奶水不但会让孩子的体重急剧增长，而且会使小便量增加、大便稀软，所以尿布总是湿湿的，孩子很难熟睡。再加上孩子还分不清食欲和习惯的差异，夜里经常喂奶会让孩子习惯性地感到肚子饿而自动醒来啼哭，这点要特别注意。

如果一定要喂奶，尽可能安静地、少量地喂。只要喂到孩子不再哭当孩子在夜里惊醒啼哭的时候，有的妈妈会给孩子服用奇应丸，这种做法是错误的。孩子惊醒是因为神经发育不健全，如果孩子一哭就服用具有安定作用的奇应丸让他安静下来，孩子的神经发育会受到影响。此外，假如存在其他问题，孩子服药后症状会减轻，从而无法正确诊断，有可能造成更严重的后果。

闹，就可以轻拍着让他重新入睡。

有的妈妈在喂完奶后，认为孩子既然醒了就干脆陪他玩一会儿。如果这种情况反复出现，孩子就会养成夜里不睡觉玩耍的习惯。因此，在喂完奶后应该立即哄孩子入睡。

开始的时候，让孩子再次入睡可能需要耗费很多时间，可以尽可能少喂一点奶，让孩子在安静的状态下自然入睡。

减少孩子醒来的次数

首先，不要让孩子在睡觉前吃得太多。吃得过多会破坏调节睡眠和非睡眠的生理规律。此外，还要改掉孩子入睡前过度玩耍的习惯。孩子在入睡前如果玩得太欢，始终处于兴奋状态，就很容易在夜里醒来。同理，让孩子在开着电视或者放着大声的音乐的有噪音环境下入睡也是不好的。大多数成人在睡觉前需要看看书、写写日记，让自己的心绪慢慢平静下来，其实孩子在入睡前也需要放松。

回家很晚的爸爸吵醒了孩子

从孩子出生到3~4岁是爸爸最忙的时候。爸爸既要负责家中的开支，还要给孩子买奶粉、买尿布等等，经济负担加重的同时，社会竞争所带来的压力也很大。爸爸和孩子相处的时间很少，为了多看几眼孩子，有的爸爸即使回来很晚也会叫醒孩子，告诉孩子"爸爸回来了！"

如果故意叫醒孩子，孩子的睡眠规律就更容易被打乱，进而阻碍荷尔蒙的分泌，这会对孩子的成长造成不利的影响。从这个意义上讲，爸爸故

---

① 奇应丸：是主治婴儿消化不良、食欲不振的一种中成药，也有镇定安神的作用。

意把熟睡的孩子叫醒是很不理智的行为。爸爸想跟孩子多交流和玩耍的心情是可以理解的，但是为了让孩子能够茁壮成长，请爸爸安静地注视熟睡的孩子吧！

※有关睡眠习惯的详细内容请参考 Chapter 3 "排便＆睡眠" 小节的相关内容。

孩子也会做噩梦吗？

"孩子好像在做噩梦，天刚刚亮就哭醒了，好像在梦里看到了什么恐怖的东西，非常害怕呢！"很多妈妈都有这样的担心。周岁前孩子做的噩梦和大人的噩梦不一样，与其称之为噩梦，不如说是不愿和父母分开的不安心理引发的一种现象。

孩子做这种噩梦是因父母突然离开自己而感到恐惧的表现。例如，担心父母的爱被夺走，被父母留在亲子班，不得不与父母分离等等，这些都是孩子做噩梦的原因。在这种情况下，一定要让孩子感受到父母的爱。

孩子从噩梦中惊醒后的举动也会由于年龄不同而有所差异。大部分情况下，年龄小的孩子做了噩梦会放声大哭，呼唤爸爸、妈妈来安慰自己；大一些的孩子会自己哭着找爸爸、妈妈；再大一些的孩子已经明白噩梦并非现实，于是不用叫醒父母，自己也能重新入睡。

做噩梦是孩子成长过程中必须经历的发育过程之一，所以父母不必为此过分担心。随着年龄的增长，孩子做噩梦的情况会有所好转，因此不需要特别的治疗。如果感觉孩子好像被梦魇缠身，妈妈只要把他叫醒并紧紧地抱着他，让他镇定下来就可以了。此外，妈妈要想想孩子在入睡前是不是玩得太兴奋了，应尽量减少类似活动对睡眠的刺激。

"晚上一让孩子躺下，他就把眼睛睁得圆圆的。""好像故意不想睡觉似的，有时候真把我气得要死。""我最大的愿望就是孩子一哄就能睡着。"当妈妈的都有过因为孩子闹觉而发愁的时候。如果总想强迫孩子入睡，会对母子关系造成不利影响。孩子为什么睡不着呢？有没有让他快点入睡的好办法呢？

孩子无法入睡时的内心世界

孩子闹觉的原因五花八门。其中一个原因是周岁前的孩子不知道一觉醒来就等于过了一天。虽然学者们的观点各不相同，但大家都普遍认为，孩子至少要到3岁才能形成"明天"的概念。

孩子闹觉的另外一个原因是当睡意袭来的时候，孩子的感觉会变得迟钝，视线也变得模糊，皮肤的触觉也不敏感了，所以孩子会认为妈妈要和自己分开了。在形成"明天"的概念之前，睡觉意味着要和妈妈分开，所以孩子害怕睡觉，会想尽一切办法保持清醒，于是就会开始闹觉。

此时，无论多困，孩子也要强迫自己睁着眼睛。为了缓解不安，他还会抱着能给他带来安全感的东西，比如睡前喜欢抱玩具娃娃。在睡意袭来之际，孩子吮吸自己的手指也是为了缓解不安。

闹觉由此产生

闹觉与孩子气质上的差异也有关系。有的孩子生来俱有能睡好觉的气质，而有的孩子却恰恰相反。即使在相同的时段入睡，有的孩子易醒，有的孩子却睡得很沉。当喂奶量不足或过量，或者尿布湿了的时候，孩子也很容易闹觉。而身体上的不适，比如中耳炎或者出牙期的牙床疼痛等也是孩子闹觉的原因。

在排便训练过程中，孩子也会因为感到压力而闹觉。在母子依恋关系形成的重要阶段，孩子讨厌与妈妈分开而产生分离焦虑，闹觉现象会更加严重。室内温度过高或者周围太吵，更换了睡觉的地方或者白天睡得过多，孩子都会闹觉。一定要妈妈抱着睡觉的孩子，更容易形成闹觉的坏习惯。

综上所述，孩子闹觉的原因是各不相同的。因此，如果孩子闹觉，妈妈每次都要细心地分析原因并妥善处理。

哄睡前要让孩子放心

如果强迫孩子睡觉或对孩子表示不耐烦，孩子会认为"妈妈真的不想管我了""妈妈讨厌我了"，不安感会更

大方地请求帮助

"我必须承担一切责任"的强迫性观念会使妈妈哄孩子睡觉变得更加吃力。在解决闹觉问题上，妈妈的心态至关重要。如果身心疲惫或者边发脾气边哄孩子睡觉，孩子不但睡不好，还会被妈妈的负面情绪所影响。因此，当妈妈累得精疲力竭的时候，就应该请身边的人给予帮助。这才是理智的选择，不仅能减轻妈妈的负担，更重要的是能尽快使孩子情绪稳定。

避免闹觉的三种方法

了解孩子的睡眠规律，营造良好的睡眠环境

这个阶段的孩子出现睡眠障碍的原因之一，就是父母强迫孩子按照大人的生活规律养成睡眠习惯。孩子百日之内时，父母应该去适应孩子的睡眠规律。此外，还要营造出良好的环境，保障孩子的睡眠不会受到影响。

在孩子入睡前一直守护在孩子身边

孩子出生后7～8个月时开始认生，变得格外依恋母亲。睡觉会让他感觉是与妈妈分离，从而感到不安。这种状况会一直持续到孩子36个月大的时候。在这个阶段，如果睡觉时妈妈不在身边，孩子闹觉会很严重。因此，为了让孩子放心地入睡和醒来，入睡前妈妈最好一直守护在孩子身边。

一哭就哄或让孩子哭太久都是不对的

孩子哭的时候，只是喂奶或陪他玩耍固然不对，为了养成好的睡眠习惯而让孩子长时间啼哭就更加错误。大部分情况下，孩子是因为妈妈不在身边而感到不安才会哭。此时，妈妈应该抱起孩子安慰他，帮他镇定下来。

加强烈。所以，哄孩子入睡前，妈妈首先要让焦虑的孩子放下心来。我经常说，对待闹觉的孩子要多吸取老一辈人的育儿方法。

过去，老奶奶们在哄孙子、孙女睡觉的时候，会用低沉的嗓音唱摇篮曲。她们从不心烦气躁，总是轻拍孩子的后背，慢慢等着孩子入睡。

妈妈可以一边回想这样的场景，一边抱着孩子轻轻摇晃，让他充分感受到和妈妈在一起的温暖。妈妈是孩子的一切，妈妈要让孩子依偎在自己的怀抱里，帮助孩子进入甜蜜梦乡。

不同月龄孩子睡眠问题的解决办法

孩子从出生到周岁的成长和变化可以用"惊人"二字来形容。这个阶段也是培养孩子睡眠习惯的重要时期。孩子的睡眠习惯会随着月龄的增长和生长发育的进程发生变化，睡眠习惯对孩子的身体健康和日常习惯的培养也会造成影响。下面将要介绍的是不同月龄孩子常见的睡眠问题和解决方法。特别说明一下，每个孩子在身体和心理上的生长发育都存在很大差异，不能以此作为绝对标准。

出生后0~2个月

新生儿的睡眠时间很长，毫不夸张地说，他们几乎整天都在睡觉。一般情况下，新生儿每天要睡20个小时左右。在出生后的几周内，孩子的睡眠时间极不规律，也没有昼夜的区别。在这个阶段，孩子容易患婴儿腹绞痛，在夜里醒来后啼哭是很平常的事情。严格地说，这些特征还不能称之为睡眠障碍，只能说是在发育过程中不可避免的现象。为了今后孩子出现睡眠障碍时能够应付自如，妈妈应该从这时起就尝试用各种方法来哄孩子睡觉。因每个孩子的情况不同，在哄睡方面的方法也会稍有差异，所以妈妈要找到适合自己孩子的诀窍。

出生后3~6个月

这一时期的关键是调整好夜里的喂奶量。孩子夜里一醒就喂奶，可能并不正确。因为孩子可能并不是饿醒的，只是为了让妈妈哄一哄才肯睡，那么就不能喂他吃奶。一旦让孩子养成夜里吃奶的习惯，就很难培养孩子正确的睡眠习惯。此外，每天夜里都给孩子准备奶的话，妈妈也会很辛苦。当孩子醒来的时候，最好先抱起哄一哄。如果孩子还是不停地哭，可以喂少量奶，只要孩子不感到饿就可以了。但是，假如孩子是在夜里突然哭醒过来的，就要观察他是不是身体方面出现了异常。

出生后7~8个月

这个时期的孩子虽然已经逐渐养成睡眠习惯，但由于进入分离焦虑期，非常害怕和妈妈分开，再加上睡眠浅（孩子的浅层睡眠比成人多2倍），会经常醒过来，翻来覆去不肯睡。妈妈要意识到孩子正处于分离焦虑期，会遇到很多睡眠障碍。当孩子从睡梦中醒来或很难入睡的时候，必须守护在孩子身边。当把孩子交给其他抚养人的时候，主要抚养人要担负起妈妈的责任。

出生后9~12个月

孩子慢慢接近周岁了，白天睡觉的时间大大减少，熟睡后也能好好地睡上很长一阵子了。这时如果已养成了规律的进食习惯，孩子即使夜里不吃奶也能睡好觉。

有很多儿科医生认为，从孩子成长发育的层面来说，不吃奶也能入睡的习惯要好于夜里醒来后吃奶的习惯。为了让孩子能够睡长觉，不仅要培养孩子正确的进食习惯，还要创造良好的睡眠环境。在孩子入睡前讲童话故事，或者唱唱摇篮曲等等，都是让孩子安心入睡的好方法。

认生 & 分离焦虑

有了孩子哪儿都去不了

有一个 8 个月大的孩子，总是哭，让妈妈非常发愁。"只要我离开一会儿，他就会放声大哭。我上卫生间他也哭，我只好掩着门，露出一道缝隙，让他能看见我。"对这位愁眉不展的妈妈，我的忠告是："不用担心！ 8 个月大的孩子在看不到妈妈时就哭是非常正常的事。"

人生的第一次考验：与妈妈分离

8 个月左右的孩子开始变得爱憎分明，只玩自己喜欢的玩具，只接触自己经常见面的亲人，而遇到不喜欢的东西就会哭或发脾气。这证明孩子的大脑在逐渐发育成熟。

然而，问题也出现了，孩子会因为极度害怕而讨厌与妈妈分离。孩子刚出生时，认为妈妈是自己的一部分，到 6 个月左右，逐渐认识到妈妈和自己是不同的个体，并意识到妈妈有可能与自己分离，焦虑感由此产生。这种焦虑感会越来越严重，以至于即使只是片刻独处，孩子也会号啕大哭。这种在与妈妈分离时感到恐惧和焦虑的症状被称为分离焦虑（seperation anxiety disorder）。

孩子刚出现分离焦虑的时候，一刻都不让妈妈离开，妈妈因此感到疲惫和苦恼。但从另一个角度看，分离焦虑的产生恰恰证明妈妈和孩子之间已形成牢固的依恋关系，孩子的发育已经进入一个非常重要的阶段。相反，如果孩子没有分离焦虑，则说明母子之间没有形成很好的依恋关系，这样的孩子在长大一些后可能会出现严重的情绪性障碍。

分离焦虑是孩子出生后要经历的第一个难关，如果顺利渡过这一难关，下一阶段的发育任务就会水到渠成地完成。虽然不同的孩子会有所差异，但分离焦虑会在孩子3岁左右慢慢消失。3岁的女孩已经能够适应离开妈妈，与其他人一起生活；男孩则要晚一些，一般到4岁左右才能克服这种焦虑。孩子发育的速度有快有慢，没必要为此太过担忧。但当孩子到了入托的年龄还是害怕和妈妈分开，或者在妈妈不在的时候变得忧郁、对什么都失去兴趣的时候，才有必要考虑孩子的这种分离焦虑是否有问题。

孩子忍受不了分离焦虑？

8个月大的孩子已经能区分亲疏关系了。如果看不见妈妈，就会用大声啼哭等方法来表现自己的焦虑。

当妈妈生了第二个孩子、与父母产生争执、搬家后环境改变等情况发生时，孩子的分离焦虑会愈发明显。分离焦虑超过正常水平的根本原因是气质性焦虑和不稳定的父母依恋关系。正如前文所述，出生后24~36个月期间，孩子的焦虑感会逐渐减轻。但在不同情况下，因为情绪发育迟缓或疾病影响，有的孩子会长时间地感到焦虑。这样的孩子多数都不太适应幼儿园或学校生活，在与同龄人的交往中也会表现出消极态度。

很多经常与父母分离，或因为父母过度溺爱几乎没有离开过父母的孩子，即使上了小学也无法适应新环境。他们与同龄人的交往能力很有限，只能和一两个人交上朋友，玩耍的场所也只能是家里或熟悉的地方。有的孩子甚至会以身体不舒服为由，逃避去幼儿园或上学。

故意置之不理，问题会更加严重

有的妈妈担心孩子变得过于依赖，或是觉得和孩子突然分开后孩子的反应很有趣，故意对孩子要和妈妈在一起的要求置之不理，或藏到孩子看不见的地方。孩子本来已经因为看不见妈妈而感到不安，妈妈这样做会加重他的焦虑感。妈妈有时候把孩子放在学步车中，自己则在孩子看不到的地方忙家务，这同样会让孩子感到不安。这种不愉快的经历会停留在孩子的记忆深处，并使他产生更严重的焦虑感。

最早从 2 岁起，健康的孩子会逐渐体会到外部世界比妈妈更有趣，开始主动离开妈妈的怀抱。但在这之前，妈妈要用温暖的怀抱和爱抚来对待焦虑的孩子，要花更多的时间与孩子相处，让孩子确信无论何时妈妈都在他身边。这一点对孩子来说非常重要。万一妈妈有事，迫不得已要离开孩子，也必须明确地告诉他："妈妈永远爱你，一会儿就回来。"

需要再次强调的是，孩子 1 周岁左右的时候，在与父母形成稳定的依恋关系之前，妈妈要尽可能多地与孩子在一起。尤其是在孩子生病的时候，无论多忙也一定要守护在孩子身边。当孩子最需要妈妈的时候妈妈却不在身边，孩子会下意识地感到绝望，对妈妈产生仇视心理。这会对母子依恋关系造成负面影响。

孩子特别认生有问题吗？

孩子太认生的话，妈妈会很辛苦。无论爷爷、奶奶，还是姑妈、舅舅，孩子谁也不让抱。更有甚者，爸爸换了副眼镜孩子就不认识了，撒泼打滚地哭闹，整天都要跟妈妈在一起，妈妈真是连喘口气的工夫都没有了。带孩子去爷爷、奶奶家，孩子耍赖哭闹弄得妈妈很狼狈；朝思暮想的孙子哭闹着表示不喜欢自己，爷爷、奶奶的心情自然不太愉快，妈妈因此感到自责。

认生是孩子大脑发育的表现

孩子认识世界的范围不断扩大，会对不同于自己的外部世界感到恐惧，这就是"认生"。认生的对象可能是陌生人，可能是动物或声响，也可能是孩子凭空想象出来的事物。

认生和分离焦虑的共同点在于它们产生的原因都和母子依恋关系有关，但两者的本质却截然不同。认生是孩子在8个月大的时候，除了妈妈，对其他人表现出的一种嫌恶；而分离焦虑则产生于6~12个月大的时候，是对与妈妈分离的事实本身感到害怕而做出的反应。

虽然不同孩子有所差异，但大部分孩子是在8个月前后开始认生的。无论多温顺的孩子在这个阶段都会对陌生人保持警惕，有时见到陌生人，甚至会抽搐或啼哭。这是孩子能够区分妈妈和其他人以后的自然现象。在这之前，孩子并不能区分谁是熟悉的人、谁是陌生人。正是因为能够进行这种区分，孩子才会感到害怕。认生意味着孩子的记忆力正在发育，并逐渐形成了自己的思维体系。

即使每个孩子因为气质不同而认生反应有所差异，但对于这个时期的大部分孩子来说，他会觉得看到的、听到的一切新鲜事物都很可怕。而对客体产生恐惧，本身就说明孩子正在经历适应世界的过程。虽然妈妈会因为孩子认生而觉得有些难堪，但这恰恰说明孩子已经能认出谁才是最亲的人，所以要积极地看待这个现象。

认同孩子的恐惧

消除孩子认生的最好方法就是让孩子慢慢地适应，让他相信自己是安全的。另外就是要认同孩子的恐惧。刚刚开始认识世界的孩子，自然会对所有的东西都感到害怕，妈妈应该站在孩子的立场，理解孩子内心的恐惧以及由此引发的哭闹行为。当孩子看到陌生对象而感到害怕时，妈妈最好以自己的行动告诉孩子，这没什么好怕的。

另外，父母要在能够提供保护的范围内，在日常生活中尽量给孩子创造机会，充分满足孩子的好奇心。如果父母总以保护孩子为由，对孩子的方方面面进行管制束缚，孩子的认生会更加严重。

认生阶段的关键在于"孩子对妈妈到底有多信任"。只有彻底信赖妈

敏感的孩子

敏感的孩子即使度过认生阶段，也会因为个人气质的原因拒绝别人触摸自己，有时还会害怕别人靠近自己的身体。有的时候，孩子会因为周围人看自己的眼神和别人的话语受到伤害。因此，对于还离不开妈妈的孩子，要想减轻他的认生程度，就要宽容地对待他的行为，给他充分的爱。

此外，如果孩子的认生还在延续，也要耐心地等待孩子自己去适应。不要催促，也不要发脾气，要以一颗宽容的心耐心等待，相信他总有一天会克服认生的。

妈，孩子的恐惧才会慢慢消失。在孩子认生的时候，妈妈关心他、爱护他，孩子对妈妈的信任感逐渐增加，认生现象会慢慢好转；反之，如果妈妈没有这样做，孩子的认生就会更严重。

不要总带孩子见陌生人

有些父母为了克服孩子的认生，会强制性地把孩子带到陌生人面前。我就认识这样一位父亲。当他发现自己15个月大的儿子经常认生时，他就故意带孩子去拜访所有的亲戚，还强迫孩子坐在大人中间。这位父亲认为男孩子不应该这么胆小。可是他的这些做法给孩子带来了很大的压力，使孩子越来越焦虑，以至于晚上都无法入睡，只好来接受治疗。

像这样强迫孩子克服认生反而导致焦虑障碍的例子举不胜举。把孩子放在妈妈不在场、全是陌生人的地方，这种做法要绝对禁止。遇到陌生人时，为了不让孩子感到焦虑，妈妈最好陪伴在孩子身边。只要孩子认识到别人也会像妈妈一样善待自己，认生的程度就会慢慢减轻。与陌生人见面时，第一次见面的时间要尽可能短，以后逐渐延长，让孩子慢慢适应。依恋关系不是只和妈妈才有的，爷爷、奶奶等亲近的人也要经常和孩子在一起，才能培养和孩子的感情。

大部分孩子的认生情况会在3岁左右有所好转，但因孩子的气质不同，好转的程度有所差异。对那些特别认生的孩子，与其强迫他克服认生，不如理解并尊重孩子的特有气质。

完全不认生也有问题

有一次在做报告的时候，我和一位妈妈聊天。这位妈妈说她的第二个孩子刚刚出生，非常乖，谁抱都行，她非常自豪。我问这位妈妈："孩子都快1岁了，难道不认生吗?"她这样回答我："一点也不认生呢，即使是从来没有见过的人来抱他，他也不会哭。"

这就是那种一点都不认生也不怕陌生人的孩子。也许在妈妈的眼里，气质温顺的孩子更可爱些吧! 但孩子如果真是一点儿都不知道认生的话，反倒要认真地找一找原因了。

依恋关系出现问题

孩子非常认生，妈妈自然会很担心；但要是完全不认生，妈妈会不会像上文提到的那位妈妈一样，对孩子很放心，觉得"我的孩子真乖""性格温顺得可以随便让别人抱呢"? 其实，完全不认生可能是比特别认生更为严重的问题。

孩子谁都让抱，说明他和母亲没有形成稳定的依恋关系。也就是说，孩子有可能出现了婴幼儿时期最让人头疼的状况，即"依恋障碍"。

正常情况下，孩子最喜欢妈妈，也最愿意让妈妈抱，对其他人则表现出无所谓的态度。但是如果孩子完全不认生，可能是因为孩子不信任社会，对身边的其他人没有任何感觉。因此，妈妈应该反思母子依恋关系是否存在问题。

智力水平低下的孩子不会认生

在不认生的孩子当中，有一些是患自闭症的孩子。由于患自闭症，这些孩子不能正常形成与妈妈的互动，也无法正常地认识世界。因为严重缺乏社会性，对其他人的认识不足，孩子就不知道认生。

另外，智力水平低下的孩子脑部发育迟缓，尚未达到自然区分妈妈和其他人的程度，所以认生情况有的出现得比较晚，有的程度表现得比较轻。

如果妈妈已经全身心地照顾孩子，与孩子相处的时间也足够长，但孩子在8个月前后依然没有任何认生的表现，就有必要诊断一下孩子的发育是否出现了异常。

对陌生事物极度恐惧

很多妈妈向我诉苦，说考虑了很长时间，才下定决心带孩子一起旅行，庆祝孩子的周岁生日。本以为孩子会很高兴，但孩子却自始至终哭闹，让旅行充满了烦恼。我也有过类似的经历。还记得第一次带庆模外出旅行时，本希望他能感受一下新鲜的刺激，就带他去看大海，想让他听听海浪的声音，在浪花里湿湿脚。但是，从未见过大海的庆模不但不敢把脚伸进水里，就连走到离海水近一点的地方都害怕得大声号哭，这次旅行完全变成了烦恼之旅。现在回想起来，对于很难接受新鲜事物的庆模来说，旅行与否又有什么不同呢？何必非要那样做呢？

周岁前的新鲜刺激对孩子不好

虽然妈妈都希望自己的孩子喜欢新鲜的刺激和体验，但对孩子来说，事实并非如此，特别是周岁以前的孩子。请观察一下孩子适应新鲜事物的过程吧！比如把一个能说话会跳舞的玩具娃娃送给孩子当礼物。起初，孩子表现出的是警惕，而不是喜欢，有的孩子还会被吓哭——即使玩具娃娃会说话、跳舞，但它终究是个陌生的、让人害怕的东西。但是过了一段时间，孩子会鼓起勇气轻轻触摸并开始研究起这个玩具娃娃来。

孩子接受新刺激也需要这样的过程。因此，在孩子周岁之前，不要带孩子到陌生的地方旅行。陌生的环境只会给孩子造成压力，而不会像妈妈想象的那样，能让孩子积累丰富多彩的经验。

给孩子足够的时间适应刺激

孩子害怕陌生事物是再正常不过的事。先是对新鲜事物感到害怕，过一会儿会觉得好奇，慢慢熟悉后才会开始喜欢，这是一个自然过程。如果无视孩子接受新事物的自然过程，强迫孩子接受，孩子肯定会受到伤害，并因此变得怯懦。尤其要注意的是，如果孩子对新事物过于畏惧，会丧失好奇心和学习欲望。因此，如果孩子害怕陌生事物，就要尽量让他放心，让他有充分的时间适应陌生的刺激。

孩子不喜欢爸爸

晚上8点，孩子正骑在学步车上，兴高采烈地在客厅里转来转去，这时传来挂钟报时的声音，孩子突然变得紧张起来。紧接着，爸爸出现了，孩子猛地哭起来，仿佛看到了可怕的大狗熊或老虎，哭得上气不接下气，非常可怜。

"这孩子，每天见到我都是这样，太不像话了！"爸爸被气得够呛，直说狠话。

父子俩到底怎么了？

对爸爸也会认生

从孩子出生到8个月大，毫不过分地说，育儿的首要目标是使孩子形成与妈妈，即与主要抚养人之间的依恋关系。孩子认生可以被看做是这门发育课程的成绩单。所以，出现上述情况完全不是孩子的错。爸爸要意识到，出现这种情况只能说明父子之间没有形成依恋关系。孩子和妈妈之间的依恋关系最为重要，这一点毋庸置疑。但在孩子8个月左右的时候，也要让孩子与每天见面的爸爸、爷爷、奶奶以及其他亲人形成依恋关系。

由于平时和爸爸相处的时间很短，没有形成依恋关系，孩子就会在开始认生的时候，变得不喜欢爸爸或者一见到爸爸就哭。不管爸爸因为什么原因没有和孩子结成感情纽带，从这时开始必须要努力了。即使爸爸在外东奔西走，忙得不可开交，也要抽时间参与到育儿中来，这样既能帮助因抚养孩子而忙得焦头烂额的妈妈，也能和孩子形成良好的依恋关系。

要及时把孩子的情况告诉爸爸

妈妈要积极引导爸爸参与到育儿工作中来。孩子和爸爸的亲近不可能在一瞬间实现，所以妈妈要把知道的情况都告诉爸爸，比如怎样和孩子玩、孩子喜欢什么、讨厌什么等等。只有这样做，才有利于促进家庭成员间的关系和谐。

爸爸和孩子亲近的最有效方法就是一起玩耍。这个阶段的孩子喜欢玩和身体有关的游戏，爸爸最好和孩子多玩这类游戏。为了促成父子间的依恋关系，当爸爸和孩子高兴地玩游戏的时候，妈妈不要突然加入，不妨当一回旁观者。

不良习惯

看不到玩具小熊就哭

有一位妈妈因为孩子对玩具小熊太过依恋就来就诊，让我看看孩子有没有什么问题。这位妈妈告诉我，孩子连睡觉都必须抱着玩具小熊，一刻都不能离手，即使玩具小熊已经脏了也不准洗，只要看不到玩具小熊立刻就会哭闹。妈妈刚开始并未在意，但后来越来越担心，就带着孩子来医院了。她想弄清楚这种对玩具的依恋是不是有问题。

"妈妈是我的！"

现在的妈妈总是担心自己给孩子的关爱不够，虽然已经为孩子付出了足够的爱，却还是担心"这样对吗？""这样就够了吗？"对孩子一丝一毫的异常都感到忧心忡忡。8~9个月大的孩子对柔软的、触感舒服的东西会表现出强烈的喜爱，比如衣服、被子、玩具娃娃以及妈妈的头发等。这些能给予孩子心理安慰的物品被称为"过渡期对象（transitional object）"。简单地说，这是孩子在想象中或潜意识中认为"这些东西就是妈妈，妈妈是我的"。

孩子对过渡期对象的依恋[①]，实际上是因为孩子正处于离开妈妈、获

---

① 有的孩子的恋物情况会持续到5岁左右，1岁以后的恋物情况详见第252页 Chapter 3"自我控制"一节。

不要和孩子讲条件

孩子对特定对象产生依恋时，不要和孩子讲条件。不要说"不玩玩具娃娃的话，妈妈就给你买好吃的"这样的话。因为孩子需要的是妈妈的疼爱和关心，而非物质上的补偿。用物质来补偿或许可以当成解决孩子心理问题的临时方法，但无法从根本上消除孩子内心的不安，缓解他对妈妈的思念。不管花多少时间，给予孩子充分的关心和爱护才是最好的治疗办法。

得精神独立前的过渡状态，对外物的依恋能让他产生过渡对象好像就是妈妈的感觉。这是因为，如果孩子想要离开妈妈、获得独立，就必须找到能暂时代替妈妈的东西。对过渡对象的依恋是发育过程中的正常现象，妈妈不必过于担心。

给予孩子更多关爱和拥抱

大部分孩子在睡觉或者承受较大心理压力的时候，都会对过渡期对象更加依恋。例如，当孩子身处医院等陌生的地方或是让他感到害怕的环境中，他就会通过抚摸喜爱的玩具娃娃或衣服，以此办法让内心安定下来。因此，孩子对过渡期对象的依恋，可以作为诊断孩子是否有心理压力的标准。如果孩子对过渡期对象异乎寻常地依恋，就说明孩子可能正在承受父母尚未察觉的压力。

出现这种情况的时候，最好的办法就是多抱抱孩子，亲亲他的小脸蛋，多与孩子进行肌肤接触。经常被妈妈抱在怀里，感受到妈妈温暖的体

可能是自闭症的恋物行为

对过渡期物品的依恋会随着时间的流逝慢慢变淡，也会随着孩子情绪、认知的发育而慢慢消退。但如果孩子对某件物品表现出超乎寻常的依恋，就有可能是什么地方出了问题。尤其是当孩子说话和活动的能力也同样发育迟缓，恋物行为不断重复，并且孩子也不愿意同身边的人沟通时，就要考虑孩子是不是患上自闭症等心理疾病。另外，当孩子的行为没有随着成长出现任何变化，恋物的程度却不断加重并伴有上述异常状况时，妈妈就要带孩子到医院接受专业诊断。

温和柔软的怀抱，孩子会更加确信妈妈的真实存在，从而产生安全感。

孩子的恋物行为最迟在4岁左右就会自然好转。在孩子4岁前强行阻止恋物行为会给孩子造成压力，因此是不可取的。

孩子也有性欲吗？

虽然这个提法让人难以接受，但实际上孩子也是有性欲的。孩子的性欲，即"幼儿性欲"是弗洛伊德最先提出的。弗洛伊德认为人的性欲最初产生的时期不是第二性征出现的青春期，而是在婴幼儿时期，而且这是非常正常的现象。

孩子的性欲与成人的性欲有着本质上的不同。成人的性欲是调动性方面的想象力并以性交为目的，而孩子的性欲只是单纯地追求愉悦快感。追求快感是不分年龄的，无论孩子还是成人，但凡是人就有这样的本能。因此，不要认为孩子抚弄性器官是心理方面有问题。

孩子6个月后可能会抚摸性器官

1周岁之前的孩子抚摸性器官，大多是从摸索身体的时候偶然触摸到，或者在换尿布时刺激到性器官产生快感开始的。刚开始的时候，孩子

---

① 幼儿抚摸性器官的现象在3~4岁时也会出现，详见第302页 Chapter 3 "自我控制"一节。

只是出于好奇或是淘气试着摸摸，慢慢地就把抚摸性器官当成了游戏。孩子1周岁以后，夹着尿布走路的时候，会喜欢性器官被刺激的感觉；在骑学步车时，为了刺激性器官，会反复做并腿、伸腿的动作，这些行为都是孩子成长过程中经常可以看到的自然现象。

虽然是正常现象，但如果置之不理，也会出现让父母难堪的情况。当父母注意到孩子的这种行为时，要通过有趣的游戏来转移孩子的注意力。除非因依赖障碍等情绪上的焦虑让孩子对性器官产生持续性的痴迷，一般来说，当有新鲜有趣的事物出现时，1周岁前的孩子的注意力会很快转移。

弗洛伊德阐述的性本能发育阶段

弗洛伊德把人从出生时起即具有的性本能命名为"力比多（Libido）"，并将性本能的发育做了分类说明：

力比多的第一阶段是出生后1年间，婴儿利用嘴唇感受刺激、产生快感的"口唇期"。吃母乳或吮吸橡胶奶嘴等行为都是为了满足性本能的需要。在这些行为中，孩子最喜欢的就是吮吸大拇指了。不过，现在很多精神分析学者不再坚持吮吸本能与孩子性欲有关联的分析。他们认为，吮吸大拇指与其说是性本能，不如说是孩子的习惯性举动，与爱抚或满足感等相关。

第二阶段是从排便训练开始到3~4岁左右的"肛门期"。这一时期更多的是通过排泄器官得到快感。孩子开始对自己的排泄物产生兴趣，表现出想抚摸和玩耍的意愿。此外，孩子会把排泄物当做自己身体的一部分而不愿意丢弃。

第三阶段大约是4~6岁的"性器官期"。这个时期的孩子对性器官更加关注，会不分场合地玩弄性器官，而父母看到孩子这样的举动会很惊慌。此外，孩子不只对自己的性器官感兴趣，对朋友、爸爸、妈妈的性器官也会很好奇。

第四阶段是"潜在期"，是指孩子开始关注外部世界，性欲从外在表现变成潜在意识的时期。

第五阶段是"生殖期"，是指进入了青春期之后，因为知晓了男女差异从而相互产生好感，确立起性爱感情的时期。

多种多样的原因

虽然婴幼儿的自慰行为是发育过程中的自然现象，但是孩子的不安全感会加重这样的行为。当环境发生变化，比如刚刚断奶，或有了弟弟、妹妹等情况发生的时候；孩子感到有压力，缺乏朋友或玩具感到无聊的时候；从父母和他人那里得不到充分的关心和爱护的时候，或者由于父母过度清洗孩子性器官的时候，这种行为就会变得更严重。

没弄清楚原因就粗暴地揪住孩子的手并朝孩子发火的话，只会让孩子更没有安全感。孩子的自慰行为越是严重，就越是要给他更多的关爱，并找到让他感到快乐的方法。平时要注意观察孩子所处的环境是否会造成孩子紧张，并提供其他愉悦的刺激，让孩子自然地减少对性器官的关注。

一生气就乱扔东西、用头撞墙

庆模是属于乖僻类型的孩子，在1周岁左右时曾经大闹过一场。他向我要饼干，我没有把饼干盒给他，而是把饼干放在碟子里再递过去。于是他就开始哭闹，不但打翻了碟子，还乱吐口水，大哭大闹。我想看看他到底能闹到什么时候，就一直观望。过了5分钟，他好像慢慢消了气，安静下来。孩子这样哭闹是因为有了"生气"这种感情，并开始试着发脾气。只是在火气上来的时候，孩子又不知道应该如何处理罢了。这个阶段的孩子是不懂得如何调节愤怒、生气等负面情绪的。

周岁前的过激行为并非故意

有的妈妈看到周岁前的孩子发脾气乱扔东西、用头撞墙，就认为"我家宝宝在自残"，紧张地来医院咨询。其实，这样的举动并不是孩子在自我伤害，只是因为他没有完全具备调节消极情绪的能力。

周岁之前，孩子的任务就是学会生理性的自我调节，包括负面情绪的

把自己撞得鼻青脸肿

周岁前的孩子常常用头撞墙或地板，这种行为会在孩子2岁以后自然消失。幸运的是，撞得再重也极少出现脑损伤的情况。但是，为防止出现意外，事先把垫子、海绵等放置在孩子经常会磕碰到的地板上或墙壁前。另外，要准备一些有趣的玩具或游戏，在看到孩子有类似行为的时候，及时转移孩子的注意力。

调节。如果孩子表现出的消极情绪达到前从未有的激烈程度，就表明孩子到了应该学习调节情绪的时期了，父母对此要正确理解。

就像有断奶期一样，在情绪发育的过程中，孩子也有一个表现厌恶和负面情绪的阶段，这是孩子发育过程中的自然现象。虽然存在个体差异，但2岁前的孩子不可能完全掌握调节冲动的能力，还处于熟悉和学习的阶段。因此，周岁前的孩子只会用过激行为表现与愤怒相关的情绪，对于这种现象，父母要给予理解。

纠正孩子的过激行为

当妈妈看到孩子因为无法调节情绪而采取过激行为时，应该怎么办呢？首先，妈妈要稳定住自己的情绪。妈妈不可能对孩子的哭闹行为熟视无睹，可如果妈妈也表现得情绪激动或愤怒发火，孩子就会受到更大的刺激，很难平静下来。在孩子发脾气或表现出愤怒的时候，妈妈应该默默注视孩子，等他自己舒缓情绪。让孩子学会控制情绪是这个阶段非常重要的任务。

当孩子平静下来以后，妈妈要和孩子一起清理混乱的现场和被破坏的物品，让孩子明白做错事要负责的道理。通过这样的过程，可以帮助孩子从因为发脾气产生的罪责感和担心妈妈不再爱自己的不安感中解脱出来，减少产生负面的自我认识的可能性。

即使孩子听不懂也要讲道理

即使孩子还听不懂很多话，妈妈也要让他明白他的行为是错误的。周岁前后的孩子还不能完全听懂妈妈的话，但是通过妈妈的表情或动作能够明白什么该做什么不该做。如果耐心地给孩子讲道理，孩子也会意识到自己做错了事。妈妈讲完道理后，要一如既往地抱抱孩子，让孩子知道虽然他做错了，但妈妈能够理解他的行为，而妈妈对他的爱是永远不会改变的。这一点对孩子非常重要。

在所有的注意事项中，最重要的是妈妈要自始至终地保持平静心态。在安抚孩子的过程中，如果妈妈突然发火或者觉得筋疲力尽而彻底放弃的话，就无法培养孩子调节情绪的能力。孩子调节情绪的这种能力需要经过几个月，甚至超过 1 年的时间才能培养出来。妈妈应该充分理解这一点，为了孩子能够具备调节负面情绪的能力，要一直在孩子身边，给予孩子温暖的呵护。

孩子吮吸手指时不要担心

孩子在 3 个月左右时开始吮吸手指，到了 1 周岁还没有改变，于是妈妈就担心孩子是否缺少爱。最开始的时候，孩子只是在肚子饿和困倦的时候才吮吸手指，近来却整天把大拇指含在嘴里。孩子把手放进嘴里的时候，强迫他把手从嘴里拿出来，可能会让孩子感到压力，可是不管能行吗？

6个月以前的孩子吮吸手指

对于 6 个月左右的孩子来说，吃手属于常见行为。这个时期的孩子看见什么东西都喜欢把它放进嘴里，或者用嘴嘬，吮吸手指也是同样道理。随着时间的推移，大部分孩子不用妈妈操心，会自然改掉吮吸手指的习惯，因为他会发现有太多太多比吸吮手指还有趣的事情。因此，在出生后 6 个月之内，孩子吮吸手指并不是什么太大的问题。

吮吸手指也可能是在排解无聊

如果孩子在出生6个月以后还一直吮吸手指，有可能是为了排解无聊而出现的习惯性行为。父母要想一想平时是否要多花时间陪孩子玩耍，孩子身边的环境是不是太无聊等等。目前主流的观点认为，只要孩子不是分离焦虑，吮吸手指、嘬奶嘴都不属于心理方面的大问题。如果母子之间的关系非常完美，即便孩子在入睡前、无聊时或者肚子饿的时候吮吸手指也没什么关系。

没有灵丹妙药

阻止孩子吮吸手指没有灵丹妙药。因此，只要情况不严重，妈妈应该尽量保持宽容的心态，为孩子营造温馨的成长环境，并持续不断地表现出对孩子的关爱。对连话都听不懂的孩子乱发脾气或者强迫制止，只会给孩子造成压力，并诱发孩子产生逆反情绪，使情况更加严重。应对这一问题的较好方法，是用玩具娃娃等孩子喜欢的玩具，或有趣的游戏来转移孩子的注意力。

不可行的方法

为了不让孩子吮吸手指，妈妈们真是想尽了方法。有的妈妈在孩子的手指上抹苦涩的药水、辛辣的芥末，甚至是黑墨水，还有人用创可贴或绷带把孩子的手指包起来。这些方法不仅没有任何效果，反而会给孩子带来挫折感。

除了这些方法，有的妈妈只要一看到孩子把手往嘴里放就大声呵斥。这就如同禁止大人吃美食一样，父母自己都无法做到的事情却强迫孩子做，这是非常不可取的。

性格＆气质

气质乃天生，必须全盘接受？

每个孩子都有自己独特的气质。这里所说的"气质"，是指孩子从出生就有的特点。在成长过程中，随着与妈妈、身边人以及同龄朋友关系的发展，孩子的气质会发生变化，有时就会出现气质上的问题。妈妈要学会修正孩子的气质，不要让气质问题成为孩子情绪发育的障碍。

每个孩子都有自己的气质

有的孩子生来就温顺听话；有的孩子却片刻都安静不下来，非常活泼好动；有的孩子特别敏感、爱发小脾气；有的孩子却非常乐观，很爱笑；有的孩子能够很好地适应新环境；有的孩子在陌生的地方就会很害怕……每个孩子都有自己的特点，这种孩子从出生就具备的性格特征被称为"气质（temperament）"。

妈妈和孩子的气质要相互契合

在养育孩子的过程中，气质本身不会造成什么问题，可如果孩子的气质和妈妈的抚养态度或性格产生冲突，就会出现问题。

例如，妈妈非常麻利能干，要求家中一尘不染，而孩子却性格散漫、调皮捣蛋，妈妈肯定会对孩子的行为多加干涉，在大小事情上发脾气；而孩子会认为妈妈背叛了自己，感到愤怒且绝望，行为散漫的现象也会愈发严重。因此，为了针对孩子的气质，对孩子进行更好的培养，妈妈不仅要正确掌握孩子的气质，还要正确把握自己的性格和抚养方式。妈妈只有客观地评价自己，才能正确引导孩子发挥出他气质上的优点。

不同气质孩子的抚养方法

温顺的孩子

温顺的孩子在婴幼儿时期的生理节奏就非常有规律，顺顺当当地吃饭、睡觉，经常会表现得很幸福和快乐，对陌生环境、陌生人、没吃过的饮食都能很好地适应。很多孩子都属于这一类型。可正因为温顺的孩子让父母省心，父母反而容易忽视孩子，导致对他的关心不够。在环境恶劣的情况下，温顺气质的孩子同样会感到压力并产生各种问题。因此，为了培养和这类孩子的亲密感情，妈妈要多和孩子在一起，表现出对孩子的关心和疼爱。

乖僻敏感的孩子

乖僻敏感的孩子在婴幼儿时期的生理节奏没有规律，不容易满足，总是用哭闹、发脾气等方式表达负面的情绪。由于对环境变化很敏感，他们需要用较长的时间才能适应变化。由于这类孩子喜欢什么、不喜欢什么都很分明，因此抚养起来会很吃力。如果强迫乖僻气质的孩子顺从父母意志，那么父母和孩子的关系就很容易出现问题，严重的话可能会造成孩子心理障碍。如果孩子的乖僻是与生俱来的，在抚养时就更要保持耐心，以适当的方法坚持不懈地予以引导，这比什么都重要。

迟钝的孩子

迟钝的孩子生理节奏是有规律的，多数时候表现出积极的情绪，但是表现情绪所需的时间很长。有顺从的一面，但害怕新环境，需要较长的时间去适应是这类孩子的主要特点。这样的孩子无论接受什么新东西，都会很迟缓，学新东西也非常困难。如果父母性格急躁，在教孩子学习新东西的时候，由于孩子没有跟上进度而不停督促，孩子就会抗拒，不愿意继续学习，从而出现恶性循环。因此，要理解这类孩子的气质，耐心等待孩子去适应和接受。

对于气质的错误理解

大家都说要"充分发挥孩子气质的特点",可有的妈妈会产生误解,认为气质是天生的,根本不用去管它。

我对前来咨询的妈妈们讲过,"要在婴幼儿时期给孩子尽可能多的关爱",有的妈妈却误解为对于孩子的气质问题也要全盘接受。

"让孩子充分发挥气质上的特点"与"给予孩子尽可能多的关爱"这两句话的意思都是说,在抚养孩子的过程中,要在适应孩子气质特征的基础上全身心地爱护孩子,并要防止气质缺陷对孩子造成负面影响。

听了我的解释以后,有些性急的妈妈又想纠正孩子的气质缺陷了。例如,为了改变孩子胆小的性格,故意把孩子带到外面,把孩子放在人群当中。这样做的结果是,孩子胆小的气质被进一步强化。如果孩子天生很胆小,妈妈要接受现实,在陌生人面前或者混乱环境中保护好孩子,让孩子在妈妈的关爱中重新找回自信并充满活力。

> ## 孩子太过乖僻和敏感,简直让人受不了
>
> 有的孩子太过乖僻和敏感,妈妈带起来很吃力。这样的孩子从很小的时候就特别爱哭,换尿布、喂奶、抱起来哄都没有用,每次从睡梦中醒来也都会哭。有的孩子闹觉闹得特别凶,一困就开始闹,特别让人烦,甚至让妈妈下意识地产生动手打他的冲动。妈妈不禁担心,总这样下去,连自己都要讨厌孩子了。

乖僻性格的孩子占到十分之一

所有的父母都希望自己的孩子气质温顺。但是平均每10个孩子当中,就有1个是天生的性格乖僻。性格乖僻的孩子不好哄,睡也睡不沉,从一出生就开始难为妈妈。这种孩子由于有严重的分离焦虑和认生,除妈妈外

谁也不跟，口味也很挑剔，总之没有一件能让父母轻松应付的事情。这样看来，与温顺气质孩子的妈妈相比，乖僻气质孩子的妈妈在育儿上承受的压力要大出数倍。

更棘手的问题是，越是这样的孩子，越难和妈妈形成依恋关系。不过，如果妈妈考虑到孩子的气质特点，更加细心地照料，孩子长大后同样能形成安定的性格。

父母的心态要平和

无论孩子具有怎样乖僻的气质，父母再为难，也不能怪罪孩子。难道孩子愿意有这种乖僻的气质吗？其实最难过的是孩子自己。乖僻的气质使得孩子承受不了哪怕是一丁点的刺激，吃也吃不好，睡也睡不香，本应关心爱护自己的父母还朝自己发脾气，结果只能是孩子的内心受到伤害。

面对乖僻的孩子，父母最重要的是放平心态，让情绪平和下来。因为父母是孩子的榜样，看见父母生气发火的样子，孩子乖僻的气质上会增加愤怒的情绪。反之，看到父母宽容的样子，孩子则能减少气质性的不安定感，培养出安定的性格。因此，父母与其改变孩子乖僻敏感的行为和反应，不如承认并接受孩子的气质。

给孩子充足的时间适应环境

想要预防孩子做出突显敏感气质的行为，就绝对不能让孩子接受到陌生的刺激。如果希望孩子的情况有所改观，则必须给孩子充足的时间去适应。抚养乖僻孩子的父母要铭记，等待是最好的方法。

此外，气质乖僻的孩子看见陌生人的时候经常会哭，弄得妈妈很慌张。在这种情况下，妈妈也没必要发火，最好是在孩子有安全感之前，避免让他接触到陌生人。

> ## 孩子特别爱闹
>
> 有的孩子特别爱跑爱跳，经常做出诸如尖叫等过激行为。于是妈妈会觉得："为什么别人家的孩子都很文静、乖巧，像小天使一样，我的孩子怎么会这样呢？"
>
> 其实，大部分妈妈看到的，通常只是其他孩子的优点和自己孩子的缺点。如果对孩子的期待和要求过高，肯定会放大孩子的缺点。可是妈妈们要知道，孩子做出过激行为的原因，完全在于父母的育儿方式。

既不能置之不理，也不能强迫压制

对于行动过激、过分顽皮的孩子，父母要调节好他的情绪。观察一下那些胡乱喊叫、到处登高爬低、乱扔东西的孩子，在这些行为的背后其实隐藏着孩子的不安。站在孩子立场上分析，他是被压抑时才会又蹦又叫的。正是由于无法控制自己的冲动，孩子才会感到不安。

孩子过激的举动是在先天气质与外部强刺激的合力之下出现的。客观地讲，父母对孩子的这种行为起到了推波助澜的作用。例如，父母认为孩子的气质是天生的，感觉无可奈何，因此置之不理或者强行压制，孩子就得不到尝试控制冲动情绪的机会。

保护孩子免受刺激

父母要主动帮助孩子，让孩子在受到刺激的时候不做出过激反应。方法很简单，就是把那些会激化孩子行为的刺激最小化。比如，把会激发孩子好奇心的物品和新奇的玩具藏到孩子看不到的地方，尽量不带孩子去饭馆、超市等人多的地方。如果必须带孩子去人多的地方，最好的办法就是让爸爸或其他让孩子敬畏的人带着孩子去。只要他们说"不行"，孩子就会乖乖听话。

不是把孩子抱在怀里就能带好孩子的，一定要不停地动脑筋。脑子不多思考，身体会更疲劳。平时要认真观察孩子在什么情况下容易变得兴奋、行为过激，努力成为会动脑筋的聪明妈妈。如果自己不付出努力，却因孩子太爱闹而发脾气或吓唬孩子，只会让母子关系变得糟糕。

不及时换尿布，孩子性格会变坏吗？

有一位做事特别利索、性格敏感的妈妈，每当孩子小便的时候，就在一旁等着，第一时间冲过去给孩子换尿布；而另一位略显迟钝、性格随和的妈妈，总是等孩子尿了好几回、尿布都沉甸甸的时候，才给孩子换尿布。两位妈妈都说自己的方法对孩子好。利索的妈妈说，如果不经常给孩子换尿布，孩子就会感到不快，性格会变坏；而迟钝的妈妈则主张，如果太频繁地换尿布，孩子就会变得难缠或者有洁癖。到底哪位妈妈做得对呢？

看到尿布湿了就要立即更换

原则上，孩子在大小便后最好及时更换尿布。但是，尿布上还没有积尿，却非要按照一定时间更换的做法也是不好的。不仅妈妈费力，孩子也会觉得麻烦。尿布换得太频繁，孩子会感到有压力。

有的妈妈觉得有些一次性尿布的吸湿能力很好，孩子即使解了几次小便也没问题，所以不用一尿就马上更换。这种态度同样是不对的。湿湿的感觉使人不快，而不愉快的感觉如果持续很长时间，对孩子是没有好处的。

妈妈的情绪会如实地传递给孩子

妈妈因为疲倦而漫不经心地给孩子换尿布，或者换了尿布却忘记把小屁股擦干净，孩子会感觉到自己没有完成生理性的调节，因而影响情绪发育。即使是不会说话的孩子，也能感受妈妈的情绪状态，明白妈妈是怎样对待自己的。因此，无论妈妈多么辛苦，对孩子也要充满感情。如果真的很累，就应该大方地请家人帮忙。影响孩子性格成长的并不是换尿布的次数，而是妈妈换尿布时的情绪。

> ## 孩子因为生病变得敏感
>
> 照料身体虚弱或者患有慢性病的孩子时，妈妈首先不能嫌麻烦。生病的孩子爱发脾气、变得敏感是很自然的，照顾这样敏感的孩子肯定也很麻烦。但是，虽然费力、麻烦，妈妈不能显露出疲惫的神情。只有妈妈坚强起来，才能找到适合孩子的治疗方法，才能把敏感、爱生气的孩子培养成开朗活泼的孩子。

身体不舒服，心理方面的问题也随之而来

很多时候，孩子如果身体不舒服，不仅性格会变得敏感，心理上的障碍也会随之而来。在孩子性格成长方面，先天气质的重要性毋庸质疑，而成长环境和父母的抚养态度等后天因素的影响也非常重要。

孩子生病，身体的疼痛、父母过度照顾、区别于其他同龄人的生长环境等因素都会让温顺气质的孩子变得敏感和乖僻，严重的话还会出现焦虑障碍等严重的心理问题。出生之后接受过大手术，或是从小患有哮喘、遗传性过敏疾病等慢性疾病，以及身体很虚弱难以完成正常生长发育，这些原因导致的心理问题，让很多孩子不得不来小儿精神科求医。因此，当孩子生病的时候，妈妈不仅要关心孩子的身体，更要对孩子的心理状态特别关注。

在子女多的家庭，生病的孩子还会影响其他孩子的情绪。父母把关心和爱护都倾注到生病的孩子身上，相对来说就没有更多的精力照顾其他孩子。其他孩子会因得不到妈妈足够的关心而受到伤害。如果这种情况持续很长时间，孩子会出现性格缺陷或者产生其他心理障碍。

让生病的孩子也变得开朗

在多子女的家庭，如果要照顾生病的孩子，妈妈有时会觉得疲惫和厌倦。这也难怪，既要照顾生病的孩子，又要抚养其他孩子，还要维持生计，这些都是很辛苦的事情。如果妈妈的心理健康出了问题，势必会对孩子产生严重的影响。患慢性疾病和身体虚弱的孩子出现心理方面的问题，大都是因为妈妈要独自承担抚养孩子的全部责任。孩子由父母共同照顾时，因为生病而产生心理问题的情况会很少。夫妇两人齐心协力照顾孩子，也可使因病痛而变得敏感的孩子开朗健康起来。

这就是说，妈妈要积极谋求身边人的协助。就算是为了家中其他孩子着想，也需要爸爸和家人的帮助。父母带一个孩子去医院看病的时候，也不能忽略其他的孩子，必须妥善安置。妈妈心理负担过重的时候，可以参加一些聚会以缓解压力。

妈妈自身的心理健康最重要

妈妈照顾生病的孩子时，保证自身健康是最重要的，其中当然包括心理上的健康。否则，不仅是孩子的不幸，更是全家人的不幸。妈妈忧郁的时候，应该暂时把孩子托付给其他亲人，即使出去散散步也是有好处的。此外，所有的家庭成员都要努力为妈妈减轻压力。

周岁前的孩子也会有压力

一位妈妈曾经对我说，上小学的老大对上幼儿园的弟弟说："你现在是最开心的时候哦！"这句话让她忍俊不禁。在妈妈的眼中，小学生也好，幼儿园小朋友也好，能有什么困难呀？但是，孩子们也是有苦衷的。周岁前的阶段看似很幸福，但这个年龄段的孩子同样会因为压力而感到难过。到底是哪些事给孩子造成了压力呢？

周岁前的孩子形成依恋关系最重要

这个阶段的孩子即使感受到压力，父母也很难判断造成孩子压力的原因，因此，压力对孩子的影响就更大。特别是孩子12个月左右，进入情绪分化①的时期，维持母子之间的良好关系比什么都重要。同理，作为身体发育最迅速的时期，此时也需要妈妈对孩子身体动作和活动方面给予更多关注。如果和孩子一起玩活动身体的游戏，不但会对孩子身体发育产生明显的促进效果，也利于增进母子间的互动。妈妈此时要认真观察，看看孩子是否能愉快地接受身体方面的刺激。因为孩子还不会说话，所以要对孩子的眼神、手势、脚的动作等所有行为、信号进行观察，做出相应调整，以适应孩子的需要。

给周岁前的孩子造成压力的情况

1．不熟练的抚养技能

很多时候，新妈妈因为不知道孩子哭的原因而感到慌乱，这不仅让孩子的需求得不到满足，而且妈妈的不安和不熟练也会传递给孩子，从而让孩子感到压力。

---

① 情绪分化：是指从婴儿到成人的情绪类别，由单一到多样，从原始、简单、基本的情绪到复杂的高级情绪的发展过程。

孩子哭的时候，妈妈就要看看孩子的尿布是不是湿了，肚子是不是饿了，什么地方不舒服了等等，尽快找到孩子哭的原因。除非特殊情况，一般情况都是这三种原因引起的，所以妈妈不必慌张，而要仔细观察和分辨。如果已经满足了孩子的要求，就要对孩子的微笑和咿咿呀呀做出积极的回应，表现出对他的关爱。

2．肚子饿或被迫进食

从孩子的立场来看，肚子饿会带来巨大的压力，和生存受到威胁差不多。一方面，如果没有吃够奶，孩子会感到压力和不满足；另一方面，如果被强迫吃不喜欢的辅食，或是吃饱了还被强迫再吃东西，孩子也会感到有压力。

所以，一定要按时、适量地给孩子喂食。每个孩子的饭量各不相同，要了解孩子的饭量并做出适当的调整。

3．不能入睡

不满周岁的孩子每天要花半天甚至更长的时间来睡觉。对孩子来说，睡眠至关重要。这是因为入睡后，疲劳的大脑和身体肌肉可以得到放松，记忆力也能得到提高。另外，睡眠可以促进孩子的成长并能清除不愉快的情绪。因此，要努力让孩子在想睡的时候入睡，并保证孩子充足的睡眠时间，直到他自然醒来。如果强行调整孩子的睡眠习惯来适应父母的生活节奏，就会对孩子造成压力。

尽可能地顺应孩子的睡眠规律吧！如果孩子夜里不想睡觉，不要强行哄他睡，父母要安排好班次轮流看护。

4．严重的分离焦虑

孩子在出生6个月以后，由于正在形成母子依恋关系，即便暂时和妈妈分开也会变得焦虑。如果和妈妈分开很长时间，孩子就会觉得妈妈不要自己了。对孩子来说，和妈妈的分离感比任何压力都大。

　　虽然孩子还听不懂妈妈的话，但妈妈要在离开孩子之前详细地把自己为什么出去，要去哪里等跟孩子讲清楚，并留有充足的时间多抱抱孩子，直到孩子情绪稳定下来再离开。

抚养态度 & 环境

一看到孩子就感觉抑郁

在分娩后的几个月，很多妈妈会被抑郁症折磨。在女人的一生中，妊娠、分娩、育儿的过程意义重大，妈妈无论在身体上还是精神上都很辛苦。这时候，如果家庭成员没有很好地照顾妈妈，妈妈极有可能患上抑郁症。让一个情绪抑郁的妈妈去抚养孩子，孩子也不会活泼健康。

产后抑郁症

很多产妇在孩子出生 3~5 天内会感到些许的抑郁和紧张，会无缘无故地想哭。这种抑郁的症状被称为"baby blue"，多出现在孩子出生后雌性荷尔蒙急剧变化的时期。不同的人症状持续时间不同，有的人可能只是短暂出现后就消失，有的人则会持续数周。50%~70%的产妇都经历过这种"baby blue"，其中 10%~15% 的人会在数周内感到无力和抑郁，并无法控制感情。

患上产后抑郁症的人会感觉身体笨重，对所有事情都感到烦躁和厌倦，没有食欲，难以入睡。但这些症状也是因人而异，有的人是消化不良，有的人是感到焦虑，有的是出现手脚发麻等身体异常现象，有的甚至连看到孩子都会感到厌烦。虽然怀胎十月很辛苦，但是在看见孩子的一瞬间，母亲却丝毫没有感觉到幸福，有的产妇甚至还会讨厌丈夫和孩子，严重的甚至会产生自杀的冲动。

必须从自责中走出来

分娩前的美好愿望如果在产后没有实现，很容易转变为产后抑郁症。但是，请想一下，人生岂能事事尽如人意呢？有缺憾的人生才是真正的人生吧！

分娩和育儿也是如此。下决心一定要自然分娩，并做好了一切准备，但并不是所有母亲都能自然分娩。如果自然分娩存在危险，医生会给孕妇做剖宫产；下决心要用母乳喂养，可事实上一定行得通吗？很多时候，因为哺乳初期没有和孩子形成默契，或者体力跟不上，都会造成母乳喂养的失败。无论谁都想生一个健康、温顺的孩子，但是孩子有可能是早产儿，或者出现一些意想不到的先天缺陷，或者孩子气质非常敏感。

在育儿过程中也一样会遇到意想不到的困难。这样的道理人人明白，但有的妈妈还是追求尽善尽美，时刻鞭策自己，最后力不从心感到绝望，进而患上抑郁症。

这个时候，妈妈首先要减轻自己的忧虑，不要担心"如果孩子养不好该怎么办？"世界上没有完美的育儿之道，没必要强求完美，否则只会带来更多的担心与害怕，让自己陷入绝望。

另外，夫妻关系应该更加稳定。很多妈妈在与丈夫闹矛盾的时候会感到委屈、愤怒和烦恼。如果夫妻关系都不美满，那么艰难的育儿过程怎能让妈妈体会到快乐和有意义呢？如果丈夫没有参与育儿工作，或者没有全力支持，当妈妈的会感觉压力更大。和新生儿一样，妈妈也需要帮助。帮助抑郁症妈妈的唯一方法就是丈夫和家人的支持与协助。

欣然接受做妈妈的感觉

生完孩子后，很多妈妈感到没有前途。她们要抚养孩子，感觉多了拖累，少了女性的自由，因此而绝望。为了抚养孩子，很多妈妈必须中断之前从事的工作，即便不用全职带孩子，一天当中的大部分时间也要用在孩子身上。在抚养孩子的过程中，妈妈会感到困惑："我到底是谁？我的人生、我的梦想到底是什么？"从而产生空虚感。这和青春期女性对性别认同的苦恼是一样的。

如果妈妈不明白抚养孩子的意义和价值所在，就很容易产生自己的人生只是为了孩子的想法。妈妈一旦产生这种想法，就会觉得抚养孩子是一件异常辛苦的事，只会给自己带来痛苦，从而使抚养孩子变得更加困难。就像孩子适应外部世界需要一个过程，妈妈也要花时间来适应"母亲"这个新角色。虽然目前确实辛苦，但要坚信，抚养孩子的过程中自己也会和孩子一起成长，自己的人生也会因此变得丰富多彩，到那时，无论孩子还是妈妈都会感到很幸福。

妈妈抑郁孩子受苦

如果妈妈患上产后抑郁症，更不能要求自己凡事做到尽善尽美。最为重要的是要告诉家人自己很辛苦、很不容易，让他们帮助自己。假如很辛苦也不告诉别人，总想独自解决，反而会让情况变得更糟糕。

当家人看到产妇情绪波动大、总是泪眼婆娑的时候，难免会担心和烦恼。但是，家人要理解这是产妇分娩后的一种正常过程，要给产妇积极提供帮助。患有产后抑郁症的妈妈当中，有十分之一存在心理障碍，其中重要的原因就是缺乏家人的理解和帮助。

产后抑郁症的最大受害者不是别人，而是孩子。毫不过分地说，出生后的第一年对孩子来说是最重要的阶段。妈妈在这个时期患上产后抑郁症，就很难对孩子的各种表现做出正确的判断，从而导致母子依恋关系很难建立，而依恋关系对孩子的发育是尤为重要的。如果这种状况持续下去，可能会发展成不稳定依恋关系。不稳定依恋关系又称为情感缺乏症。处于不稳定依恋关系中的孩子不仅情绪发育受到影响，社会性发育也很难完成。

如果产后抑郁症很严重，就需要到精神科寻求专科医生的帮助。如果妈妈心存侥幸，认为症状会随着时间流逝慢慢好转而听之任之的话，不但无法抚养好孩子，还会给母子双方带来伤害。

无奈之举——必须把孩子托付于人

在孩子出生后1年之内，很多妈妈都要重返工作岗位，把还没断奶的孩子托付给别人看护是非常普遍的现象。甚至在不得已的情况下，妈妈要把不足6个月的孩子送去找人看护。

在这个阶段，更换主要抚养人要非常慎重。因为此时正是母子依恋关系开始形成的重要时期，环境的突然改变会给孩子造成巨大的压力。

迫不得已更换主要抚养人

常常是孩子还没有满周岁，妈妈却因为产假结束需要重新回去工作了。妈妈不能再全天24小时地照顾嗷嗷待哺的孩子，不得不将孩子托付给新的抚养人，比如孩子的外公、外婆，或者爷爷、奶奶等。

更换主要抚养人时，父母在人选上要特别用心。即使是自己的家人，也要认真考虑他们是否有足够的能力、精力来带好孩子；如果是老人带孩子，要注意老人的育儿理念是不是科学，能否和自己的育儿理念保持一致；如果是找育儿嫂来照顾孩子，就要考察她是否具有正式的从业资格、健康状况如何、育儿经验是否丰富，遇到类似孩子突然生病这样的情况会怎样处理。还有，育儿嫂是否住家，如果不住家，与自己家的往返距离等；方方面面的细节和情况都要详细考察。

其次，在人选初步决定之后，在正式把孩子托付给新的抚养人时，妈妈要在数周内，每天和这个抚养人一起，和孩子待上几个小时。陪着孩子慢慢熟悉新的抚养人，建立和新抚养人之间的依恋关系。如果不这样做，孩子突然面对新的抚养人，肯定会感到压力。

在这个阶段，妈妈仍然要非常重视和孩子的母子依恋关系，不能因为更换抚养人而中断，或者使依恋关系受到负面影响。母子依恋关系将会对孩子的一生产生深远影响。如果形成良好的依恋关系，那么孩子人生的开端也会非常顺利。如果由于更换主要抚养人而不能形成良好的依恋关系，会让孩子产生更多的消极情绪和对世界的负面认识。

一旦孩子对世界产生负面认识，就会认为这个世界是令人不安的地方，他会经常哭泣、要人哄劝，并逐渐变成性格乖僻的孩子。这样的孩子长大以后，很可能成为胆小怕事或具有攻击性的人。因此，如果孩子很难适应新的抚养人，妈妈就要考虑做出一定牺牲，继续照顾孩子。

托付周岁前的孩子

● 出生后6个月以内

最重要的是让孩子和替代妈妈的主要抚养人结下深厚感情。代理抚养人要明白，自己不止是替代妈妈来照顾孩子的生活，更重要的是要和孩子建立稳定的依恋关系。只要孩子与代理抚养人建立了依恋关系，一般不会出现什么大问题。

● 出生后6~12个月

出生6个月以后，孩子和爸爸、妈妈以及常见面的家人已经形成依恋关系，因此最好不要更换主要抚养人。例如，要避免平时把孩子托付给爷爷、奶奶或外公、外婆，只在周末接回来和妈妈团聚，或者过数周才接一次的情况。18个月以内的孩子每天最少要有1个小时的时间和妈妈亲密相处，增进母子感情，只有这样才不会造成孩子情绪发育上的异常。因此，即使迫不得已把孩子托付给代理抚养人，妈妈也要努力争取每天有一段时间和孩子在一起。

成长＆发育

我的孩子发育正常吗？

曾经有位妈妈拿着孩子发育障碍的诊断书，抗议似的问我："你说的发育是指什么呢？"在她看来，孩子虽然长得慢，但身体、心脏、体重都正常，为什么说是发育障碍呢？望着这位深受打击的妈妈，我觉得有必要说明一下什么是真正的生长发育。

生长发育的含义

说孩子长得很快，是指孩子从出生后就能自然地适应所处的环境。请注意，成长不止是身体方面的，比如身高、体重的增长，更意味着相应的心理方面的成熟程度。经常有人问我成长和发育的区别，宽泛地说，这两个词的含义是相同的。如果严谨地讲，成长意味着身体方面的变化，如身高、体重的增长，而发育主要指身体机能方面的成熟程度。

值得关注的是，虽然说成长正常并不说明发育也一定正常，但同样也不能认为成长上有问题，发育就一定出现问题。

周岁前孩子快速成长和发育

如果说学龄期是认知能力飞速发育的时期，青少年期是情绪发育活跃的时期，那么婴幼儿期就是脑神经系统快速形成的时期，是生活所需的各种机能的基础脑神经系统形成的时期。

　　婴幼儿时期的发育障碍是指孩子在形成脑神经系统方面出现了问题。在脑神经系统发育期间，脑部的损伤会导致许多领域出现障碍。此时出现发育障碍，后遗症会伴随孩子一生。不过，由于脑神经系统还没有发育成熟，这也意味着只要给予适当的刺激和治疗，是可以一定程度地恢复的。因此，重要的是及早发现并立即着手治疗。

是孩子发育迟缓还是我太心急？

　　"我的孩子是不是发育迟缓呀？"有位妈妈困惑地问我。这个问题是没办法用"是"或"否"简单地加以判别的。实际上，发育迅速或者发育迟缓，这两种说法都不能准确描述孩子的发育过程。

必须准确掌握发育的主要指标

　　若要准确理解发育的含义，就必须把发育至少划分为"情绪发育"和"运动发育"两种。这里需要留意的一点是，不同年龄都有相应的体现发育状况的主要指标和次要指标。例如，在情绪发育程度方面，会说很多话就不是重要的指标，而对语言的理解能力才是非常重要的指标。运动发育方面，能支撑脖颈和独立行走是重要的指标，相比之下，翻身和站立就不是决定性的指标。妈妈应该关心的是孩子在重要指标上是否发育迟缓。

孩子的发育需要适度刺激

　　孩子出生时脑部就形成了基础神经系统。所谓"天才"的孩子在出生时，脑部一定领域的基础神经系统就很发达，而运动发育迟缓的脑源性麻痹，则可认为是脑部运动领域的基础神经系统没有发育成熟。

关于基础神经系统对孩子将来的影响有多大，学者们有着不同的见解。但可以确定的一点是神经越用越发达，越不用越退化。就好像手是越用越灵巧，头脑也是越用越聪明。

运动发育和情绪发育是一致的

如果运动发育迟缓，情绪发育也会变得缓慢。同样，情绪发育延迟，运动发育也会变得迟缓。因此，绝不能把运动发育和情绪发育分开看。例如，严重焦虑的孩子学走路也学得慢。因为害怕新刺激，所以讨厌运动、害怕摔跤，继而产生焦虑，不愿意尝试行走，身体机能就慢慢退化。由此可见，为了孩子的运动发育和情绪发育正常进行，要在育儿过程中以积极的态度帮助孩子，不让他感到焦虑和恐惧。

如果孩子的发育明显迟缓，那可能是大脑发育出现了问题，也可能是先天性脑神经系统异常。要根据孩子的不同症状，找出发育缓慢的原因并积极应对。

Chapter 2

2岁

（13～24个月）

父母的态度

成长&发育

不良习惯

自我意识

性格

游戏&学习

2岁孩子特点须知
能够区分妈妈和"我"属于不同个体

这个阶段的孩子知道"我"和"你"的区别了。以前孩子会模糊地认为妈妈就是我，我就是妈妈，想法和情绪都会受妈妈左右；而现在知道对妈妈说"不"，意识到"我"和"妈妈"是不一样的了。身体和妈妈分开后，内心也开始逐渐独立。

这个阶段最重要的发育课题是形成自我意识。以对自身的认识为基础，孩子开始探索周围的事物，尝试按自己的意志行动。所以，只要孩子的尝试没有危险，妈妈就应该放手让他去做。

出现反抗

心理学中，自我的概念是一个人对自身存在和自身观念的一种表述。幼儿的自我意味能够区分"我"和他人、"我"和世界的不同了。自我意识形成阶段，孩子开始会说"不"或者"不喜欢"。对父母的话表示反对说明孩子能够认识到"我"和父母是不一样的。所以，当孩子表达反对意见的时候，父母应该认识到孩子长大了。

在自我意识的形成过程中，表现得固执和逆反是孩子的普遍特征。比如，父母不同意他玩冰箱门上的磁贴玩具时，他就会一直伸着手，直到拿到为止。孩子心里会想，"我只是想看一下，妈妈为什么就不同意呢？"一旦想要的东西拿到手，他就安静了。

从幼儿发育阶段来看，任何机能刚开始发育时，身体和心理上都会有比较强烈的反应。举个例子会有助于理解。孩子开始学游泳的时候，无论叫他怎么放松，他的肌肉都会紧张，动作也很僵硬，可熟练之后自然就放松了。同理，孩子刚开始形成自我意识时表现出的固执程度，严重时可能会让父母产生错觉，认为孩子性格改变了。但是，通过外界环境的反馈和自身的感受，孩子会逐渐掌握适度表现自我的方法。所以父母不必因为孩子的自我表现比较强烈，就认为孩子没有礼貌。

明确区分什么可以做，什么不能做

渴望实现自我意识的孩子开始利用自己的身体，自由地探索未知世界。无论什么都想试试，即使父母阻拦，也要去摸一摸、尝一尝或者跳一跳，简直是个闯祸大王。这种情况下，父母要最大限度地肯定孩子的意见和想法，当他想做什么的时候，只要没有危险，应尽可能地支持。

如果父母认为孩子的这种意识是固执，横加阻拦，会使孩子产生依赖性或逆反情绪。当自己的意见和想法被接受的时候，孩子会认识到"我也行""我是个不错的宝宝"，这种自我肯定的力量会伴随孩子的一生。

当然，父母也不能对孩子完全放手不管，特别是在和安全相关的问题上。如果孩子出现打小朋友、扔东西、把手伸到热水中等行为时，父母要严厉禁止，即使孩子发脾气也必须坚持，否则，孩子会越来越不听话。坚持"说不行就不行"的原则非常重要。在给予孩子最大限度自由的同时，对不可以做的事情必须坚决制止。

遭受挫折产生负面情绪时必须安抚

刚开始探索世界的孩子随时准备新的尝试。但是，这些尝试并不总是成功。愿望没有实现，遭受挫折的情况也很多。

例如，做拼图游戏的时候，反复尝试都不成功时，孩子会一边哭，一边用期待帮助的眼神望着妈妈。这时候，妈妈应该尽快帮助孩子摆脱这种负面情绪。因为孩子年龄太小，凭自己的能力是不能克服这种负面情绪的。

如果妈妈不去安抚，孩子的失望情绪无法宣泄，就有可能出现用头撞墙、摔东西或者打人等问题行为。有的父母认为，孩子自己做不到的事情，如果他人提供帮助，会让孩子形成不好的习惯，所以采取置之不理的态度，这是不正确的。

孩子遭受挫折、表现出负面情绪的时候，父母一定要帮助他迅速摆脱。2 岁的孩子还无法做出理性的判断，不可能通过语言的方式解决问题。遇到上文所说的情况时，妈妈可以提供一些孩子喜欢的小零食，或者用其他玩具吸引孩子的注意力。等孩子的情绪好转后，再帮助他一起完成拼图。失败是不可避免的，但多拼几次，一定可以成功。不要让孩子失望地认为"做了也不行"，而要帮助他树立"我也可以做好"的自信心。

通过这样的过程，孩子可以学到调整情绪的方法。情绪不好的时候，他自己就会采用抱抱洋娃娃、把头藏到被子里躲猫猫等方式来缓解情绪。孩子受挫表现得很烦躁的时候，如果父母大声训斥，孩子就会一直用烦躁的方式解决情绪方面的问题。孩子 2 岁的这个阶段，育儿的要领是无论孩子出现什么奇怪的举动，妈妈都要耐心地给予帮助。

害怕外部世界

离开妈妈、刚开始探索世界的孩子都非常胆小，想和妈妈分开，但又不知道外面的世界是什么样子。因为胆小，想尝试什么的时候，只要旁边的大人吓唬一声，就吓得连动都不敢动了。在孩子看来，就连排便也是件令人恐惧的事情。对孩子来说，不知道从身体里出来一个什么东西，扑哧一声掉到地上，简直太可怕了。

不小心弄伤自己的时候，对身体上出现的伤口也会觉得害怕。看到别的小朋友受伤贴创可贴，自己被蚊子咬一下或者被指甲划了一下，也要求妈妈贴。孩子认为，只要贴上创可贴，身体就复原了。为了满足孩子的这种要求，创可贴几乎成了每天必备的东西。庆模和静模小的时候，我也准备了很多创可贴。孩子身上只要有一点小伤，就让我赶快贴上，爸爸、妈妈脸上起个小包，他们也会立刻把创可贴拿出来。这些都是孩子消除对身体变化的恐惧的方式，没必要阻拦。

3岁前的孩子表现出恐惧胆小都是正常的，但如果3岁后再出现类似情况，就有可能是焦虑障碍。很多情况下，在严厉的父母身边长大的孩子以及父母对孩子过分控制，都会引起孩子的焦虑障碍，父母要给予特别重视。

绝不允许利用恐惧心理管教孩子

对那些好动的孩子，大人经常会利用他们的恐惧心理对其进行管教。"老巫婆抓你来了""妖怪来了"，父母反复强调孩子害怕的对象，通过这种方式让孩子安静。这个阶段的孩子都很胆小，恐惧情绪被诱发后，的确便于管教。但要注意的是，偶尔用一下可以，经常使用的话，会导致孩子心理脆弱。

还有就是"再这样妈妈就不管你了""妈妈生气了，不要你了"之类的、以母爱为条件的管教方式也不可取。12~18个月大的孩子对母亲的依赖性都很强，孩子最担心的就是妈妈离开自己。如果动不动就听到妈妈说"妈妈不在了"的话，孩子的不安情绪就会加重。当孩子无法确信妈妈是否会离开自己时，他就不敢独立探索世界，更不愿意离开妈妈，甚至那些妈妈允许做的事情也不敢去做了。所以，不能为了纠正孩子的一个小错误，而对孩子造成更大的伤害。

培养孩子自主排便

孩子18个月大以后开始练习独立排便。排便调节多始于18个月左右，在36个月前后完成。所以，即使孩子满18个月还不能独立完成大小便也不用担心。了解排便练习的意义，用轻松的心态对待是最重要的。

自主排便是指通过自己的意志将体内的排泄物排出，体现出孩子能否进行自我调节的能力。孩子能够按自己的想法完成排便时会非常高兴，反之，如果没有做到，就会产生挫折感。急于让孩子进行排便练习，会导致敏感的孩子便秘，心理畏缩，从而失去自信。

只要不是生理方面出现问题，绝大部分孩子36个月后都能独立排大小便。最好不要急于让孩子停止使用尿布，不妨像过去的老人们常做的那样，夏天把孩子脱个精光，让他自己学习排便。"时候到了，自然就会了"，保持这种轻松的心态最好。

还不需要朋友的阶段

很多父母都认为周岁大的孩子经常和小朋友玩，可以培养社会性。这种想法是不对的。这个阶段的孩子的社会性并非是通过小朋友，而是通过和身边的成人形成的。刚开始对自身有所认识的孩子并不关心其他同龄人，他们既不了解自己的情绪，也不知道如何做才能让朋友喜欢或者讨厌，这种情况下怎么交朋友呢？即使让孩子和其他小朋友玩，他们也只能是相互瞪着，不可能有更积极的交往意识，倒是有可能认为对方妨碍自己，会打起架来，因此，实在没必要强迫他们交朋友。孩子充分了解自己以后，自然会对朋友产生兴趣，这大约会出现在36个月之后。所以，36个月大的孩子就可以送到托儿所或者幼儿园和其他小朋友一起玩。

再有，弟弟、妹妹在这个时候出生对孩子也是不好的。这个阶段正是孩子在父母充分关注下进行自我探索的阶段，父母的注意力分散给弟弟、妹妹，孩子会感到不安。因此，大孩子就会嫉妒弟弟、妹妹，甚至出现部分能力退步的现象。父母应该尽量把时间控制好，避开幼儿自我意识的形成期再生育。如果此时已经生了第二胎，就更要对大孩子多关心。

父母的态度

和孩子在一起的时间太少，又内疚又担心

社会发展虽快，可无论过去还是现在，在职妈妈带孩子都是一样的不容易。有的妈妈是怀孕后就离职，有的是生了孩子以后不再上班。这些情况从另一个侧面说明，妈妈一边工作一边带孩子是多么不容易。一旦决定继续上班，繁忙紧张的生活就开始了。能够把孩子交给奶奶、外婆，或者请保姆还好，如果条件不允许，工作、家务、带孩子，真是要从早忙到晚了。

这种情况下，即便在职妈妈付出最大努力，妈妈的内心深处仍对孩子存有几分内疚。抛下哭泣的孩子上班时妈妈会很心痛，孩子生病也无法陪在他的身边，妈妈只好一个人躲到公司的洗手间暗自落泪。

通过有规律的游戏，和孩子共同度过有益的时间

并不是说妈妈和孩子在一起的时间多，就能够和孩子保持亲密的关系。就算整天和孩子待在一起，如果妈妈不能调整好心态、不能充分满足孩子的要求，也会造成孩子的心理不安，影响情绪发育。所以，重要的不是妈妈和孩子在一起的时间长短，而在于在一起时母子互动的质量。母子相处的时间虽短，但只要提高相处时的亲密度，同样可以形成稳定的母子依恋关系。

在职妈妈不需要内疚，安排好时间，快快乐乐地和孩子一起游戏吧！

如果公务繁忙、家务繁重，事先不安排好时间，是很难集中精力和孩子玩游戏的。如果每天能定时陪孩子玩，即使妈妈暂时不在身边，孩子也会耐心等待妈妈回家，能够安心度过每一天。如果妈妈忙到不能保证每天都安排时间和孩子在一起，最少也要隔天和孩子玩一次。

在游戏的时候，妈妈必须全身心地投入。如果妈妈比较勉强或缺乏诚意，孩子很容易察觉，这对孩子是一种伤害。其实，和孩子游戏是释放工作压力的最好方式。看到孩子的笑容，压力不但会烟消云散，还会焕发新的活力。

孩子生病的时候，再忙也要回到孩子身边

没有比孩子生病更让妈妈心痛的事情了。妈妈内心希望照顾孩子，却不得不去上班，这种时候，做妈妈的既委屈又痛苦。

可无论妈妈有什么情况，孩子生病的时候，妈妈还是应该陪伴在孩子身边。如果不亲自照顾生病的孩子，而将他托付别人的话，之前为了与孩子建立亲密关系而付出的所有努力等于白费了。

我的孩子生病或者情绪不好的时候，我都会陪着他们。尤其是庆模比较敏感，有一段时间甚至一提到弟弟，他就会觉得生气和委屈。那时候，我会请一周左右的长假一直陪着他。虽说和孩子在一起我也做不了什么特别的事，可庆模只要确信妈妈在他的身边，他就不再烦躁了。

孩子明明知道妈妈要上班，却故意缠着妈妈，甚至发脾气，这说明孩子的情绪不太好。这种情况下，妈妈最好能调整一下手头的工作，多陪陪孩子。孩子对母亲的需要有一定的时间量。母子在一起的时候无论关系有多么亲密，但是在一起的时间如果没有达到一定的量，孩子仍会不安地找妈妈。

如果妈妈实在没有更多时间陪伴孩子，但又为此深感自责，那不妨考虑在家工作或者暂时离职。在充分履行作为母亲的职责后再回到工作岗位，对母子双方都有好处。如果工作和作为母亲的责任都不想放弃，就必

克服"慈母情结"的7个步骤

妈妈感觉内疚是因为太想做一个好妈妈。可是这种"慈母情结"对自己、对孩子都没有好处。下面就说说克服这种情结的7个步骤。

● 第一步：消除自卑

总是觉得自己不如别的妈妈，自己本来不够好，又不能对孩子更用心、更好，因此感到内疚。可不管是长得不漂亮、体形不美、事业不成功，还是生活不圆满、不善表达等等，无论哪种情况，都要正视自己。

● 第二步：爱自己

作为母亲，如果自己都不爱自己，那么在这样的妈妈身边，孩子怎能学会爱自己的方法呢？关爱孩子之前，妈妈应该经常问问自己：我是谁？我有哪些优点和缺点？什么是好与坏？我到底想做什么？知道了这些问题的答案以后，对自己的爱就会油然而生。

● 第三步：保证体力

身体疲劳就不可能带好孩子，因此，妈妈一定要保持充沛的体力。有了充沛的体力做保障，即使孩子很难带，也不会感到厌倦，才能有勇气战胜一切困难。

● 第四步：放权给孩子

抛开替孩子包办一切的想法，妈妈反而更轻松。孩子有自己的思想，要积极培养孩子独立思考、独立行动的习惯。

● 第五步：不要做老师

不要认为孩子什么都需要自己教。妈妈并不是训诫地提供知识的老师，而是最关心、最爱护孩子的亲人。

● 第六步：给爸爸留个位置

在爸爸对育儿失去兴趣之前，安排一个适合的位置给他。妈妈对孩子再好，也需要留有爸爸的位置。

● 第七步：不要担心

与其担心孩子和自己的未来，不如给予更多的期待。生了小宝宝，夜以继日地照看他长大，不要让繁忙的家务妨碍你从生活中寻找乐趣，何必自寻烦恼呢？

须做到公私分明。一味地自责，既对不起工作，又对不起孩子，不但工作不能很好地完成，也会给孩子的心灵带来伤害。

说出自己的困难，大方地请求帮助

如果爸爸和妈妈都上班，那么爸爸应该承担一部分家务，妈妈对此也可以明确提出要求。房间不一定每天清扫，可以周末集中大扫除。如果没时间每天给孩子做饭，可以集中把辅食做好，放到冰箱里临时保存。哪怕无法投入全部精力来保证家中的绝对整洁，也比劳累过度，不能给孩子关爱好很多。

如果爸爸实在太忙，帮不了妈妈，那妈妈可以请求其他人的帮助。长辈或亲戚能够搭把手更好，条件不允许，也可以考虑请家政人员。在家政人员做家务的一两个小时中，家里人能够帮着照看孩子也是很好的做法。不要苛求自己成为面面俱到的超人，妈妈要是累出病来，最可怜的还是孩子。所以，妈妈还是在力所能及的范围内寻求解决办法吧！

总是朝孩子发脾气

带孩子的确是一件辛苦的事情。虽然抚养孩子意义重大，可压力也不小。妈妈会在心底告诉自己不要怕麻烦，可同样的问题每天一而再、再而三地在眼皮下发生，不知不觉地，妈妈也忍不住朝孩子发起脾气来了。有位母亲私下对我说，有一次她忍不住，打了孩子一巴掌。那以后只要脾气一上来，就不由自主地会动手。她非常自责，既对自己不满，又觉得对不起孩子。可孩子再惹自己生气的话，她还是担心自己会重蹈覆辙。

控制自己不发脾气的9个方法

育儿的确非常辛苦，压力也很大，但这是非常重要的工作。因此，承担着育儿责任的妈妈要懂得调整情绪。孩子都有自己的个性，虽然做妈妈的都希望孩子按自己的意愿健康成长，可一不如愿就发脾气的话，是不可能成为优秀的母亲的，也不可能和孩子形成良好的依恋关系。因此，妈妈千万要调整好自己的情绪，善待孩子。下面是调整情绪的一些具体办法。

发脾气时绝对不能对孩子说的话

1．"再哭就让别人把你领走！"
这实际上是不可能发生的事情，等于在教孩子说谎。

2．"我就知道你会这样！"
被父母奚落的孩子，很容易失去自信。

3．"你怎么这么傻呢？"
听父母这么说，孩子会真的认为自己很傻。

4．"因为你，我没法活了！"
孩子会认为自己的存在是妈妈的负担。

1．首先了解生气时自身发生的变化，感受生气时情绪和身体出现哪些变化，并进行自我控制。

2．调整呼吸，一边数数，一边做深呼吸。在这个过程中，调整心情和思绪。

3．把自己的感受告诉孩子。例如"你这么做，妈妈真的很生气。"但要注意语气应该和缓，不能大喊大叫。

4．不要胡乱想象或推测。不要夸张地认为孩子是什么"讨债鬼"，要客观地了解孩子不听话或做错事的原因。

5．不可感情用事。无论孩子用什么方式和你对着干，都要坚信他不是故意的。成人发脾气的时候还会很激动，何况是无法控制自己情绪的孩子呢？

6．冷静下来，慢慢观察。实在忍不住，可以外出散散步。让自己离开问题现场也是一种方法。

7．上述方法都不行的话，可以问自己几个问题："孩子现在的期望是什么呢？""这种情况下，我能做些什么呢？"

8．想一想，是不是过分要求孩子遵照自己的方式和想法了呢？

9．让自己的育儿原则变得现实、有持续性、人性化。没有百依百顺的孩子，也没有能百分之百满足孩子的父母。

夫妻在孩子面前争吵

没有不吵架的夫妻。大家小时候或多或少都见到过父母吵架，个别情况下父母的争吵还会给自己的心灵带来伤害。可是当我们自己也为人父母之后，就忘记了童年曾经的伤痛。大人会用"夫妻没有隔夜仇"来为夫妻关系劝解，可因此给孩子造成的心理阴影，却是无法用话语来轻易消减的。

父母吵架是世界上最恐怖的电影

父母争吵给孩子造成的心理冲击往往超出我们的想象。孩子看到父母吵架的样子，会以为发生了天大的事情，惊慌得不知所措。他们会想，是不是我做错了什么？爸爸、妈妈吵架后会不会离开我？

夫妻吵架时应该这样做

虽说夫妻吵架对孩子不好，但要说从不吵架也不太现实。并且，与其把对彼此的不满藏在心中，还不如偶尔通过争吵释放压力，这种方式更有利于维持健康的夫妻关系。因此，如果争吵不可避免，那就采取如下方式来吵吧：

1. 选择孩子看不到的地方
没必要让孩子看父母吵架的"恐怖电影"。等孩子睡着了或是到远离孩子的地方再吵，千万不要让孩子看到父母吵架的样子。

2. 争吵过后，不要直接面对孩子
争吵结束后，情绪往往不能马上平复。这时候直接面对孩子，会不知不觉地拿孩子撒气。最好在争吵结束后30分钟内不要直接和孩子接触。

3. 如果被孩子看到了，应该立刻安抚
如果夫妻吵架的情景不小心被孩子看到了，应该立刻停止争吵，安抚孩子。最好把他抱到怀里，并且告诉他"爸爸、妈妈没有吵架，只是在大声说话而已"。

孩子听到父母充满敌对情绪且神经质的争吵声，会感到恐怖与不安。这时候，孩子的身体也会出现变化，如脉搏加快、呼吸急促、肌肉紧张、出虚汗等。这些反应和我们观看恐怖电影时出现的身体变化类似。所以说，从孩子的角度来看，父母的争吵比任何恐怖电影都更让人害怕。

经常看到父母吵架的孩子，平时爸爸、妈妈说话声音稍微高些，也会受到惊吓。因为他还无法区分争吵时发出的高音和平时说话时的高音有何不同。经常在孩子面前争吵，会让孩子变得胆小，习惯于看别人的脸色。

孩子也通过争斗解决问题

不能在孩子面前吵架的另一个原因，是会让孩子产生误解，认为吵架是大人解决问题的一种方式。孩子会很自然地去学习、模仿父母的行为方式。学会了吵架，也就会用争斗去解决问题。

孩子在父母不断争吵的环境中长大成人后，以后朋友、兄弟、甚至夫妻之间出现了问题，他们都会用争吵的方式解决。谁会喜欢这样的人呢？这种人只会让人生变得不幸。因此，绝对不能在孩子面前吵架，夫妻间的问题只能夫妻两人私下解决，这才是最理智的做法。

不能因为愤怒打孩子

没有不疼爱孩子的父母，可为了孩子，父母也会举起"爱的棍棒"。这种"因爱而罚"的做法不见得有好效果，可副作用却不少。孩子不会感受到"爱"，体会到的是让自己疼痛的"棍棒下的暴力"。所以，不体罚应成为基本原则。如果实在不可避免要进行体罚，也必须遵守一定的原则和步骤。

教育是批评的目的

一定要记住，教育才是批评孩子的目的，不能一味地发脾气。大声

绝对不能打孩子的情况

当孩子有不能自主控制大小便、抚摸生殖器或者受好奇心驱使发生一些不太常见的行为时，父母绝对不可以动用棍棒，因为暴力会让孩子对自己的行为产生负罪感。例如，孩子出于好奇心，不小心打碎杯子，这完全是出于本能行为，打孩子会抹杀他的好奇心；孩子把"讨厌"当做口头禅，总是缠着人要这要那，也不一定都是不良习惯，不过是发育过程中出现的正常现象，更没必要体罚了。

吓唬孩子，孩子不会因此不再犯同样的错误。为了让孩子认识到错误并主动改正，父母需要有智慧和耐心。

对孩子发火的时候，有几个原则必须坚持。要尽可能避免棍棒的方式，如果的确需要，必须保持一贯性：同样的错误，如果以前没有体罚，那就不能因为今天妈妈心情不好等理由进行体罚，这会让孩子的认识产生混乱。还有，同样的错误，昨天没打，今天却打了，孩子会十分委屈。

控制情绪，按照原则体罚

不要按照父母单方面的标准实施体罚，应该和孩子一起制订规则，并在孩子违反的情况下坚决执行。而且，绝不可以带着情绪体罚孩子，那是一种暴力。即使被孩子气得忍无可忍，也需要先控制好自己的情绪，再进行体罚。

体罚时，应使用小棍等固定的工具，打的部位也要控制在手心、小腿肚等固定范围内。抓起什么都不管不顾地乱打是情绪化的表现，达不到体罚的目的。应该给孩子说清楚体罚的理由，而且要在孩子做错后立刻给予惩罚。不要拖延时间，在短时间内进行效果会更好。另外，要控制好体罚的时间，不要太长。体罚的时间越长，孩子的挫折感就会越强。并且，体罚结束后，要一边安慰孩子，一边让他反省自己的错误。要让孩子意识到，虽然打了他，但对他的爱是不变的。经常挨打，孩子慢慢地对棍棒也就不怕了。即便打得很重，在父母面前似乎很听话，但出去就会欺负比自己弱小的小朋友。因此，最好还是不要打孩子，父母要善于利用语言教育孩子，而不是用棍棒。

成长&发育

> ## 知道应该建立依恋关系，可方法呢？
>
> 　　育儿过程中经常听到的一个词就是"依恋关系"，相关的育儿读物也都异口同声地强调形成依恋关系的重要性，以及没有形成良好依恋关系会容易出现的一些问题。但是，妈妈们只是了解到这些信息，却不知道建立依恋关系的具体方法，都觉得很无奈。要建立良好的依恋关系，无条件地对孩子好就可以了吗？

3岁之前要确保"1对1"的抚养关系

　　有一天，一位母亲带着刚满周岁的孩子找到了我。因为母亲郁闷地发现，孩子似乎在有意疏远她。

　　"孩子一看到我就发脾气。我下班后一回到家，他就躲到奶奶怀里，和我发脾气，朝我乱丢东西，看我的眼神也像是在埋怨。是因为他3个月大的时候我就把他送到托儿所①的原因吗？还是因为平时见不到妈妈，故意要赖呢？本来很忙的，想抽时间陪他玩玩，可他总是这种态度，我应该怎么办呢？"

---

① 译注：在韩国有专为1岁以下的孩子开设的托儿所。在中国，一般情况下，孩子的最小入托年龄约为18个月。

妈妈是位忙碌的上班族。可现在带孩子的父母中，不忙的能有几个呢？因为要上班，孩子没断奶时就把他交给老人或者保姆的家庭比比皆是。

但是，工作再忙也不能忽视培养母子间的依恋关系。孩子来到这个世上，最早遇到的就是爸爸和妈妈。只有父母充分提供衣食住行等各方面条件，孩子才能够消除不安，保持稳定的情绪。

如果父母没有条件提供这样的环境，应该努力帮助孩子和其他代替自己抚养孩子的人形成亲密的依恋关系。如果没有频繁地更换主要抚养人，能为孩子提供稳定的成长环境，大部分孩子都可以保持稳定的情绪。因此，当妈妈需要工作的时候，最重要的是找到一位在孩子3岁前能够一直稳定地带孩子的主要抚养人。

前面提到的那位母亲，在孩子很小的时候就把他送到托儿所，这是最大的问题。孩子才3个月就送托儿所实在太早了，那时正是孩子应该和主要抚养人形成"1对1"关系的时期。可在托儿所，一个老师要面对多个孩子，自然不能形成稳定的依恋关系，所以孩子会出现扔东西等带有暴力倾向的行为。

没有充分形成依恋关系的孩子的特点

主要抚养人没能和孩子形成依恋关系的现象被称做"不稳定依赖"。依恋关系不稳定的孩子长到5~6岁以后，会对身体接触有更多的要求，更不愿意和妈妈分开；出现各种行为障碍的几率也比较高；对他人的态度极端、表达能力不足、烦躁、易怒；有些孩子自我控制能力差、攻击性强、有暴力倾向。

和正常的孩子相比，这样的孩子适应能力会比较差。由于依恋关系并不稳定，所以对妈妈总抱有反抗心理，表现出冲动、被动、依赖性强等特点，和其他小朋友格格不入。而害怕父母、习惯逃避问题的孩子会缺乏自尊、敌视他人、出现反社会规范的行为。在这样的情况下，孩子也是无法和同龄人正常交往的。

这样的孩子长大以后也很难适应社会生活，依恋关系存在的问题会伴其一生。因此，开始形成依恋关系的头三年非常重要，妈妈必须尽全力保证关系的稳定。毫不过分地说，这三年可以决定孩子的一生。

积极应对孩子的依恋行为

我经常和来就诊的妈妈们谈起形成依恋关系的重要性，告诉她们从现在开始就要为依恋关系的形成付出努力。她们大多会问我："依恋关系是怎样形成的呢？"我的回答是："依恋关系形成的基本原则是要对孩子的一切言语和行动做出积极的反应。"

孩子从出生到3岁为止，最重要的发育课题就是依恋关系的形成。绝大部分父母都认为，在这一过程中父母的努力最重要，但事实并非完全如此，孩子也在为此付出全部的努力。孩子会哭着找妈妈，和妈妈对视，妈妈笑了自己也会跟着笑等等，这些为形成依恋关系而做出的举动被称做"依恋行为"。这些看似平常的举动，是孩子为建立依恋关系而付出的努力。依恋行为不但会对孩子的发育产生巨大影响，还和孩子的生存问题密切相关。孩子用注视、蹬脚、哭、笑等方式向妈妈提出喂食、抱抱、换尿布等要求，一切生存的需要都是通过这样的依恋行为获得的。因此，为了建立良好的依恋关系，妈妈最先要做的就是对孩子的依恋行为做出积极的反应。孩子哭了要立刻跑过去；孩子望着自己的时候，要用关爱的目光注视他。如果妈妈客观上不具备这些条件，那么爸爸或者其他主要抚养人应该承担起这个责任，只有这样，才能保证和孩子建立起稳定的依恋关系。

通过积极的情感表达，促进依恋关系的形成

无论父母多么爱孩子，如果不表现出来，孩子也是不知道的。为建立依恋关系，父母要善于通过情感表达，让孩子充分体会到父母对他的关爱。这个阶段，再多的情感表达都是不过分的。

● **通过肢体表达情感，多进行身体接触**

搂抱、抚摩头部、轻拍后背、亲吻脸颊和身体、游戏中的自然身体接触、和孩子脸贴脸等等。

● **通过语言表达情感**

告诉孩子："妈妈好喜欢你啊！""你是最棒的！"对孩子的正确行为要给予表扬："宝宝做得真好！"

妈妈的幸福生活是提高依恋程度的保障

正常情况下，父母都在孩子身边、父母关系稳定、家庭生活和睦，更有利于依恋关系的形成。而在这些因素中，最重要的因素就是妈妈。妈妈的抚养态度决定了依恋关系的程度和品质。

如果妈妈能经常地、长时间地陪孩子一起游戏，可以促进依恋关系的形成。而妈妈的抚养行为会受到自身身心健康状态、夫妻关系满意程度、家庭经济条件等多方面因素的影响。只有妈妈自身的生活状态幸福稳定，才能为孩子的幸福付出更多。妈妈如果总是感到委屈、忧郁，是不可能和孩子形成稳定的依恋关系的。

不要强迫断奶

过了周岁，妈妈会开始为"什么时候断奶?""什么时候才不用奶瓶?"而担心。没有哪个孩子会一夜之间不再吃母乳，一下子喜欢上牛奶或其他固体食物的。有的孩子嗫不出奶了还含着奶头不放，有的孩子5岁了还叼着奶瓶到处乱跑。对于断奶，有人主张要坚决断掉，也有人主张顺其自然，根本不用管。其实当孩子出现问题的时候，只要想到一点就可以了，那就是要从孩子的角度考虑最好的办法。断奶的问题也是一样。

孩子不能断奶的真正原因

周岁以后，既要考虑孩子营养的摄入，又要培养正确的饮食习惯，孩子断不了奶，妈妈自然很着急。为了更快达到目的，有些妈妈会采用在奶嘴上涂辣油，在孩子面前扔掉奶瓶等做法来帮助孩子断奶。此类父母一般认定：如果不坚决这么做，孩子会越来越任性，断奶也就更难了。但是，如果从孩子的立场出发，就会发现吃奶并不只是摄取营养的方式而已。在妈妈怀里吃奶，是孩子切身感受母爱的最幸福、最温馨的时刻，是孩子情绪上最稳定的瞬间。突然被剥夺这个权利，对孩子来说是非常残忍的事情。

吮吸奶瓶或奶嘴也是同样道理，孩子通过这样的方式可以获得安定感。所以，在医院等陌生场合，孩子会更用力地嘬奶瓶、奶嘴或手指。而气质敏感、不安感强烈的孩子会因为突然失去这些物品而变得情绪失控。

适应需要时间

有的妈妈会像赛跑抢时间一样，孩子一过周岁就突然断奶。转瞬间，家里的奶瓶、奶嘴全部消失，放到孩子面前的东西，变成了勺子和碗筷。一些儿科专家也认为，这样果断处理，可以防止孩子出现营养失衡和损伤牙齿等情况，而且晚断奶会使孩子的依赖心理增强，不利于社会性和自立性的发展。但我觉得，如果没有过渡期而突然断奶，孩子因此受到的情绪冲击会造成更严重的问题。从发育上看，孩子应该适时地断奶，但必须给予充足的时间，并遵循必要的程序。

有观点认为，应该尽快断奶的一个重要理由是出于营养学上的考虑，他们认为，牛奶比母乳更适合孩子成长和发育，所以周岁之后就应该断奶，用牛奶替代母乳。但事实并不像很多妈妈认为的那样，喝牛奶就能满足孩子的营养需求。只靠喝牛奶补充营养不但不能保证孩子的全面营养摄入，而且不恰当地断掉母乳还会造成"情绪不良"。

断奶前注意观察

1．吃辅食是否正常？

有的孩子快1岁了也不愿意吃辅食，而只吃母乳或者奶粉。气质敏感、强烈缺乏安全感的孩子对待母乳和奶瓶会比较执著。味觉敏锐的孩子不适应辅食的味道，也会只吃乳制品。

2．能否抓住碗筷和勺子？

孩子8个月以后，已经可以用手抓住物品了。这个阶段能够抓住碗筷，有利于断奶后形成正确的饮食习惯。如果在这方面没有任何准备就直接让孩子断奶，是不符合客观规律的。妈妈从孩子手里夺下勺子喂孩子的做法，只能让孩子变得更加依赖奶瓶和奶制品，不利于培养孩子的自立性。

3．是否愿意和大人一起吃饭？

断奶意味着开始正式培养饮食习惯。为了养成正确的饮食习惯，首先应该要求孩子在规定时间内坐到餐桌旁边，让他对各种食品的食用方法产生兴趣。吃辅食的时候让孩子坐到餐桌旁，或者在大人吃饭的时候，让孩子坐到身边一起吃辅食，通过这样的方式吸引孩子的注意。

在断奶的问题上，时间并不重要。没有必要因为自己的孩子比别的孩子晚断奶而担心。不要为了提前几个月断奶而责备孩子不肯接受新的食物，与其如此，倒不如顺其自然，让孩子慢慢适应新的饮食习惯。

应该如何开始练习排便呢？

妈妈们都把不再使用尿布看做是孩子成长发育的重要标志，认为控制排便是孩子2岁前必须具备的重要能力。为此，父母很早就会准备好坐便器，并在育儿书籍中寻找培养自主排便能力的相关内容。但是万事开头难，练习排便的第一步非常重要，如果解决不好，这个问题会困扰父母很多年。

从何时开始并不重要

孩子什么时候开始学步？什么时候开始说话？什么时候可以送去托儿所？很多父母都特别在意时间问题，自己的孩子哪方面的时间稍有滞后，就会担心出什么大问题。我个人并不赞成用时间数值来衡量孩子的成长发育程度。婴幼儿成长发育是通过身体和情绪的成熟度、大脑发育、抚养环境等多重因素综合作用来实现的。对于每个孩子，这些要素都千变万化，其发育过程和发育程度也当然各不相同。

在控制排便的问题上，仍有很多妈妈机械地认为"必须在18个月后就开始练习"。因此一到18个月，妈妈就迫不及待地撤掉尿布，强迫孩子使用坐便器，或者在孩子玩得正高兴的时候，把孩子的裤子扒下来让他排便。如果孩子不小心尿到裤子上，屁股上还免不了挨上一两下。这都是因为妈妈们把控制排便当做孩子成长发育的重要标志，所以一旦孩子失误，妈妈就会很焦虑。事实上，大小便的自控与智力或运动神经的发育没有任何关系。并不是说能够控制大小便的孩子就聪明。调节排便的肌肉系统得到充分锻炼之后，大小便的控制会水到渠成，没必要过分强求孩子。"18个月"是指一个时间点，指从此时起可以开始训练孩子对肌肉的控制，进而掌握自主排便能力，并不等于说18个月后就必须要做到自主控制排便。

控制排便的几个条件

孩子更早地掌握排便会减轻妈妈的负担，至少妈妈不用再洗尿布了。但是，如果刻意要求孩子去做，会给孩子带来心理压力。为了让妈妈高兴，孩子多少会做些努力。可是一旦做错后经常被指责的话，孩子就会逐渐形成心理负担。结果就是孩子拒绝排便，患上便秘或经常在夜间尿床。

孩子控制排便需要几个条件。首先，身体上应该能够体会到便意，并且相关肌肉系统应得到充分锻炼，以保证在进入卫生间之前能够控制这种意识。其次，孩子应该多少能够听懂妈妈的话，以了解使用坐便器的方法。

即使以上条件都具备了，但孩子依然排斥自主排便，那妈妈应该耐心等待机会。这个阶段的孩子正在形成自我意识，可能会对妈妈的话自然排斥，因此拒绝排便练习的情况是很常见的。妈妈在训练孩子的相关肌肉时，还应该充分考虑孩子的心理发育情况，耐心等待。过度关注大小便问题会给孩子造成压力，不利于其性格的成长。

什么时候才是训练排便的最佳时机?

"妈妈,我要便便!"孩子主动讲出来的时候,才是开始排便的最佳时机。没必要刻意准备儿童专用坐便器,无论大人用的,还是孩子专用的,重要的是消除孩子对坐便器的陌生感。

对坐便器适应以后,每当孩子脱下裤子,坐到坐便器上后,妈妈都要注视着他,做出一起使劲的样子。如果孩子不喜欢坐便器,也没必要强求,但要在孩子排便成功后给予充分的表扬。这样做,孩子会对父母的表扬和排便后的快感留下深刻记忆。良好的情绪留在记忆中,会成为今后自主调节排便的基础。

※ 排便控制基本训练法,请参考 Chapter 3 "排便 & 睡眠"小节的相关内容。

已经能够控制排便的孩子突然尿裤子了

完全能够控制排便的孩子会突然出现尿裤子的情况,这主要是孩子为吸引大人注意的一种表现。父母只要给予孩子充分的关心和爱护,就能解决这一问题。

这种退步行为在有两个孩子的家庭经常发生。大孩子认为父母只关心弟弟、妹妹,认为原本属于自己的爱被剥夺了。这时候,为了吸引父母的关注,孩子会不由自主地出现各种失误。虽然个别情况下是有意的,但更多的却是无意识的行为,孩子自己控制不了。

被父母严厉训斥或挨打的时候,由于内心受到打击,孩子也会出现退步行为。如果这种打击还伴随着逆反情绪,孩子就会做出一些父母不喜欢的行为。而受各种心理因素影响的排便控制,此时会变得更加困难。如果对孩子发火,说"你是大孩子了,怎么还这样呢"之类的话,只能让问题变得更糟糕。父母即使很生气,也要装作无所谓的样子,平时多表扬孩子,比如"你真可爱""你做得对"等。通过语言和行动,告诉孩子在任何情况下对他的关心和爱护都不会变,这才是改变孩子退步行为最有效的方法。

为了培养独立性，反而耽误了孩子

孩子慢慢学会走路、开口说话之后，妈妈就更操心了。要做的事情越来越多，还要经常担心孩子是否不如别的孩子。这个时候，最让妈妈费神的一件事就是培养孩子的"独立性"了。对于满周岁的孩子来说，"自己也能做得好"是一个重要课题，可是如何才能培养孩子的独立性呢？

1岁孩子最害怕的事情

出生12个月以后，孩子逐渐开始离开妈妈，独自探索外部世界了。伴随着前进的脚步，孩子看到、听到、感受到的世界越来越大；伴随自我意识的产生，孩子会变得越来越有主见。有意思的是，孩子越是固执和逆反，就越是愿意妈妈守护在身边。所以他一方面经常冲妈妈发脾气、和妈妈对着干，可妈妈真要是离开了，又会大声哭着到处找妈妈。严重一点的，甚至妈妈去厨房做饭，他都会哭个不停。这种情况下，妈妈会很担心孩子因为固执，从而对父母的依赖性过强。在妈妈看来，孩子应该可以和家里其他人或同龄人相处了，可孩子总是缠着自己，实在是有些为难。

在韩国，小儿精神科把这样的孩子称做"临时孤儿"，指的是妈妈某天突然离开，孩子就觉得自己像孤儿一样，被独自留在这个世界上。妈妈离开是这个阶段孩子最害怕的事情。因此，从理论上讲，为了培养孩子的独立性而强迫孩子离开妈妈，是非常危险的做法。分离焦虑在1岁前逐渐产生，在1岁后仍然持续存在，直至36个月后才会慢慢消失。在1岁以前培养孩子的独立性，和要求不会走路的孩子奔跑是一样没有道理的。不能因为想让孩子变得独立、自律，就对孩子提出过分的要求。

独立性的基础是对妈妈的依恋

孩子的独立性源于婴儿早期和妈妈形成的依恋关系。孩子出生后6个月内，在妈妈的精心照料下，和妈妈逐渐形成了依恋关系。在这个过程中，孩子认识到妈妈是保护自己、关心自己的最重要的人。

慢慢地，到出生 8 个月以后，孩子开始知道认生，会和妈妈形影不离。知道认生是孩子和妈妈形成依恋关系的成功标志。对孩子来说，妈妈是自己来到这个世界上之后的唯一支柱，孩子只认妈妈是再自然不过的事情。

12 个月之后，孩子开始意识到社会性的相互作用。伴随熟练掌握爬行和行走，开始尝试接触身边的其他人，比如一起玩耍的小朋友。以前只关心"我"的孩子，开始准备接近自己之外的世界。但是，这种接近仍然是非常小心的，只是妈妈在身边，并且情绪稳定的时候才会去尝试一下。如果忽然看不到妈妈，或者接触到的对方表现得过于主动，孩子就会马上回到妈妈的身边。

多拥抱孩子，是培养独立性的捷径

直到 2 岁，孩子的社会性和独立性才会逐渐形成。在妈妈的爱护下，开始试图寻求自立，明确自己和他人的区别，并表现出占有欲。这时候，如果母子依恋关系稳定，孩子即便暂时离开妈妈，也不会感到不安。只要感觉到妈妈在附近或是在一个大的空间范围内，孩子就能够独立玩耍。当然，他还是会不时地确认妈妈是否就在附近。

出生后 1~2 年的这个阶段，是孩子独立性和社会性形成的早期，此时最重要的就是母子依恋关系的形成。当孩子缠着妈妈的时候，妈妈故意和孩子保持距离反而会扼杀孩子的独立性。不要放手不管，让孩子重回妈妈的怀抱才是培养独立性的正确做法。孩子只有在通过母爱找到安全感的时候，才会放心大胆地去探索世界。

孩子不会叫"爸爸""妈妈"

"都快2岁了，还不会叫'爸爸''妈妈'，简单的话也听不懂，为什么呢？"同龄的小朋友都会讲话了，对妈妈的话也会做出各种反应，而自己的孩子却不是这样，不仅不会说话，就连"妈妈"都不会叫，的确让人担心。这时要注意观察，孩子是真的在语言发育方面有问题，还是发育速度稍慢，或者是做父母的太心急了。影响孩子语言发育的最重要因素是父母的抚养方式和孩子的成长环境。

我的孩子有语言障碍吗？

一般情况下，孩子2~6个月时开始牙牙学语，周岁后对简单的命令有所反应，2岁以后能说出类似"吃饭""妈妈，水"这样有意义的短句。

但是，语言发育和年龄并无比例关系，语言发育晚几个月也不是什么太大的问题。只有在孩子1周岁后还不能和母亲玩"声音模仿"等简单游戏，18个月仍然对简单指令没有反应，24个月仍不能说出任何单词时，才应该确认孩子是否在语言发育上存在问题。如果父母充分考虑孩子的语言发育的状况，针对性地采取治疗措施，绝大部分情况下，语言发育都会得到正常发展。

语言障碍的原因

孩子出现语言障碍的原因多种多样。首先，母亲妊娠期过度紧张、吸烟、饮酒、营养不良、药物副作用等都是孩子语言障碍的诱因。在这些情况下，胎儿的大脑发育可能不完善，出生后在认知、情绪、记忆力等发育方面会出现整体滞后。因此，发生语言障碍的可能性较高。

偶尔会出现智力正常但语言发育迟缓的孩子，表现为听得懂但不会说。这种情况下，无非是晚说话而已。大部分孩子过了一段时间，语言水平就会恢复正常，妈妈不用特别担心。

如果孩子不但不能讲话，还对任何行为都没有反应，行为举止也异常，对他人漠不关心，那就有可能是自闭症。自闭症同样是语言障碍的一个诱因。患自闭症的孩子出生几个月后也不会和母亲对视，不会笑，也不要求妈妈抱。

IQ低于70的孩子学习语言也非常困难。他们对声音虽然有自然反应，也能够发出咿咿呀呀的声音，但在成长过程中无法和同龄人进行正常交流，使用的词汇也非常贫乏，而且其他方面的发育都晚于正常的孩子。

晚说话的另一种情况是听觉障碍，因为听不到声音而影响了语言能力。这种情况下，孩子虽然能够正常发出咿咿呀呀声，但不能掌握准确的发音。这时借助助听器解决听觉障碍，在一定程度上可以实现正常的语言发育。

此外，中耳炎造成的听力下降也会阻碍语言发育。大脑听觉神经的成熟期是出生后的0~12个月，患中耳炎会影响听觉神经的成熟，造成听力低下，对语言发育造成严重的负面影响。

父母必须注意观察造成语言发育迟缓的原因，及早判断、进行治疗。语言发育迟缓会带来学习、人际交往等方面的问题，更会对情绪发育造成困难。

促进孩子语言发育的方法

母亲的抚养方式对孩子语言发育的影响是最大的。平时经常陪孩子玩，多进行情感交流，不但对语言发育有利，还有助于孩子形成健康稳定的情绪。促进孩子语言发育的方法如下：

1．抛弃教孩子说话的想法

读书或者看识字卡对语言发育都没有帮助。语言是传递信息的手段，通过和他人交流，多听、多模仿，才是最有效的方法。为了孩子的语言能力能够正常发育，首先要抛弃教孩子说话的想法。能多说、少说一个字并不重要，重要的是父母用温和的方式和孩子不断对话，这是帮助孩子语言发育的好办法。

2．重视孩子的想法

要用心观察孩子注意什么、想做什么、情绪如何。孩子最想了解的是他自己关心、喜欢的事物，语言的发育也是一样的。了解孩子想要做什么，这样才能找到最适合孩子的语言方式。

3．积极回应孩子的话

积极回应孩子的语言、动作和表情，对包括语言在内的全面发育都有好处。妈妈对孩子的回应不应局限于对语言的反应，对孩子的一个动作、一个表情都要做出积极的反应。

4．简单准确地表达

2岁的孩子还听不懂太复杂、太长的话。因此，并不是妈妈的话说得越多，对孩子的语言发育就越好。正确的做法是经常重复简单准确的语句，用孩子能够理解的语言水平进行交流。

5．丰富的肢体语言和表情

这个阶段孩子进行信息传递的方式不仅局限于语言。为了正确传递信息，妈妈在说话的同时，要善于使用丰富的动作和表情。孩子即使不理解妈妈的话，也可以通过动作和表情了解妈妈的意思。

※ 有关语言发育的详细内容可参考 Chapter 3 "说话" 小节的相关内容。

不良习惯

如何改掉偏食的习惯？

　　妈妈都希望孩子多吃对身体发育有好处的食物。可孩子一过周岁，就会选择符合自己口味的食物，不喜欢吃的会表示拒绝。要是孩子不爱吃蔬菜和水果，妈妈可真是发愁。有时妈妈担心孩子养成偏食的习惯，强行喂孩子吃东西。可对于孩子来说，要咽下自己不喜欢吃的东西真是一种痛苦。

偶尔一两次不吃不等于偏食

　　我的大儿子庆模刚停掉辅食开始吃饭的时候，每顿饭都像是一场战争。庆模第一次使用否定式的语言"不喜欢"就是从这时开始的。孩子什么都爱吃不过是我的一种幻想，庆模别提有多挑食了，"不爱吃"简直成了他的口头禅，让我至今记忆犹新。饼干并无太多营养，可庆模一看到饼干就欢天喜地，看到蔬菜就垂头丧气，实在是让人着急。

　　偏食，顾名思义，就是孩子对食物的喜好态度鲜明，只偏重于爱吃的食物。偏食会导致营养失衡，对孩子的营养摄入和发育都会有负面影响。因此，必须从孩子刚开始吃饭的时候，就帮他养成正确的进食习惯。但是，不能根据孩子一两次拒绝某种食品就判断孩子是偏食。孩子拒绝食物有很多原因，如果能找到真正的原因并采取正确的对策，孩子也许会变得愿意吃。如果孩子反复拒绝就不再尝试，反而容易造成孩子偏食的习惯。

排斥新的食物

纠正偏食习惯时必须牢记一点，即目的不是让孩子"吃不爱吃的东西"，而在于"消除对新食物的拒绝感"。

孩子本来是对新食物充满好奇的，但另一方面，对陌生的东西及其变化也会有很强的排斥心理，看到没见过的食物就会想拒绝。因此，从断奶开始，不断使用各种原材料制作质感、口味或气味不同的辅食是预防偏食的最好办法。所以，我不赞成购买市面上做好的各种辅食，这些食品很难让孩子体会到不同的质感。

断奶后，要让孩子吃到保持原材料特点的食品，并通过不同的烹调技巧，丰富孩子的口味。

偏食的其他原因

孩子偏食还有很多其他原因。孩子不吃某种食物的时候，有的妈妈会让孩子多吃一点喜欢吃的东西。这样一来，孩子渐渐只对熟悉的食物感兴趣，更加排斥新的食物。

身体原因也会造成偏食，比如生病或者长龋齿，孩子就可能出现偏食现象。如果孩子平时饮食正常，突然某一天出现偏食，那么首先要了解孩子身体是否出现异常。

如果有和饮食有关的不愉快记忆，孩子也可能会偏食。比如，孩子很害怕一个叔叔，又正好和这位叔叔一起吃过饭，那么孩子以后就会拒绝再吃那天吃过的食物；害怕小虫子的孩子如果发现饭碗里有一粒和小虫子长得很像的小豆子，也会不愿意吃饭的。

如果没有任何理由，孩子却强烈拒绝进食，有可能是为了吸引父母注意而表现出的无意识偏食。为了改变孩子偏食的习惯，妈妈要从根本上寻找原因。

孩子情绪低落的时候不会进食

遇到为孩子进食而发愁的妈妈，我总会告诉她们："重要的不是孩子吃多少，而是如何吃。"

纠正孩子偏食的时候，不能太在意食物的多少。总是抱着无论如何要让孩子多吃一点的想法有时会适得其反，让孩子对吃饭本身失去兴趣。

孩子情绪好的时候，连平时讨厌的事情也可能会去做。比如爸爸很忙，但某天早回家和孩子一起吃饭，并且告诉他："爸爸可喜欢吃这个了，

纠正偏食的小窍门

1. 先纠正家里其他人的偏食习惯

孩子会模仿大人的饮食习惯，因此，家中如果有人饮食习惯比较特殊，会影响到孩子。注意观察，是不是让孩子吃的食物是其他人不喜欢吃的东西，如果是这样，先要从改变大人的饮食习惯做起。

2. 不要强迫

喂孩子吃他不感兴趣的食物时，喂食的次数和数量都要循序渐进地增加，给孩子充分适应的时间。新的食物每次只能提供一种，如果孩子不爱吃就不要强迫，要想一些其他好办法，比如和他喜欢的食物放在一起吃等。

3. 让孩子知道那是妈妈喜欢的食物

孩子善于模仿父母的行为。因此，给孩子提供新的食物之前，先要让孩子知道那是大人喜欢吃的，这样可以减轻孩子的排斥心理。

4. 精心烹调

孩子讨厌某种食物的时候，要注意判断原因。是讨厌味道还是气味？质感还是形状？对症下药，改变烹调方法，会收到意想不到的效果。如果孩子是对质感比较敏感，那妈妈可以把食物捣碎、或者使用炸、炒等方式改变食物的质感。把食物做成花、树叶等孩子喜欢的形状，也是一个好办法。为了避免因偏食造成营养缺失，还可以使用其他替代性食物。

你也尝尝?"孩子即使不喜欢吃这种的东西,但为了让爸爸高兴,也愿意试一试。这时候,再表扬一下的话,孩子一高兴,还可能再多吃两口呢。

不要因为孩子不爱吃东西就朝他发脾气。如果孩子是因为害怕大人生气才吃东西,他就体会不到饮食本身的乐趣。

好斗的孩子

孩子好斗,妈妈很头疼。无论去哪里,不是把别的小朋友欺负哭了,就是被别人欺负,回家生闷气。小朋友们搭积木的时候,他会一脚踢翻别人搭好的积木然后笑个不停;看到自己喜欢的东西,不管是谁的都要抢过来。大人反复批评了,他还是一副无所谓的样子。这该怎么办呢?

好斗是过于活泼的表现

2岁大的孩子如果好斗,不要忙于制止,要先想一想问题的原因。2岁大的孩子表现出的暴力倾向往往是无意识的。也许是激动情绪无法宣泄的表现,即便情绪正常,也会出现和他人动手、或者弄坏他人物品的行为。

最常见的原因就是孩子性格过于活泼。活泼的孩子平时动作幅度就比较大,不细心,走路的时候经常会碰到边边角角,做登高游戏的时候经常会踩到其他小朋友。

天性活泼的孩子和他人发生争执,不能将其视为暴力行为,这只是一种天性而已。如果父母对此严加指责,孩子受到逆反情绪的影响,性格反而会向暴力方向发展。

不要指望2岁的孩子懂得关心他人

2岁左右的孩子在大脑发育过程中,是没有"他人"概念的。也许,大人眼中的孩子都是"自私"的。这时的孩子除了自己,关注的对象就只有妈妈。如果因为打架挨了批评，孩子也不会意识到"自己欺负了别人"，而只是觉得"我惹妈妈生气了"。

让2岁的孩子懂得关心、爱护他人只是妈妈的一厢情愿。孩子只有在出生36个月以后，才会感受和他人相处的乐趣，并慢慢学会从他人的角度出发想问题。正因如此，才会出现2岁的孩子推倒别人搭好的积木自己却很高兴的事情。

由于孩子表达和控制情绪的方式非常简单，情绪好的时候也会攻击他人。也就是说，就算没有愤怒或不安的情绪，孩子也可能伤害到其他人。

了解孩子的需求

孩子有什么需求的时候，会通过具有攻击性的行为来表现。比如，看到其他小朋友玩的玩具就是自己想要的玩具时，就会控制不住自己，无论如何也要抢过来。这并不是对对方有敌意，所以没必要过分担心。但如果孩子的这种行为本身影响到了他和他人相处，在行为进一步发展之前应及时制止。并且，平时应多留意孩子是否流露出不安或不满的情绪。

天性活泼的孩子容易兴奋，应该使孩子尽量远离会引起他心理不安的环境。如果让这些孩子与自己气质类似的孩子一起玩，或者经常带孩子去儿童乐园等人多嘈杂的场所，孩子不安、不满的情绪会更加激化。

不要批评或强行制止孩子的行为，要积极引导孩子，避免他的情绪朝负面发展。也可以通过那些不容易引发争执的游戏，逐渐安抚孩子的情绪。

亲哥俩经常打架

2岁以后，孩子的占有意识会越来越强，亲兄弟间的冲突频繁发生。特别是在2~5岁期间，多子女家庭的同胞兄弟姐妹之间经常打架，这说明孩子发育正常，不用过于在意。孩子再大些，进了幼儿园或学校，认识了新朋友，兄弟间的争执会越来越少的。

哥儿俩打架的时候，妈妈要当好"裁判"。"你是哥哥，让着点儿！""你怎么能对哥哥这样呢？"说这些话都不是好办法。孩子打架的时候，父母首先要予以制止，谁对谁错要等孩子情绪平复后再作判断。评判要公平，不能偏袒任何一方。

经常和小朋友打架

孩子的要求得不到满足，或者自我中心意识过强的时候，就会经常和小朋友打架。平时总是自己玩或者被父母照顾较少的孩子，在任何时候都会以自我为中心。当他们发现小朋友都不喜欢自己的时候，受挫折感驱使，会经常动一些歪脑筋。这样的孩子长大以后，容易形成乖僻、自私的性格。对于这样的孩子，不能一味强迫他去亲近同龄人，要先帮助他掌握情绪的自我调节方法。

孩子出现不和他人分享玩具等自私行为的时候，家长不要直接批评，最好是装作看不见。强行制止或者发脾气都会强化孩子的挫折感。但反之，发现孩子懂得礼让、能够和小朋友分享的时候，要给予充分表扬。看不到孩子的长处，却总抓住短处不放，不利于帮助孩子形成正面的自我认识。

多动症① （ADHD）造成的攻击性

无目的性的挥手或者无所顾忌地做出偶发性攻击行为，常见于患有多动症的孩子。此类孩子一产生敲打或扔掉什么东西的想法，就会立刻动手，和他们的实际需要无关。

多动症和孩子的天生性格特点无关，是属于大脑发育的问题，所以用言语劝说或改变环境因素的方法无法解决，只能借助药物治疗等专业诊疗方式。

① 关于多动症的详细内容请见第 255 页 Chapter 3 "自我控制"一节。

"我的孩子怎么总是躲着其他小朋友呢？开始还觉得是孩子认生，可现在去托儿所都好几个月了，还是不喜欢和小朋友玩。是不是发育方面有什么问题？"

如果孩子不合群，大人都会担心孩子是否存在社会性或者语言发育方面的问题。但是，孩子不会一下子就适应其他小朋友的。对小朋友保持警惕和戒心是孩子尝试与他人交往的第一个阶段，大人不必担心，要帮助孩子尽快适应。

和父母的关系比朋友更重要

每次接待来看病的孩子我都会有这样的感觉：孩子的问题往往是大人造成的。健健康康成长的孩子，因为父母不必要的担心和期待，反而成了"问题儿童"。

孩子与小朋友交往的问题也是一个道理。出生12~24个月的孩子基本上对"朋友"的存在没有任何概念。虽然他们的活动范围逐渐扩大，但最重视的还是自己的妈妈，妈妈才是自己唯一的朋友，所以，就算看到其他小朋友也提不起任何兴趣。有时孩子会尝试着接近其他小朋友，但也会立刻回到妈妈身边。手上只要拿着有意思的玩具，就算小朋友坐在旁边也不会去理睬，自己一个人玩得很投入。换句话说，这个阶段的孩子根本意识不到和朋友一起玩耍的乐趣。

1~2岁孩子社会性的发育水平，还只到知道有和自己类似的其他人的程度。如果妈妈希望孩子能顺利度过这个阶段，以后能和同龄人正常交往，最重要的不是把孩子介绍给其他小朋友，而是让他感受到更多的母爱。和妈妈形成良好的依恋关系，孩子自然会具备较强的适应能力，这和在播种前先要给土地翻耕施肥是一个道理。得到爱的人才懂得爱他人，只有充分享受到母爱的孩子才会爱护其他小朋友。人生的道理不能靠灌输，要靠孩子自己慢慢体会后掌握。

这时，最重要的是，妈妈和孩子相处时，感情表达要保持一贯性。诚然，在孩子成长过程中，妈妈承受着难以想象的育儿压力，很难在孩子面前永远保持好心情。但是，如果因为压力，妈妈对孩子的态度时冷时热，孩子就不能形成稳定的情绪。要知道，孩子来到世上时最先认识的就是父母，只有在这个第一次人际关系形成的过程中获得成功经验，他在今后才能和他人形成良好的人际关系。

满周岁的孩子们各玩各的

这时期的孩子不懂得真正意义上的"一起玩耍"。即使聚在一起也都是各玩各的，一个孩子玩玩具汽车，另一个孩子则玩布娃娃。即使他们在一起玩游戏，但并不知道一起配合，一起玩只是短期内他们的兴趣一致罢了。但是这会成为以后孩子交朋友的必要发育阶段，应该尽量给孩子提供与小朋友们一起玩的机会。当然，如果孩子害怕与他人一起玩，也不要硬逼着孩子，孩子与妈妈的依恋关系在这阶段更为重要。

不要急于让孩子接触同龄人

在为孩子创造和他人交往机会的时候，家长不要性急，应该选择孩子熟悉的环境。可以把其他小朋友带到家里，也可以先把邻居家经常碰面的小朋友介绍给孩子，帮助孩子逐渐适应与人交往。

1~2岁孩子对"我"的认识很强烈，却不知道"你"和"我们"的概念。因此，和小朋友玩的时候，会因为抢玩具而发生冲突。出现这种情况时，妈妈不必发脾气或立刻做出评判。1~2岁的孩子出现这种行为是非常自然的事情，妈妈要多安慰孩子，不要让他感到畏惧或者受到伤害。

在这个阶段，告诉孩子交往时应注意的道理和礼仪并无实际意义。重要的是父母要注意在日常生活中为孩子树立榜样，让他自然而然地学习。经常对孩子说"对不起""谢谢"等简单词汇，父母和他人打招呼时主动热情，这些都是在为孩子树立榜样。

孩子爱哭是非常正常的。降生后，哭声传递出孩子的第一个信息，哭声会一直伴随孩子的成长。摔倒了、饿了、挨批评了就会哭，或者玩具找不到了也会哭，甚至连妈妈皱皱眉也都会哭。如果孩子一哭大人就神经紧张，恐怕先累倒的不是孩子，而是妈妈。孩子哭的时候，妈妈应该先耐心安慰他，等孩子不哭了再去了解原因。

"哭就哭吧"是绝对的错误

如果孩子过了周岁还每天哭个不停，父母很容易产生听之任之的想法。可是，孩子大哭不停，父母却袖手旁观的做法是错误的。即使在周岁以后，哭仍然是孩子传递信息的基本手段。特别在这个阶段，孩子对妈妈的关心或漠视的态度非常敏感，如果孩子哭了却没人理睬，孩子的不安情绪就会加重。

不同形式的哭，解决办法不一样

满周岁的孩子想做什么或想得到什么的时候，如果通过哭达到了目的，那么有其他要求的时候，也会选择用哭的方式来表达。想达到某种目的却没有信心或是希望大人协助的时候，也会通过哭来表现，这是因为孩子无法准确表达自己的意愿，只有通过哭来宣泄情绪。

如果孩子提出的要求有危险或者侵害到他人，即使他又哭又闹，也要明确告诉他"不行"。如果孩子还是哭个不停，可以在孩子视线范围内，稍微离开他一些，保持一定距离默默地观察。孩子明白哭不能解决问题，自然会改变做法。

想做什么却不能如愿的时候，孩子也会哭。比如，孩子想爬到比自己高的地方，如果上不去就会哭。对于这时的孩子来说，充分表达自己的意愿、享受自由也是一种重要的成长体验。因此，孩子因为希望达成某种目的而哭闹的时候，家长不能批评制止，而要积极帮助他实现愿望。

如果孩子没有任何理由也跑到妈妈身边哭，是在表达希望依赖妈妈的心情，是渴望和妈妈进行情感交流的表现。虽说这个阶段孩子的活动能力越来越强，正是让妈妈最费神的阶段，但妈妈还是要多一分耐心，通过和蔼的对话、眼神的交流、温馨的拥抱来稳定孩子的情绪。

这个阶段，孩子的情绪表现能力是不成熟的。因此，批评不能解决问题，耐心地去了解孩子想说什么、想做什么，当孩子不能完全通过语言来表达时，父母要帮助孩子通过肢体或表情来表达自己的意愿。如此反复体验，孩子会逐渐学会用别的方式替代哭声表达自己的想法。

自我意识

什么东西都是"我的"

在托儿所，经常会看到孩子把别人的东西当做自己的，还和别的小朋友争得不可开交。在家里也是一样。别的小朋友来玩，如果手上拿着玩具，不管是不是自己的，都大叫"我的！"然后一把抢过来。不单是对小朋友，就算是父母摸摸他的东西，也会大叫不停。无论自己的东西，还是别人的东西，他都认为是"自己的"。对待这样的孩子，应该怎么办呢？

自我意识和占有欲形成的时期

出生后15~30个月，孩子在练习走路的同时，逐渐产生自我意识，开始明白妈妈和自己属于不同的个体，可以不用按照妈妈的意思去行动。也正是从这时起，孩子开始尝试着不依靠妈妈去做自己想做的事情。探索、操控新事物的能力也是从这个阶段开始发展的。

占有欲也在这个时期逐渐形成。所以，玩一个玩具就变成了你争我夺的大事情，有时还会发生把别人的玩具藏到自己书包里的事情。这说明孩子虽然有占有欲，却还不懂不能拿别人东西的道理，也不知道自己的东西应该和大家分享。

这种情况下，父母都担心自己的孩子有小偷小摸的倾向，或者是缺少关爱才出现类似行为。其实这是情绪发育过程中的正常现象，因为孩子的注意力逐渐从自己和妈妈身上转移到小朋友和别人拥有的物品上了。

到底要不要责备孩子

如果只是小朋友之间争一争也就罢了，孩子真要是偷偷摸摸地把别人的东西拿回来，妈妈们大都觉得这是一种偷窃行为，应该严加管教。但是，这个年龄段的孩子把别人的东西拿回来其实和偷窃是两码事。

经常把别人的东西习惯性地拿走的孩子，往往在情绪方面存在问题。这种情绪问题主要是由父母对孩子的抚养态度造成的。最常见的就是父母的关爱不足，孩子希望通过这种"拿东西"的行为来获取满足感。而且，还可以通过这种方式获得父母的关注。

另一方面，出现这种行为后父母的反应也对孩子习惯的形成有着重要的影响。熟视无睹或者过分责备都有可能促使孩子养成拿别人物品的不良习惯。如果孩子认识不到拿走别人物品的行为是错误的，那么就算严厉地批评他也达不到目的。处理不好，还会让孩子心理畏缩、丧失自尊，情绪上越来越消极。

语气坚决地严厉批评

对孩子拿走别人东西的行为听之任之，这也是不可取的。必须要让孩子知道，在没有得到许可的情况下，拿走别人的物品是绝对错误的行为。父母虽然不能朝孩子发脾气，说话的语气要坚决而严厉。

即便如此，在妈妈说明道理之后，由于逻辑思维能力不足，孩子仍然可能把别人的东西拿回来。这时，妈妈仍然要像之前一样坚决地告诉他这是不对的。如果妈妈对于类似行为时而责备时而放任，孩子就认识不到这种行为的严重性。因此，对于错误，父母必须保持态度的一贯性。

总是把"不喜欢"挂在嘴边

吃饭"不喜欢",穿衣"不喜欢",看书还是"不喜欢",这个年龄的孩子仿佛只会这一句话,整天说个不停。面对"什么都不喜欢"的孩子,父母不能总发脾气,可不予理睬的话,孩子又会哭闹,实在让妈妈烦死了。家里有这么一个小冤家,一天下来,搞得妈妈一事无成,怎么办才好呢?

"不喜欢"是向妈妈发出的独立宣言

孩子说出"不喜欢"的瞬间,恰恰说明孩子长大了,从此不再凡事依靠妈妈,开始逐渐独立了。可以这样认为,"不喜欢"是孩子向妈妈发出的"独立宣言",是不再凡事都以妈妈的意志为转移的表现。

我在医院坐诊过程中,经常会遇到刚刚进入反抗期(negative phase)的孩子。俗话说"3岁的孩子讨人厌",美国也有"Terrible Two(可怕的2岁)"的说法。孩子到了这个年龄段,妈妈们会异口同声地说:"带孩子太不容易了!"

孩子还小的时候,乖巧又听话,特别可爱。现在则张嘴闭嘴"不喜欢""不可以",让人很生气。

可是,看到这样的孩子我却感到非常欣慰。不用任何人帮助,孩子按照成长规律一步一步走来,这是多么神奇的事情啊!我带庆模和静模的时候也是如此。所以,我经常对那些觉得辛苦的妈妈们说:"孩子现在是符合成长规律的。孩子为了形成自我意识,什么都要碰一碰,一点小事也要固执己见。必须经历这样的过程,孩子才能进入成长的下一阶段。我们只能顺其自然。"

一般情况下,满周岁的孩子可以独立步行和小跑。即便没有妈妈的帮助,也可以去自己想去的地方。随着活动范围的扩大,孩子开始对各种新事物产生兴趣,如果以前只是通过手和感觉来理解事物或体验事物,那么现在思维意识逐渐形成,开始表达自己的意见。这是一种翻天覆地的变化。

随着运动能力和思维方式的发展，孩子必然会表达自己的想法和主张。任何事情都希望自己去做，不喜欢大人的帮助，自己的要求无法实现就会发脾气；洗漱的时候会甩开妈妈的手；勺子还抓不牢，却抢着要自己吃饭；怕他打翻饭碗帮着扶一下的话，也会显得很不耐烦，固执地想要自己做。

善变的孩子

孩子成长的过程不是一帆风顺的。孩子之前还离开妈妈尝试着自己做些事情，可不知哪一天又会突然缠着妈妈，不愿意走开了。本来每次去儿童乐园时都玩得好好的，忽然间就发脾气不去了。或者明明和妈妈撒娇呢，突然又开始打妈妈了，实在让人摸不清头脑。

这样的行为，既是孩子认识到自己和妈妈属于不同个体后不安的表现，又是孩子随着自我意识的发展，主观上认为应该保持独立、和妈妈分离，却又无法完全按照意愿实现的不满。既不能永远和妈妈在一起，又不能完全和妈妈分开的现状以让孩子感到愤怒。这时候，最重要的是让孩子坚信"无论怎样，妈妈都会陪伴在你的身边。"

培养1~2岁的孩子的独立性的确非常困难。但必须记住，孩子以后要面临的困难会更多。什么都想做，却不能都如愿，表达能力又有限，孩子的内心充满了无奈。这时妈妈对孩子要多理解、多宽容，毕竟大人的心智是成熟的。

培养自律性和独立性

孩子满周岁之后，父母的抚养态度应该发生根本性的改变。之前的重点是保护好孩子，今后则要集中精力培养孩子的自律性和独立性了。由于这个阶段的孩子自律性较差，父母往往会干涉很多。但最好尽可能不去阻止孩子自发性的行为，而是默默地帮助他们完成挑战，成功后要多多给予赞扬。

不要批评孩子的失误，训斥孩子的固执，更不要用命令式的态度对待孩子。这不但会让孩子感到羞耻，还会磨灭他想独立完成某一事情的意志，结果只能是父母自己吃苦头。比如，如果妈妈因为孩子自行其是而发脾气，孩子反而会做出把饭菜打翻等让大人更加讨厌的事情。孩子已经认识到自己可以影响到其他人，所以很有可能出现这样的举动。

还有一点，对待孩子的行为，绝对不能用嘲讽的口吻讲话。比如喂饭的时候，孩子表示自己吃，却打翻了饭碗。妈妈不应该说："就知道会这样，所以妈妈才要喂你的嘛！"这种方式是对孩子独立要求的否定，会延缓孩子自我意识的形成。

24个月时是孩子反抗的巅峰

从开始说"不喜欢""不行"，孩子的反抗行为在24个月的时候会达到巅峰状态。24个月左右时，孩子几乎可以像大人一样完整地表达情绪了。其结果是自我意识明确出现，反抗也愈加激烈。度过"讨人厌的3岁"说慢也慢，说快其实也很快。如果能把孩子的反抗当做孩子智力发育和各种丰富情绪分化的必然产物，抚养的过程再困难，父母也不会感到累，反而会体验到一份乐趣。

公共场所耍赖

孩子一到公共场所就耍赖，是让大人非常恼火的事情。特别是在商场，吃的、玩的东西很多，孩子什么都想要，如果不给买就躺在地上耍赖。孩子哭个不停，大人却束手无策，很多人都来围观，这让大人非常尴尬。孩子为什么要耍赖呢？这个问题又该如何解决呢？

不正确的处理方式助长孩子的耍赖习惯

耍赖也是自我意识形成过程中的一个正常现象。由于此时的孩子还不能通过语言有条理地表达想法，所以，当自己想做的事情被父母阻止的时候，就会耍赖。虽说这是正常现象，但如果达到父母难以接受的程度，就必须坚决制止。

大部分家长都认为爱耍赖的孩子固执难缠，如果孩子的愿望得不到满足他就会一直耍赖，所以对孩子的要求都会尽量满足。当然，固执难缠的孩子更善于耍赖是事实，但是，正是父母的错误态度助长了孩子只会通过耍赖来解决问题的行为习惯。

比如，和孩子一起去商场的时候，孩子会在玩具柜台前抓着洋娃娃，非要大人给买一个。"下次给你买！""再这样，下次不带你出来了！""妈妈生气了，不管你了！"好说歹说，孩子就是纹丝不动。最后，妈妈只好认输了。

"下不为例啊！以后再耍赖，妈妈可真生气了！"

孩子手上拿着洋娃娃，根本就不把妈妈的话放在心上。再出现类似情况，还会用耍赖的方式解决。因为他已经有通过耍赖把"不行"变成"行"的成功经验了。

孩子耍赖的时候，父母果断的态度非常重要。可以满足的，就立刻同意，不能满足的，无论如何也要坚持。只有这样，孩子才会明白哭闹无助于达到目的，大人也不用再费心费力地哄孩子了。

让孩子不再耍赖的 5 个方法

1. 适当满足孩子的合理要求。妈妈总是把"不行"挂在嘴边，会磨灭孩子的主观意愿，加重孩子耍赖的倾向。但如果是绝对不能满足的要求，孩子开始耍赖的时候要尽量安抚，如果反复纠缠，妈妈必须表现出断然拒绝的态度。

2. 孩子耍赖的时候，如果撒泼打滚、乱扔东西，首先要把有危险的物品移开，然后注意观察孩子的行为。如果情况没有好转，应该把孩子抱离现场。

3. 等孩子情绪平复后，要把孩子抱在怀里，引导他认识自己的错误。

4. 孩子耍赖的时候，决不能为了转移孩子注意力而承诺给买玩具或其他东西。如果那样，孩子会认为只要耍赖就会有意外收获，如果那样，这可不是个好事情。

5. 不要把孩子和兄弟姐妹或其他小朋友做比较。比较会让孩子对妈妈失去信任，还会伤害孩子的自尊。

难堪一瞬间，效果伴终生

如果父母不能严肃对待孩子在公共场所的耍赖行为，轻易地满足孩子的无理要求，这种做法留在孩子记忆里，会导致孩子的耍赖行为愈发严重。

去商场或乘坐公共汽车的时候，很多妈妈都会事先带上糖果或饼干，以备不时之需。这些受孩子欢迎，但在家中不经常提供的东西，在孩子耍赖的时候却变成必需的了。

这说明，在带孩子出去的时候，妈妈的内心已经开始动摇了。这种情况下，只要孩子耍赖，妈妈多半会因为怕难堪而满足孩子的要求。但是，回家后无论怎么告诉孩子耍赖的行为是错误的，也只能是对牛弹琴了。因为，该发生的都发生了，孩子已经达到了目的。

最好的办法是不要考虑面子问题，对孩子的不合理要求坚决回绝。

"怎么能这么对待孩子呢？""给他买不就行了，何必让孩子哭呢？"就算是听到这样的批评也不要动摇，必须表现出不怕孩子耍赖的态度。我经常对妈妈们说的一句话是："难堪一瞬间，效果伴终生。"

对于孩子在公共场所耍赖的行为，父母只有断然拒绝，孩子才会认识到耍赖并不是解决问题的方法。

表扬和不予理睬相结合，效果会更佳

对儿童问题行为的训练教育方法中，有一个"消退（也称为无强化）

原理"。就是说对孩子的错误行为不予理睬，这种错误的行为会自然消失。比如，孩子不好好吃饭，总拿勺子当玩具玩的时候，不用坚持让他吃，告诉他"吃完了，收走了"，然后把碗筷全部拿走的做法会更有效。

对付耍赖也是一个道理。父母怎么讲孩子也不听的时候，更有效的做法是不再理睬孩子，离他一段距离，注意观察他的行为。如果是人多的场合，孩子的行为会影响到他人，可以先把孩子领到人少、安静的地方，再采用不予理睬的做法。这样一来，孩子会自己调整情绪，主动回到父母身边。这时候再指出孩子的错误，并进行安慰会得到更好的效果。

不单是耍赖，孩子犯其他错误的时候，这同样是一个好办法。父母对孩子的错误行为采取不予理睬的态度，孩子自然会认识到这样的行为并无助于自我表现，并最终放弃。

不予理睬应该和表扬一起使用。不理睬错误行为、表扬正确行为，才能达到纠正错误的目的。孩子耍赖的时候不发脾气，但孩子听话的时候一定要夸奖。要善于发现孩子的积极行为，并及时给予表扬。表扬使孩子进步，孩子的错误行为也会逐渐消失。

我的孩子有自闭症吗？

很多妈妈都是一看到孩子有些许不正常的行为，就怀疑孩子患有自闭症。媒体上经常报道与自闭症相关的消息，很容易让妈妈产生这方面的担心。现代科学目前还不能真正了解自闭症发生的原因，但是，自闭症如能在早期发现，在妈妈的精心照料下，是可以取得很好的治疗效果的。

什么是自闭症？

自闭症是指语言、交流、社会化以及行动方面的一种发育障碍，主要表现为智力落后、语言障碍、孤独、不会与人建立正常联系、行为刻板重

孩子患有自闭症时怎么办?

孩子患病或出现发育障碍，父母很容易产生负罪感。但是，这样的心理对于理解孩子的行为和特点、缓解病症不会有任何帮助，只能加重父母的心理负担，加大切实治疗的难度，所以父母应该尽可能摆脱这种负罪感。

父母还应该帮助患儿多接触正常的孩子。虽说孩子行为古怪，容易引起他人注意或给别人带来不便，操作起来会有很多麻烦，但为了孩子，这是必须的。如果希望患儿今后能和正常人一样生活，必须要和其他小朋友进行密切接触，尽量为孩子创造学习模仿的机会。

治疗自闭症，父母的作用非常关键。因为父母比任何人都了解孩子，都愿意为孩子付出更多的时间。如果希望尽到做父母的本分，最重要的是时刻注意了解相关的专业知识和建议。

自闭症的治疗周期会很长，短期内效果不会明显，完全取决于付出的努力多少。在这个马拉松般的过程中，父母要注意调整情绪，保持健康、积极的心态。

复等症状。自闭症患儿表现出的非正常行为，可以理解为由于无法与人正常交流而产生矛盾的结果。因此，治疗自闭症患儿，需要在交流和语言学习方面付出各种努力。男孩发生自闭症的几率是女孩的5倍。脑神经损伤和大脑化学物质发育不平衡是主要的诱因。妊娠期到新生儿出生后30个月内的细菌感染也可能造成自闭症。因此，并不是大脑中特定部位出问题才会导致自闭症，大脑任何部分的损伤都可能造成严重后果。

自闭症患儿一定会出现的3种症状

1. 无法与人对视

自闭症患儿不能和他人对视。正常的孩子出生一个月后就可以用眼神和他人交流。但自闭症患儿在很多情况下，即使父母有意和他用眼神交流，他也无法和父母对视，目光漂移，仿佛看不到眼前有人一样。

正常孩子从认出妈妈开始，就不愿意躺着，更喜欢被别人抱，能够主动伸出胳膊示意要大人抱，或者在被抱起的时候，会因为高兴而发出声音。但是，自闭症患儿无论是被抱着还是背着，都会觉得不舒服，会有意拒绝身体接触。而且，也不知道认生，离开妈妈也不会出现分离焦虑。

父母发现孩子出现类似反应迟钝、和妈妈不亲、喜欢独处的行为，往往会认为这是因为孩子性格温顺，而不会和自闭症联系起来，所以这需要父母细心观察。自闭症患儿还有一个特点，就是到了开始对其他人产生兴趣的阶段，他仍然对他人漠不关心，而喜欢一个人独处。

2．迟语、仿说

语言障碍是所有自闭症患儿的共同特征。患儿普遍语言发育迟缓，有些情况下，甚至5岁以后还不能讲话。

正常情况下，3~4个月的孩子应该可以牙牙学语，并吸引父母的注意，但自闭症患儿就不具备这个能力。即便不能说话，正常孩子看到父母会觉得高兴，8个月后可以模仿大人的语言，可自闭症患儿就不会有这样的表现，叫他的名字也没有任何反应。

9~15个月以后，正常的孩子开始用"妈妈""饭"等简单的词汇与人进行交流；18~20个月后，可以说出"妈妈，饭"等由两个单词构成的短语，而自闭症患儿的语言发育水平却无法达到这个程度。

很多时候，患有自闭症的孩子即便发育到一定阶段会说话了，也只是对他人的话进行简单模仿。比如，能够模仿电视广告中的单词或歌词，但是却不能和人沟通。大部分情况下，不能说完整的句子，而只会说单个的词，且发音怪异，语调较高。

3．对环境变化抵触强烈

自闭症患儿只愿意做自己知道和实践过的行为。因此，会凭借过度的想象或幻想重复简单的游戏和事情。对于特定的物品依赖感强烈，得不到就会又哭又闹，情绪激烈。会重复一些奇怪的行为，比如几个小时持续地转着玩具车的车轮，或者反复爬书柜。偏食现象严重，对新的食物尝都不肯尝一下，只吃经常吃的东西。

自闭症在2岁前可以确诊，如能及早干预治疗，能取得很好的效果。因此，如果怀疑孩子得了自闭症，应及时带孩子去专科医院就诊。而且，父母应充分了解正常发育的相关知识。也就是说，只有知道什么是正常的语言发育、社会性发育、运动发育，才能理解患儿会经历哪些发育阶段，并给予针对性帮助。

如果孩子并没有前面提到的症状，只是性格表现得有些忧郁，就没有必要过分担心。重新审视自己的抚养态度和孩子的成长环境，给予更加细心的照料就可以了。

类自闭症

类自闭症与自闭症类似，孩子沉迷于自己的世界，不愿意敞开自己的心扉。类自闭症开始时，只是表现为迟语、对他人缺乏兴趣、害怕变化等轻微症状，但如果对此不加干预，孩子就无法适应以后托儿所或幼儿园的生活，因此也绝不能忽视类自闭症状。

类自闭症的症状多在后天逐渐出现

先天自闭症的症状多发于出生后早期，而类自闭在早期并无异常，而是当妈妈的抚养态度出现问题的时候，症状才逐渐表现出来。患类自闭症的孩子的表情变得简单，对妈妈没有要求，只关注一种玩具或游戏，整体发育缓慢。比较幸运的是，先天自闭症很难痊愈，而类自闭症发现得早并及时治疗的话，可以在几个月内治愈。

对妈妈和社会的不信任

类自闭症的原因是，3岁前的孩子在对母亲和社会建立信任关系的过程中，没有得到充分的关心和爱护。妈妈太忙，不能经常陪孩子；或者代理抚养人对孩子缺乏关心；或者不断地给孩子施加压力；或者强迫孩子进行超越自身能力的学习，这些情况都有可能导致类自闭症。

如果孩子的类自闭症已经确诊，那么应该先改变妈妈或代理抚养人的抚养态度。如果不予重视，会导致非常严重的后果。

性 格

培养孩子的好性格

"我的孩子要是那样该多好啊！"所有抚养孩子的父母对孩子都会有这样那样的期望。这当中最具代表性的就是希望自己的孩子性格好吧！孩子再怎么聪明，如果性格有问题，也很难顺利地成长。正因如此，很多父母都会咨询专家，如何培养出好性格的孩子。

家庭成员的关系影响孩子的性格塑造

婴儿室里刚出生的孩子，看上去都长得差不多，行为举止也差别不大。可是仔细观察就会发现，这些新生儿无论面部表情，还是对环境和刺激的反应都不尽相同。有的孩子好动，对环境变化反应敏感；有的孩子不受到外部刺激，一般不会有特别的反应。都说孩子就像一张白纸，为什么刚出生就会有这些个体差异呢？

一个新生命的活动始于精子和卵子结合的瞬间。从生态学的角度，遗传基因决定了孩子会形成各种不同的天性，因此，虽然新生儿还没有得到任何经验，也没有学习过什么，却能表现出各种不同的反应和行为。

但是，性格不仅仅是用孩子的天性就能够解释清楚的。出生以后，在成长环境的影响下，孩子的自然性格会不断地发生变化。家庭是幼儿成长的第一环境，对孩子的性格塑造起着决定性的作用，这是一个不争的事

培养孩子好性格要做到的几点

1. 父母对待孩子的态度要保持一贯性。对于同样的事情，如果有时对孩子发脾气，有时候熟视无睹，不利于帮助孩子掌握正确的社会行为准则。

2. 培养孩子的自律性。父母的过分干涉和爱护都是孩子性格障碍的诱因。

3. 给予孩子充分的爱。让孩子在3岁以前和母亲形成正常的依恋关系，可以防止孩子在情绪发育过程中出现问题。如果妈妈因为忧郁情绪讨厌孩子，或者妈妈不恰当地宠爱孩子，都有可能使孩子缺乏爱心和情感调节能力。

4. 父母应该直接表达自己的情绪。这样做不但能够使孩子准确理解和把握父母的情绪，还能更好地促进孩子的社会性发育。

实。而在家庭环境中，对性格培养影响最大的是家庭成员之间的关系。

得到的爱越多，性格越好

父母的性格、身体情况、心理状态、夫妻关系、社会和经济地位、压力程度等因素，在和孩子天生的气质、健康程度、社会性相互作用的过程中，孩子的性格将会逐步形成。

例如，本来性格温顺的孩子，如果父母情绪不稳定，不能做出一贯稳定的反应，孩子积累了过多的不安情绪，就容易发展成怪异的性格。反之，即便性格异常、不好带的孩子，如果父母给予一贯稳定的反应，孩子也能形成很好的性格。总之，一切都取决于父母的态度。

孩子在婴幼儿期和父母形成的依恋程度，决定了孩子对外部社会的态度，同时对孩子的性格发育也起着至关重要的作用。婴幼儿期和父母形成稳定依恋关系的孩子，在今后的成长过程中，无论是对他人的信任感还是对自身的认识都能得到正确的发展。这样的孩子能够很好地把握社会性的相互作用，有领导能力，还能不断进行稳定的社会探索活动。也就是说，和父母形成稳定依恋关系的孩子，其社会适应能力更强。因此，在培养孩子良好性格的过程中，父母一定要充分发挥作用。

对任何事情都没有兴趣

如果孩子正值活泼可爱、欢蹦乱跳的年龄，可他却总是小心畏缩，妈妈自然会非常担心。"怎么这样胆小呢？""不会是忧郁症吧？""难道是我做错什么了吗？"如果孩子缺乏自尊感，对自己不珍惜、不爱护，就会对任何事情都失去兴趣，变得小心谨慎。如果孩子在形成自我意识的过程中受到了伤害，也会出现这种现象。

培养自尊感是首要课题

为了孩子的未来，培养孩子的自尊感是非常重要的。为了做到这一点，需要妈妈无微不至的关心爱护。

首先就是要尊重孩子的意愿。例如，孩子读书的时候，因为精力集中的时间很短，很快就对书本产生厌倦，把头扭到一边。这种情况下，妈妈应该尊重孩子的行为，不要干涉。孩子在接受外部刺激的过程中，需要一个中间休息的时段。从小事做起，让孩子感觉到自己被尊重，从而珍惜自我的存在。

孩子专心玩游戏的时候不要去打扰他

注意力是孩子智力和思维能力发育的基础。孩子在很小的时候如果对某种事物产生兴趣，注意力会非常集中。比如，孩子很仔细地看自己手指头的时候，就不要去打扰他。或者，孩子正玩得高兴的时候，父母以洗澡、读书、或者购物为理由，中断孩子的游戏也是不对的。父母为孩子专心玩游戏提供一个安静的场所，会对培养孩子集中注意力有所帮助。

为了加强孩子的自尊和自信，即使很小的事情，也应该促使他独立完成。再小的成功也会让孩子感受到幸福，并产生再次获得成功的欲望。而且，孩子还形成了自己可以独立做事的意识。这种意识，会成为孩子不害怕失败、勇于解决问题的动力。

为了实现这一切，父母要做到的是提供稳定、幸福的家庭环境。如果孩子经常看到父母争吵，或看到父母总是情绪很不好，受到这种影响，孩子不可能懂得尊重和爱护自己。自尊感是人类必需的品格，是孩子一生中必须拥有的重要财富。请父母牢记自己应该发挥的作用。

孩子的注意力为什么难以集中？

孩子玩新买的玩具，才玩了不到一分钟就烦了；图画书才翻了三四页，就扔下又去抢别的书。孩子总是安静不下来，喜欢四处乱跑。家里有这样一个孩子，父母会觉得孩子注意力太难集中了。别的孩子都很稳重、注意力集中，难道是自己在育儿方法上有什么问题吗？

父母的育儿态度造成孩子的注意力分散

这个阶段注意力分散的孩子，可能是天生的，但更多数是由于父母的育儿态度造成的。大部分注意力不集中的孩子的父母对孩子往往过度宽容。宽容虽然有利于培养孩子的自律性，但掌握不好尺度，孩子会因为分不清什么可以做，什么不可以做而感到不安，情绪不稳定，进而表现出注意力分散的现象。

父母干涉过多，同样会导致孩子注意力不集中。孩子正玩得兴高采烈的时候，父母非要让他去玩其他的东西，这也会导致孩子注意力分散。因此，当孩子集中精力做某件事的时候，最好不要去妨碍他。

创造有利于集中注意力的环境

一定要让孩子去做自己喜欢的事情。如果孩子一个游戏玩不到一分钟就去干别的，那么就先让他玩他最喜欢的游戏，通过他最有兴趣的游戏培养注意力之后，再以此为基础，引导孩子对其他领域产生兴趣。即使孩子自己完成了很小的事情，也要给予充分的表扬。例如，孩子自己整理好了玩具，或者自己看完了一本书，妈妈必须不遗余力地鼓励和表扬。让孩子体会到兴趣的快乐，也是提高注意力的好办法。

另一个有效的办法是制订生活中的规矩。比如，规定玩具要收拾好、书要放到书架上等等。即使是微不足道的规矩，也要严格遵守。只有制订规矩，才能减轻孩子的注意力分散程度，消除因注意力分散而产生的不安情绪。

丰富的营养与充分的休息也很重要。身体疲劳的孩子容易受到外界刺激，很难保持情绪的稳定，这同样会导致注意力不集中。所以，为防止身体疲劳，必须让孩子摄取充分的营养，并保证孩子能在安静、舒适的环境下有深度睡眠。

此外，还需要创造安静的室内环境。杂乱的室内环境很容易分散孩子的注意力。父母要经常收拾屋子，并控制孩子的玩具数量。在家中说话时，父母要保持平缓安定的语气，还要尽可能少带孩子去超市或百货商场等人群密集的场所。避免孩子接触到刺激性强的环境，可以防止注意力分散程度的加深。

无论是吃饭、学习或游戏，每次最好只让孩子做一件事情。同时做多件事情，孩子的注意力必然分散。比如，应该避免吃饭的同时看电视、看书或玩玩具的情况。

经常有恐惧感的孩子是心理方面出问题了吗？

有的孩子会经常感到恐惧，易受惊吓。比如怕黑，或是看到陌生的老爷爷会被吓哭。但是，儿童恐惧症不是需要过分担心的事情。特别是在情绪发育方面，这种现象不存在任何问题，这反倒是孩子情绪分化发育的一种正常现象。需要注意的是，过分的恐惧会造成孩子心理消极、好奇心不足。为了保护好孩子的好奇心，母亲应该给予孩子充分的爱护和勇气。

离开妈妈后的不安引发的情绪表现

恐惧和害怕都是某些事情发生时，因对痛苦的预知而自然产生的情感反应。孩子在成长过程中可以逐渐积累社会知识，但同时也会遇到很多让他们害怕和恐惧的事情。由于智力发育、情绪分化，孩子才会感到恐惧。只有那些不知道什么是害怕的孩子才会毫无顾忌地摸毒蛇或者大狗。

但是，和妈妈分开的时候，孩子出于本能也会感到害怕。孩子总是把妈妈和自己的生存联系在一起，认为没有妈妈，自己就没有吃的，也没有可以依靠的人。

当孩子感到害怕的时候，妈妈首先应该把孩子搂到怀里好好安慰，并体会孩子的情感。还要告诉他妈妈就在身边，以此来帮助孩子克服不安情绪，鼓起勇气去接近他觉得可怕的事物。

对待可怕事物的不同方法

每个孩子的经验不同，受到外部刺激的情况也不同，所以，感到恐惧的对象也是不一样的。但大部分孩子都会对黑暗、陌生的情况或声音、陌生人会产生恐惧。根据孩子的不同情况，可以采取如下不同的对待方法。

● **害怕关灯睡觉的孩子**

孩子睡觉不让关灯，是因为半夜醒来后的氛围让他感到不舒服。当周围一片漆黑、什么也看不到，只能听到门窗的吱扭声、钟表的滴答声或者屋外雷雨声的时候，恐惧感便油然而生。比如，有的孩子即便在白天也不愿意进入光线较暗的场所，大白天会要求打开灯；不敢独自进入光线暗的房间。

这种情况下，应该让孩子在安静的环境中进入睡眠状态。兴奋状态下入睡是易醒的，醒来后更会怕黑。也可以一直开一盏光线较弱的灯，这样即使孩子醒了，也不会觉得特别害怕。如果孩子是自己睡，那么入睡前大人不要离开，孩子睡着后一旦半夜醒了，要迅速赶到孩子身边，安慰或是哄一哄孩子。

● **害怕去医院的孩子**

孩子 15 个月以后会对去医院打针产生印象，所以一说去医院，就会大哭不停，哄劝和吓唬都不起作用。去医院之前，可以先和孩子做一些和医院相关的游戏，帮助孩子熟悉环境。在候诊的时候，可以给孩子提供一些孩子平时喜欢的玩具，缓解一下紧张的情绪。不能用"不打针病会越来越重"的方式吓唬孩子，这只能加重他的恐惧。孩子在顺利完成治疗或注射后，应该适当地表扬和鼓励。和孩子分担恐惧、适时安慰孩子是解决问题的基本原则。

● **害怕小动物的孩子**

有的孩子容易被某些动物吓哭因为动物突然靠近孩子，或者动物发出的声音让孩子觉得很恐怖。或者孩子曾经被动物伤害过，有过不好的记忆，自然也会害怕。让孩子体会到即使有动物在身边，自己也是安全的，孩子就不会一看到小动物就哭了。妈妈应该首先靠近并抚摸小动物，从而吓着孩子，这样孩子也会慢慢靠近。另外，不要让孩子在小动物的周围吃饼干或喝牛奶，动物看到这些食品，有时会出于本能想把食物叼走，一下子扑过来。

● **害怕陌生情况的孩子**

如果孩子对陌生情况做出特别敏感的反应，妈妈应该了解一下，是否在自己不知情的情况下，孩子接触过暴力性的情况并受到过惊吓。特别是害怕噪音、黑暗的孩子，如果有过类似的体验，那么在很长一段时间内，都会表现畏缩、不愿意和妈妈分开。为了不使孩子的恐惧进一步加深，孩子接触新事物的时候，妈妈最好能一直伴随在他的身边。任何情况下，妈妈的支持和爱护都是孩子消除恐惧的最有利武器。如果父母忽视孩子害怕新事物的情况，不但会扼杀孩子的好奇心，还会导致孩子学习的愿望和能力不足。

● **不喜欢洗澡的孩子**

有些孩子不喜欢洗澡，是因为洗澡打断了他正在玩的游戏，或者之前洗澡时肥皂泡掉进了眼睛和耳朵里，或者是他对声音和触觉过分敏感。解决这个问题的最好办法是，妈妈和孩子一起在一个大浴盆里洗澡，并且尽量减少让孩子不喜欢洗澡的因素。可以安装防滑垫，使用浴帽，防止水进入孩子的眼睛、耳朵等等。如果孩子讨厌脱衣服，也可以先洗上半身，洗完上半身后穿好衣服，再洗下半身。还可以在浴盆里放入孩子喜欢的一些玩具或者洗澡时也可以看的图画书。如果孩子是对浴室感到害怕，把脸盆或浴盆拿到客厅或卧室里洗也是可以的。如果这样做孩子还是不喜欢洗澡，可以适当减少洗澡的次数。强迫孩子接受不喜欢或者害怕的东西，只会增加孩子的压力。

游戏＆学习

为什么说游戏对孩子有益？

在大人的眼里，"游戏"是带来乐趣的活动，而"学习"虽然并无乐趣，却是有着明确目的、必须进行的活动。所以，大部分成人都把游戏和学习分别对待，多少会给孩子做出一些强制性的学习安排。其实，游戏对于孩子的意义并不仅限于单纯的乐趣。对于孩子来说，游戏和学习是一回事。

通过游戏能得到什么？

德国著名的教育家福禄贝尔认为，"游戏就是儿童成长的全过程"。出生才几个月大的孩子就知道通过吮吸手指或观察周边事物来满足自己的好奇心，体会其中的乐趣了。这既是最初级的游戏，也是适应外部社会的基本学习过程。通过游戏，孩子可以得到以下成果：

● 培养良好性格

孩子白天尽情地玩，晚上充分休息，注意力才会提高，才能充分调动好奇心，提高学习的能力。而且，游戏愿望得到充分满足和释放后，孩子也会变得快乐活泼。这样的孩子更有可能成长为忍耐性强、有毅力的人。

● **了解人生法则**

福禄贝尔认为，孩子通过和大人一起游戏，能领悟到教育中最深奥的命题——人生的哲理。也就是说，通过和妈妈一起游戏，孩子能体会到人与人之间的关系，自然地掌握到游戏中包含的人生法则。通过这种方式领悟到的人生法则，远比上课学的方式更容易、更自然，记得更长久。

● **大脑得到发育**

孩子通过游戏，对身边的事物产生兴趣。通过对各种事物的观察和体验，自然而然地学会区分物体的颜色和大小。在这个过程中，孩子的好奇心不断被激发，又不断被满足。而且，游戏也会呈现现实生活中的场景，孩子可以充分发挥想象，用自己的方式对游戏中出现的各种问题做出判断和解决，从而也锻炼了解决现实生活问题的能力。所以，爱玩的孩子一般都比较聪明。

● **身体茁壮成长**

孩子专注于游戏，在奔跑、拉拽甚至推搡的过程中，身体不断得到锻炼和成长。为孩子的尽情游戏创造充分的空间和其他条件，等于是给孩子非常好的教育环境，父母千万不能怕麻烦。

游戏的发育阶段

很多父母为了培养孩子的社会性，会在孩子满周岁后，把孩子送到儿童乐园去玩，或让孩子与其他小朋友接触。当孩子因为和小朋友玩不到一起，抢小朋友的玩具、打小朋友的时候，父母又会担心孩子在社会性方面存在问题。实际上，3岁以前孩子的社会性发育都是不完善的，只是处在对自己和周边环境进行探索的阶段。

游戏的发育阶段大体上可分为三个阶段：

1．并行游戏阶段

3岁前的孩子有时候会出现搂抱、用手指戳其他小朋友，或是紧盯其他小朋友的玩具等试探行为。不过孩子的注意力很快会转移，然后开始和妈妈玩或者自己一个人玩。这都是这个年龄段孩子的正常现象，没必要担心是其社会性发育不足。

2．共同游戏阶段

满3岁的孩子开始关心同伴，希望和小伙伴一起游戏。但孩子并不会像大人期待的那样，进行积极的互动，而只是对和同伴在同一个空间内做同一个游戏感兴趣罢了。例如，在游乐室里有一个孩子玩火车，其他的孩子也会拿着火车一起玩，这就是共同游戏阶段。

3．协作游戏阶段

满4岁的孩子开始体会到和小伙伴一起游戏的快乐。因此，和父母相比，他更愿意和小朋友一起玩。这时的游戏都是通过积极的相互作用进行的。孩子能享受到有规则的游戏所带来的乐趣，也知道照顾小朋友的情绪，学会适当地礼让。在游戏的互动过程中，孩子的社会性得到飞跃式发展。

如何培养聪明的孩子？

又是"早期教育"，又是"精英教育"，幼儿教育的热潮持续不断，让妈妈们无论如何也放不下心来。听说有一个孩子不到3岁就可以用英语唱歌，可是我的孩子怎么就不行呢？妈妈们永远都希望自己的孩子是最聪明的。

教育不会让孩子变得更聪明

坦率地说，培养聪明的孩子和灌输给他知识完全是两码事。在婴幼儿期刺激大脑的不是书和玩具，而是妈妈的育儿态度和方式。不了解这个事实，投入大量金钱请外教教孩子说英语、教孩子学算术，这样的学习不但对孩子无益，反击会成为孩子的痛苦和负担。因为早期教育不当，造成心理疾病而来找我诊治的孩子实在太多了。每次见到这些孩子，我都很心痛。培养聪明的孩子绝不能等同于"知识教育"。

担心孩子吃了不干净的东西，或者动了不该动的东西被撞伤，妈妈每天都要说上好多遍"不行！""喂！"之类的话。但总是这样，妈妈不经意间就形成了习惯。有时候，即便在并不危险的情况下，妈妈为了方便，或者出于习惯，也会制止孩子的行为。这就扼杀了孩子的好奇心，最终还会阻碍孩子大脑的发育，并不是一个好的做法。

孩子的智力水平和父母的关爱成正比

如果妈妈对孩子问的问题避而不答或总是敷衍了事，孩子怎么能变聪明呢？2岁左右的孩子好奇心最强，问题也最多。他总会问："这个是什么？""那个为什么会这样呢？"对于身边的一切事物，孩子都会抱着疑惑的态度，不停地提出问题。这时，父母回答问题的态度左右了孩子智力发育的水平。如果希望孩子聪明成长，必须充分尊重孩子的好奇心，和他共同寻求答案，对他提出的问题认真解答。

父母关心不足会阻碍孩子的聪明成长。在缺失关爱的家庭中长大的孩子，平时接受刺激的机会少，反应迟缓，大脑活动明显不足。如果妈妈能够对孩子的事情格外关注，对育儿投入充分的热情，孩子的智力水平就能够得到大幅提高。另外，为了让孩子更聪明，应尽可能地给孩子自由，充分培养孩子的好奇心和探索本能。在严厉的气氛和过度束缚下成长起来的孩子，不但性格畏缩，而且对新鲜事物缺乏兴趣。特别是经常被父母打骂、惩罚的孩子，他们积累了大量不满的情绪，对新事物的兴趣和热情不足，不能进行创造性思维，智力水平当然会低下。

还要注意的一个事实是，对孩子发脾气后不哄不劝，孩子被激化的情绪淤积在心中，也会给孩子带来负面影响。例如，孩子在舍不得妈妈离开的状态下入睡的话，不安的情绪会持续在整个睡眠过程中，不利于大脑的发育。所以，即使对孩子发脾气了，妈妈也要在孩子入睡前对孩子予以安抚，不要让孩子的负面情绪积累下来。

笨小孩来自父母的错误习惯

1. 不认真回答孩子提出的问题。
2. 育儿态度消极，对孩子不关心，不和孩子一起游戏。
3. 事无巨细，对孩子的事情全部要干涉、控制。
4. 对孩子发脾气后，不哄也不劝。

Chapter 3

3～4岁

（25～48个月）

排便＆睡眠

自我控制

说话

习惯

游戏＆玩具

教育机构

同胞关系

自信心＆社会性

父母＆孩子

3~4岁孩子特点须知

开始具备调整身体和情绪的能力

3~4岁的孩子已经明白自己和别人不一样，他们开始用各种方法来了解自己。他们会通过活动身体来判断自己的体能，并给自己提出各种要求，通过实现要求来提高自己的控制力。孩子2岁时，自控能力还很差，当想做的事情被阻止的时候会产生挫折感，会通过发脾气或攻击性的行为来发泄。这些行为在3岁以后会稍有减少，这是因为孩子开始具备一定的控制能力。因此，在这个阶段，孩子开始和朋友做游戏，也能够稍微学些东西。这个阶段最重要的事情是孩子发脾气时要正确处理，要让孩子培养自控能力。

3岁时自控能力尚未成熟，表现为经常要赖

与2岁时相比，3岁的孩子身体方面的能力发育更加迅速，会进行更多的探索和尝试，也会挑起更多事端，经常闯祸。这是所有孩子的共性。我们对这个年龄段孩子的评价是"3岁讨人嫌"，而在美国，我们的虚岁3岁是他们的2岁，因此他们的说法是"恐怖的2岁"。

这个时期的孩子，不能自控和要赖现象是最严重的。在马路上或超市里，由于要求得不到满足满地打滚、又哭又闹的孩子，大部分都在3岁左右。虽然抚养这些孩子的父母会对孩子太爱要赖、有时甚至会出现攻击性举动而担心，但这些现象都属正常。因为这个阶段的孩子还没有调节情绪的能力，所以只好用要赖的方式来表达情绪。反倒是对父母言听计从的孩子有可能是发育有问题。

孩子在事情不能如愿而感到极度愤怒的时候，会用各种方法来宣泄

自己的怒火。不止是号啕大哭，还会出现扔东西、吐唾沫、拧掐、呕吐、打人等各式各样的问题行为。我的孩子也是如此。庆模在不能如愿的时候，总是把吃进去的东西都吐出来；静模则会抓起东西乱扔。对于这些行为，父母要教育孩子，让他明白什么是"可以做的事"，什么是"不能做的事"，坚持用这样的原则来约束孩子，孩子的行为才会有所收敛。

孩子的要赖行为如果被父母阻止，他就能意识到自己的行为是不好的。特别是母子关系亲密的孩子，如果看到妈妈不喜欢自己行为的表情，他就会停止要赖。这个时期的孩子还不明白"我打人的话，挨打的人会疼"的道理。唯一能左右孩子内心的是"如果我闹得太过分，亲爱的妈妈会讨厌我，那可怎么办呢？"这可以算作最初的良知吧。因此，当孩子要赖的时候，与其大声呵斥、阻止孩子的行为，不如用失望的表情告诉孩子："你那样做妈妈很难过"，这样，大部分孩子都会停止要赖。在这个意义上，与孩子形成良好的依恋关系显得尤为重要。

但是，有些孩子的要赖会非常频繁，或者持续时间很长。这些孩子或是大脑发育有问题，或是性格乖僻，或是和妈妈的关系出现了问题，这三种情况比较有代表性。有时，这三种情况还会交织在一起，所以孩子频繁地出现要赖行为时，父母首先要准确判断原因，然后找出根治的方法。如果父母自己难以判断，就需要寻求专科医生的帮助。

3岁开始形成内在的自我调节能力

孩子3岁以后，自我调节能力发育到相当程度，既可以调整不好的情绪，也能够控制大小便。因此，孩子在36个月之后就可以送去上幼儿园了。在自我调节能力发育的同时，孩子的智力发育也非常好，这可以从孩子的游戏中看出来。孩子2岁的时候，只会抱着玩具娃娃或用牙刷给娃娃咔嚓咔嚓地刷牙，玩很多模仿现实生活的游戏。而到了3岁以后，开始玩充满想象力的游戏，比如过家家；孩子们会约定谁当爸爸，谁当妈妈，给游戏增加一些富有想象力的色彩。

这些有想象力的游戏不仅能使孩子的智力水平得到提高，还能培养孩子的创造力。而这两者都是以自我调节能力为基础的。这个时期，有些孩子因为自我调节能力不足，对身体和情绪的控制能力不够，会任由"不听话"的身体和心情摆布，智力发育因此会受到影响。这些孩子在玩想象力游戏的时候，或因无法调节情绪和小朋友发生冲突，或因玩耍过程中尿湿了裤子，从而无法享受游戏的乐趣。

2岁时由于生病或其他原因没有形成自我调节能力的孩子，3岁以后仍然会出现2岁孩子特有的行为。比如爱耍赖，或喜欢玩简单的游戏等等。此时，为了让孩子充分体验这个必经的过程，父母最好不要横加干涉。

从发展心理学的角度讲，孩子在每个时期都有相应的发育任务。例如，2岁时的语言发育、3岁时的控制大小便能力等。如果该项发育任务没有完成，孩子不可能就此跳过而直接进入下一个阶段。因此，即使孩子玩与自己年龄不相符的游戏，父母也不要阻止，要让孩子充分进行。只有这样，才能培养孩子的自我调节能力，让孩子的行为举止与年龄相符，并在情绪发育成熟的基础上再进入下一个阶段，即认知发育阶段。

孩子的语言能力迅速发育，对孩子必须有问必答

2岁孩子的语言每天都在发生变化。孩子经常说的是"这是什么呀？""为什么呀？"等。即便孩子总是重复提出同样的问题，大人也要充分地给予解答。在这样的过程中，父母不但能帮助孩子提高语言能力，还满足了孩子对世界的好奇心，对孩子的智力发育大有益处。如果父母对孩子的问题能够认真、充分地解答，孩子会感到被尊重，好奇心也得到发展。

就这样，孩子通过不停地提问和倾听父母的回答，每天可以熟悉5~6

个词，到了开口说话的时候，已经能够使用千余个单词了。一般情况下，2岁左右的孩子会说"妈妈，吃饭""爸爸回来了"等由2~3个单词构成的短句。3~4岁的孩子已经会模仿大人的话了。当妈妈对很晚才回家的爸爸说"唉！真是烦死人了！"的时候，孩子偶尔也会突然跟着说出同样的话。所以，为了孩子能够掌握美好的、正确的语言，做父母的应该注意自己的说话方式。

吓唬孩子没有任何效果

3~4岁孩子的妈妈每天都忙得不可开交，不知道孩子在什么时候就会闯出什么祸来，所以不得不时刻保持高度警惕。只要一时没看住，孩子就会在墙上胡乱涂鸦，或把其他孩子打伤，或把手伸进热锅里。尽管这些行为都与形成自我意识有关，但有时也让人感到很恼火。

让这个阶段的孩子明白"哪些是不可以做的事情"是非常困难的。无论怎样和蔼可亲地讲道理，孩子还是会反复犯同样的错误，让人无可奈何。孩子闯了祸后，妈妈还得收拾残局，有时难免会火冒三丈地对孩子厉声训斥、吓唬："你老是这样的话，就不给你买玩具了！"这种话其实起不到任何作用，孩子还是会反复出现相同的举动。

心理学研究中有一个有趣的实验。先把孩子分成两组，然后每组都得到一个箱子。研究员对其中一组孩子和蔼地说："箱子里的东西是不能摸的"，对另一组孩子则吓唬说："要是摸了箱子里的东西，我会发火的！"然后不管孩子，让孩子们自己玩。结果是怎样的呢？

当时，两组孩子中各有30％左右的孩子忍不住去摸了一下箱子里的东西。但是，3个月后再给这两组孩子同样的箱子，就出现了完全不同的结果。被吓唬的那组孩子中有70％摸了箱子里的东西而被和蔼劝告的那组孩子中，还是只有30％的孩子去摸了箱子里的东西。这个实验表明，如果用严厉的话来控制孩子，不管当时是否管用，随着时间的流逝都会产生反作用。

因此，为了阻止孩子的行为而严厉呵斥孩子的方法是不可取的。或许妈妈这么做可以暂时消气，但对孩子却不会有丝毫的教育效果。应该告诉孩子，为什么这样做是不对的。此外，与其跟孩子说"必须这样做才是好孩子"，不如告诉他父母的感受更有效果。"你耍赖的话，妈妈会很伤心。""你要是爬到这上面，会很容易摔下去，你要是受伤的话，妈妈会很难过。"像这样，把父母的感受告诉孩子，孩子的行为更容易改变。

关系的转变

这个时期的孩子在知道了自己的性别之后，会感受到父母的性别魅力，并爱上自己的异性父母，即男孩爱上妈妈，女孩爱上爸爸。但是，在孩子爱慕的人旁边还站着另一个人，即爸爸或妈妈。孩子已形成的"妈妈——我""爸爸——我"是一种"1对1"的关系，从此时起，孩子开始认识到妈妈和爸爸的关系，形成了"妈妈——爸爸——我"的三角关系。

此时，男孩为了独占母爱而嫉妒爸爸，会产生"俄狄浦斯情结（Oedipus Complex）"，即"恋母情结"。女孩会爱上父亲，产生"恋父情结（Electra Complex）"。因为"恋父"或者"恋母"，孩子会嫉妒自己的父亲或者母亲，与之竞争到一定程度后，孩子会得出"我要成为那个人"的结论，并开始模仿他或她的一切。男孩会认为"我要是跟妈妈喜爱的爸爸一样，妈妈也会爱我的"。女孩子学妈妈化妆、男孩子学爸爸扮酷就是这个原因。

因此，妈妈和爸爸要分别成为女儿和儿子学习的榜样。特别是对男孩子来说，爸爸的影响力是巨大的。爸爸总会给孩子制定规矩并严厉地管教孩子。但是，如果太过强调规矩，对孩子太"凶"，孩子会害怕爸爸。经常模仿"可怕"的爸爸，孩子变成暴徒的概率会很高。相反，如果爸爸为人处世没有原则，效仿他的孩子会在社会性发育上出现问题。因此，爸爸应该保持适度的严厉与慈祥。

爸爸的作用对儿子很重要

一次，有一位有三个女儿和一个儿子的母亲带着刚过3岁的小儿子来到医院。因为儿子想穿裙子并只喜欢粉红色，母亲担心孩子的性别认同有问题。事实当然并非如此。先了解一下这个孩子的家庭环境吧。爸爸长期在国外，这个小男孩从小就在妈妈和三个姐姐的身边长大。每天看到妈妈和姐姐们穿粉红色的裙子，他自己自然会效仿。

对于3~4岁的男孩来说，爸爸的作用至关重要。当他度过"恋母情结"阶段之后，就应该学习如何成为真正的男性。但是，此时爸爸由于离婚或者派驻海外而没能在孩子身边的话，就很容易出现上述事例中的情况。此外，家庭中如果没有人严格要求孩子，也会影响对孩子道德品质的培养。如果爸爸实在不能和孩子在一起，最好能让孩子经常见见叔伯或邻家叔叔。让他和男性成人一起去澡堂也好，玩游戏也好，总之要让他形成男性的性别角色认同。

这个时期，如果父母关系不好，孩子也不能形成正确的性别认同。比如妈妈由于不喜欢爸爸，一看到孩子和爸爸在一起就心生嫉妒，不让孩子和爸爸接触。如果爸爸被家庭排斥，孩子就容易得出"爸爸是坏人，不能跟他学"的结论。如此，孩子会认为爸爸是无足轻重的，并产生恋母倾向，这会对孩子的男性性别认同造成冲击，让他经常产生"爸爸这么差劲了，那我又该如何呢？"的混乱想法。

这样的情况也会影响女儿。女儿看到父母之间的矛盾，会认为"如果我像妈妈一样的话，爸爸也会讨厌我"。因此，女儿也同样无法形成健康的女性性别认同。可见，夫妻之间的不和谐不但对夫妻双方、而且对子女都会产生恶劣的影响。

父母关系和谐，孩子社会性获得成长

在人际关系方面，3岁左右的孩子认为只有"妈妈——爸爸——我"的关系是最重要的。虽然也经常和别的小朋友们玩耍，但只要爸爸、妈妈一叫他，孩子就会立刻抛下朋友，一溜烟地跑到父母身边去。孩子只有到了4岁之后，才开始扩充原来的三角人际关系构图，把朋友也放进去。当然，这个阶段的孩子是喜欢和朋友们玩耍的，但他们会非常主观。有时，会突然起一个念头，抬手打和自己一起玩耍的小朋友；有时，小朋友想跟他玩，他就能和他一起玩个十几分钟，然后又突然表示很不高兴，又想自己一个人玩。这是因为孩子还不知道和朋友意见不一致的时候应该如何处理。

父母看到这种情况时会担心孩子的社会性发育不足。其实，孩子愿意和家人以外的人接触，这种行为本身就是孩子社会性发育的信号。在这个阶段，对孩子社会性影响最大的不是别人，正是父母。得到父母充分疼爱的孩子会在与父母依恋关系的基础上结交朋友。另外，通过观察父母如何相互沟通、协商意见，孩子也会学习到如何和朋友相处。如果父母每天都吵架，却要求孩子好好与朋友相处，孩子会很困惑——他连学习的榜样都没有，又如何能做到友好相处呢？当父母发觉孩子社会性方面出现问题的时候，首先要反省一下自身情况。如果父母和孩子的依恋关系很完美，夫妻关系也很和谐，但孩子还是处理不好和朋友的关系，那可以等孩子长大一些后再来解决这个问题。

排便 & 睡眠

孩子裹着尿布到处走

遵循育儿书籍来抚养孩子的父母，在孩子18个月大的时候，会为了让孩子自理大小便而费尽心思。盼着孩子早一天脱下尿布的父母，心情是何等急切啊！可眼看孩子过了2岁，还是不能自理大小便，父母不由得忧心忡忡，于是就催促孩子，有时还会因为孩子的过失而大声呵斥。但是，发脾气是不能教会孩子自理大小便的，需要让孩子进行与发育过程相适应的训练。

18个月开始，36个月完成

每个孩子能够自理大小便的时间各不相同。有的孩子在18个月以前就会，有的孩子在之后才会，因此不要把自己的孩子和别的孩子进行比较，这会给孩子造成压力。孩子18个月大的时候，自主神经系统（autonomic nervous system）①开始控制膀胱和肛门，因此可以相应地进行排便训练，稍晚一点，在2岁前后开始排便训练也没有问题。

孩子学会自理大小便的时间与智商没有关系，自理时间早一些并不能说明头脑聪明，晚一些也不是发育迟缓。当然，孩子能早些自理大小便的

---

① 自主神经系统：是调节人体内脏功能的神经装置，因为不受人意志的支配，故也称为植物性神经系统。

话，父母能轻松些，带孩子会更容易些。但是，这只是妈妈的立场罢了，对孩子来说，没有明显的好坏之分。

训练孩子自理大小便，重要的是父母要有耐心、能包容。大部分孩子在21个月左右时，就能感觉到自己要排大便，27个月左右时在白天可以控制排大便。然后，逐渐可以在白天自主小便，而再过一个阶段，才能掌握在夜间控制小便。因而，在36个月左右的时候，孩子很自然地就能做到大小便自理。

大小便自理是孩子出生后必须掌握的事情中最重要的一件。因为这不仅意味着孩子的肛门的肌肉正常发育，也意味着孩子的情绪发育达到了相应的程度。自理大小便本身虽然也很重要，但更重要的是让孩子在自己解决大小便这一过程中获得成就感。

孩子准备好自理大小便了吗？

孩子可以自理大小便的时间随孩子的气质、发育状况不同而有所差异。但是，可以从孩子的行为上观察他是否可以进行排便训练。请参照以下标准来观察孩子。

1. 可以间隔4小时排一次小便；
2. 在固定的时间排大便；
3. 可以自己走到坐便器前坐下；
4. 看到妈妈和爸爸上厕所的样子会学着做；
5. 会用"讨厌""不行"等来表达自己的意见；
6. 能够放下并提起裤子或裙子；
7. 听得懂"嘘""嗯"等词并有反应；
8. 裤子被大小便弄湿会感到不舒服。

着急不行，不管也不行

弗洛伊德把 18~36 个月定义为肛门期①。在肛门期可以通过憋大便或排大便而体会到快感。因此，这个阶段的孩子会喜欢有关"便便"的叫法，天天在嘴边挂着"放屁"或"屁洞洞"等词汇。

排便训练就是在肛门期开始的。此时，孩子第一次体会到自己的本能冲动会受到来自外部的控制。如果父母严格地、强制性地进行排便训练，孩子会被规则和规范过度约束，无法培养出独立性和自律性。此外，对于大便这种"脏东西"的反感可能会使孩子长大后变得有洁癖。反之，如果马马虎虎地进行排便训练，会让孩子形成无视规则和规范、天马行空式的性格。

坐便器就像玩具

有些孩子因为反感坐坐便器，就把大小便排在裤裆里。因此，为了让孩子做好自理大小便的准备，首先要让孩子熟悉坐便器。把儿童坐便器放在孩子看得见的地方，并让孩子感觉坐在上面是很快乐的事情；如果孩子不反感坐在普通的成人坐便器上，并且父母能确保孩子使用坐便器的安全，就无需使用儿童坐便器。

这之后，还要观察孩子排便的时间规律，以便到了时间就让孩子坐在坐便器上。在孩子排便的时候，要坐在孩子面前，和他一起做出使劲的样子。还要哼唱歌曲，让孩子感受到排便的乐趣。孩子把大便排在坐便器里的时候，要好好夸奖他。

训练孩子自理大小便，除了反复练习别无他法。即使孩子一开始做不好，但只要多练几次就能学会，因此要耐心地让孩子持续练习。大便能自理后就要训练孩子自理小便。在孩子要排尿的时候，同样要让孩子坐在坐便器上，并让他在这段时间里感到快乐。如果是男孩子，为了训练他像成

---

① 弗洛伊德关于性本能的发育阶段阐述，请详见第 130 页 Chapte 1 "习惯"一节。

人一样站着小便，可以用空罐头当尿壶。

看有关大小便的图画书也是好方法

通过孩子喜欢的图画书让孩子学会排便也是一个好方法。书店里有很多与排便相关的图画书。这个阶段的孩子会认为自己和书里的主人公一样。因此，当看到主人公能自理大小便的时候，孩子也会跟着学。在图画书中，进卫生间脱下裤子解手，便后打开水洗手的过程被描述得非常有趣。这样的书会让孩子懂得要自理大小便，还很自然地告诉孩子便后要做的事情。

排出的大小便不是肮脏的东西，不要产生罪恶感

肛门期的孩子会通过排出大小便体会到满足感，因为这是自己"创造"出来的。因此，孩子排出大小便后会想摸摸看。此时，如果妈妈用"不可以！不能摸！"等否定性的语句来阻止他，孩子会觉得自己做出了脏东西而产生罪恶感。因此，不能跟孩子说不许摸，而要这样说："宝宝拉的便便真可爱哟，是不是想摸摸看呢？但是，便便上有很多虫子呢，虫子也喜欢宝宝的便便哦。你要是把摸过便便的手放进嘴里的话，虫子也会钻进你肚子里。所以，还是不摸便便好啊！"像这样，不把大小便说成是脏东西，而说成是可爱的东西。孩子如果有这样的观念，排便训练会非常顺畅。

排便时出了差错要让孩子自己处理

孩子在排便训练的过程中难免会出差错。这个时候，妈妈不要严厉地呵斥，而要宽容对待。"太着急了才把便便排在裤子里了吧？没关系的，别在意！"妈妈要这样安慰孩子，不让他产生罪恶感。

特别是在解小便的时候，孩子经常会闯祸。孩子一定程度上能够控制小便，可还是尿湿裤子的时候，妈妈要在态度上稍做改变。孩子每次尿裤

子的时候，要告诉他，以后小便要解在坐便器里，或者当感觉要小便时，得等到大人说"嘘"才可以开始。此外，让孩子自己洗尿湿的裤子也是好办法。这样，孩子就会明白要对自己的行为负责，并且会发现尿湿裤子是件很麻烦的事情。这个办法对于能够做好却故意犯错的孩子效果很不错。

强忍着便意或藏起来排便

孩子在大小便的时候，有很多行为是成人难以理解的。在妈妈不知道的情况下躲起来排便，或者只在尿布上排便，有时还会因为憋的时间太久造成便秘。如果不使用尿布，衣服、裤子就会被大小便弄得乌七八糟。妈妈又发脾气、又打孩子屁屁，数落了几十次，可孩子还是改不掉这样的怪毛病。

自理大小便标志着孩子具备自我调节能力

之前任由妈妈摆布的孩子，2岁以后开始具备自我调节能力了。在心理上一点点地独立，开始有了自己的小主意。在身体上，孩子的自主神经系统开始发育，并可以控制大小便。此时的孩子什么事都想按自己的意愿做，如果如愿就很高兴。因此，当别人替他做他能做的事情时，孩子就会用哭闹来表示不满。

孩子也希望按照自己的方式来控制排大小便，在不能如愿的时候会感到非常沮丧。因此，排便没控制好时孩子会哭得很凶，并且会因为害怕失败而强忍着。这种情绪如果没有得到很好的调节，排便训练会非常困难，情绪上的发育也会出现问题。特别是妈妈有洁癖而对孩子进行严格的排便训练时，敏感的孩子会发生便秘。

躲起来排便是因为孩子害怕排出大便的感觉。这个阶段的孩子对即使很细小的事情都会惊慌害怕。他们认为大便从身体里排出去，是身体的一部分离开了自己，所以很害怕排便。孩子既对大便离开身体感到害怕，又对无法自控感到恐惧。

这样的举动是发育过程中出现的正常现象，家长没有必要反应过敏。应该理解孩子害怕失败的这种心理，并给予抚慰。

奶奶们的排便训练法

妈妈们总是问我如何进行孩子的排便训练。每当这时，我总是告诉她们，过去老奶奶们教孙子、孙女的方法是最好的。

我们的奶奶们到了夏天会把孩子脱得光溜溜的。没穿裤子的孩子们跑着跑着就会排便。这时，奶奶会一边收拾一边笑着说："哎哟，我们家小宝贝的便便拉得真好呀！"在孩子快要小便的时候，奶奶会用嘘声引导孩子。奶奶就是这样随身带着空易拉罐，并用嘘声来控制孩子小便，告诉孩子不能随地大小便的道理。简言之，奶奶的排便训练法就是顺其自然，耐心等待，相信孩子"到时候自然会排"。这种方法以孩子为主，符合孩子发育的规律，自然而然地培养孩子的排便习惯。

特别是孩子总憋着或躲起来排便，排便训练非常困难的时候，不要把责任都推给孩子，而要仔细回想一下，平时是否因为排便问题给孩子施加了过大的压力，或者在训练过程中是否吓唬过孩子或表现出不耐烦。果真如此，就要用宽容的心态帮助孩子完成他们人生的第一个任务。就算迟几个月也不是什么大不了的事情，最好在孩子准备好的时候再开始训练，这样有利于孩子的情绪发育。

> ## 睡梦中突然被吓哭，或者下地溜达
>
> 　　睡眠问题是从孩子出生之日起就让父母担心不已的问题。在孩子还是新生儿的时候，父母担心孩子昼夜不分；孩子2~3岁时，担心孩子会从睡梦中突然哭醒；孩子3~4岁的时候，担心孩子夜里尿床；孩子4岁以后，又会担心他睡梦中猛然坐起、出现夜惊（night terror），或者睡梦中下地溜达、出现梦游症。下文将告诉你如何解决孩子的这些睡眠障碍。

孩子睡得浅是发育的自然现象

　　孩子的睡眠也要经历一系列的发育过程[①]。新生儿的时候，一天要睡20个小时以上，不论白天黑夜都在睡觉。到了3个月左右，开始夜里比白天睡得更多。周岁以后，孩子才形成与成人相似的睡眠规律，白天活动，夜晚睡觉。因此，不能通过与成人的比较来理解孩子的睡眠习惯。

　　人的睡眠分为快动眼睡眠（REM Sleep）和非快动眼睡眠（Non REM Sleep）。会做梦的睡眠称为快动眼睡眠，不做梦而睡得很沉的睡眠称为非快动眼睡眠（又称无梦睡眠）。人在睡眠时，快动眼睡眠和非快动眼睡眠多次交替反复，越到睡眠的后半段，快动眼睡眠越长，就越可能做梦。

　　从非快动眼睡眠状态转换到快眼动睡眠状态时，有时会很短暂地醒来，成人对此并无明显感受，只是一翻身或迷迷糊糊地醒一下就又睡过去了。但是，孩子的这种睡眠模式还没有成熟，会在睡着的时候翻来覆去折腾并发脾气哭闹，有时还会从睡眠中醒过来。但是，大部分的孩子会随着成长而掌握正确的睡眠习惯，不用过于担心。

睡梦中突然出现的夜惊

　　全家人都睡着了，孩子突然一屁股坐起来就开始哭，看上去好像是做

---

① 0~12个月孩子的睡眠问题请详见第109页 Chapter 1 "睡眠问题"。

了噩梦一样，害怕得直抖，还会毫无目的地胡乱抓东西。抱起孩子，觉得孩子心脏怦怦地跳，浑身冒冷汗。妈妈一边叫孩子的名字一边轻轻摇晃，但孩子的眼神依旧茫然，对父母的话也没有任何反应。持续5～15分钟后，孩子好像什么都没发生似的又呼呼大睡起来。第二天问起孩子昨夜的事，他却再没有丝毫的印象。

这是夜惊的典型症状。夜惊、梦游症、说梦话等都是在非快动眼睡眠中发生的现象。在做梦的时候是不会出现这些现象的。因此，夜惊和做噩梦是两种不同的情况。孩子做噩梦的时候，父母在身边轻拍或抱起来哄哄，孩子会再次入睡，恐惧的程度不像夜惊一样严重。两者的区别还包括做噩梦的孩子会对自己曾惊醒有一定的记忆，而夜惊的情况则完全不会记得。

出现夜惊的时期是4～12岁，这个年龄段中1%～3%的孩子有这种经历。这种情况多发生在中枢神经发育不成熟的孩子身上。当孩子到了小学高年级的时候，这种情况会慢慢消失。这和抽风、癫痫等病都无关，也不会因此产生情绪或性格方面的问题，家长不用过于担心。

睡梦中突然起身行走的梦游症

15%的5～15岁孩子都会经历梦游症，这种现象会随着年龄的增长而消失，在成人中仅有0.5%的人会出现梦游的症状。对成人来说，梦游症是一种比较严重的病症，需要去医院进行专科诊治，而对孩子来说，却是发育过程中出现的正常现象。

患有梦游症的孩子会从床上起来，睁着眼睛或闭着眼睛，做出下地溜达等漫无目的的举动。有时睡得好好的孩子会爬起来拿玩具玩，有时候还会打开电视，吓父母一跳。有些孩子在梦游当中对问话还会回答。与夜惊相同，孩子梦游的时候身边的人怎么叫，他都不会醒，早上起来后，对夜里发生的事也没有记忆。这种症状出现在入睡后2～3个小时以内，持续30分钟左右后孩子会停止梦游，进入睡眠。

孩子出现梦游症不是源自心理方面的问题，梦游也不会造成孩子性格方面的问题。同时，这种现象会随着青春期的到来自然消失。因此，父母不必太过忧虑。父母应该做到的，是保证孩子从床上起来后接触到的环境是安全的，最好把孩子会经过的地方清理干净。

说梦话

说梦话是从非快动眼睡眠过渡到快动眼睡眠时的觉醒状态下发生的现象，并不是孩子真正醒过来，而是在睡梦中毫无意识的行为。我家老二静模说梦话的时候，经常叨念着白天发生的事。这时候，大部分母亲会把孩子的梦话和实际生活相联系，将问题严重化。

特别是孩子反复说"不行""下来""住手"等强硬词句的时候，妈妈会担心是否有什么事给孩子造成了压力。其实梦话并不一定反映平时生活的情况。

一项针对儿童睡眠的研究显示，3~10岁的孩子有一半左右1年内说一次梦话。因此，如果情况不严重，可以认为这是发育过程中出现的自然现象。当孩子长到一定年龄，这种情况会逐渐消失，因此，在孩子说梦话的时候，父母不要惊慌，而要轻轻拍打孩子，帮助他安心睡觉。

但是，如果孩子老是说梦话，不是小声嘟囔而是大声尖叫，并且有手脚乱动的举动，就要观察孩子是否有其他问题。比如要注意查看孩子是否有睡眠障碍，或者焦虑障碍等特殊原因。

我曾经治疗过一个因严重焦虑障碍导致说梦话的孩子。这个孩子是在目睹交通事故后出现了这种状况。此时，首先要治疗的是导致孩子说梦话的焦虑症。如果检查出大脑机能出现问题，还要一并进行神经科治疗。

自我控制

孩子注意力分散是妈妈的过错

　　带着精力充沛的孩子去公共场所或参加聚会时，孩子到处乱跑，一会儿玩这个一会儿玩那个，就是不肯集中精力玩一样东西，妈妈为此精神高度紧张。4岁的孩子是很好动的，再加上如果孩子还爱调皮捣蛋，那么他闹得就更欢了。妈妈越不让做，孩子就越想试一试，折腾个没完。其实孩子的一切行为都是有原因的。埋怨无济于事，要找到导致孩子注意力无法集中的原因。

高标准的父母带出注意力分散的孩子

　　孩子年纪越小，注意力能保持集中的时间就越短，因此，让孩子什么都不做、安静地坐着，这个要求本身就是孩子难以承受的"酷刑"。想想幼儿园和托儿所是怎么上课的吧！在那里，孩子从事同一项活动的时间仅为15~30分钟。在这段时间里，活动要从开始、展开到结束走完全过程。超出这段时间，还要让孩子保持注意力高度集中，孩子是做不到的。因此，在公共场所要求孩子保持30分钟以上安静是不现实的事情。

　　此外，父母要想想孩子是在什么情况下会出现注意力分散的行为，是不是在一些父母认为"必须要举止文雅"的场合孩子才这样呢？比如说展览会、剧场、婚礼等场所。在这些地方，父母本身就很注意保持自己的仪态，对孩子的一举一动也会严格要求。其实，用大人的高标准要求孩子，只会让孩子的注意力变得更加分散。

为了缓解父母造成的过度压力，孩子会做出一些不可思议的举动。因此，父母在指责孩子注意力分散之前，首先改变立场，重新考虑一下自己对孩子的要求吧！孩子有时注意力分散，父母就会联想到多动症，把健康孩子活泼好动的行为看做是多动症引发的注意力不集中。其实，父母不应对此太敏感。

孩子注意力分散是有原因的

孩子的注意力分散都是有原因的。如果父母努力查找原因，尽量满足孩子的愿望，孩子注意力分散的行为就会慢慢减少。

以我的经验来说，庆模从小就性格乖僻，对所有事情都很敏感。特别是吃饭的时候注意力非常容易分散，让他吃顿饭就像和他打仗一样。他从来不会安安静静地坐在餐桌旁吃饭，总是嘴里一边嚼着食物，一边到处跑来跑去，仿佛在和我捉迷藏。

我试过把他拽过来，强迫他坐下好好吃饭，也试过好言相劝，还试过一脸严肃地发脾气，但庆模注意力分散的行为却丝毫没有改变。我有时甚至祈祷，只要能让庆模好好吃饭我就别无所求了。但无论怎样努力，庆模却没有任何改观。有一次望着他，我突然想到："这样拒绝吃饭，是不是有别的原因呢？"

从那时起，我就开始寻找庆模吃饭时注意力分散的原因，通过庆模对饭菜的反应观察他对饮食的喜恶。就这样，我慢慢地找到了症结所在。原

孩子注意力水平如何？

1. 手脚不停地持续乱动。
2. 吃饭时身体经常摇晃。
3. 父母说话时经常插话。
4. 不能一个人安静地玩耍。
5. 还没等别人问完话就急着回答。
6. 妈妈讲故事的时候不能聚精会神地听。
7. 吃东西的时候好像有人在催促似的狼吞虎咽。
8. 不能聚精会神地看儿童节目。
9. 家长给他念书时不能听到最后。
10. 经常弄丢玩具和书等东西。

※ 结论

上述情况出现8种以上：需要强化集中注意力的训练；

出现5~7种：有注意力不集中的问题；

出现1~5种：注意力没有问题。

来，庆模对饭菜入口的触觉异常敏感。舌根感觉到黏糊糊的米饭，庆模往往难以下咽，所以，吃米饭的时候他就不高兴，这种不想吃饭的内心活动表现出来就是注意力分散。

孩子怎么会主动去做自己讨厌的事情呢？这种情况下只能是妈妈来适应孩子了。知道庆模讨厌吃饭的真正原因以后，我开始尝试给他做喜欢吃的饭菜。我发现庆模对于加了香油的饭菜能接受，并且吃得很好。于是，从那时起，我就在庆模的所有饭菜里都加了香油，甚至连泡菜也用香油拌一下。

如果那时为了改变庆模的吃饭习惯，我按照一些育儿书籍的要求，把饭桌收拾好，孩子找食物的时候也不给他，结果又会是怎样呢？说不准庆模会发育不良呢。每天都被骂、被强迫做自己不愿做的事情，孩子的性格会变坏的。

如果孩子在特定情况下注意力分散，要找出其中的原因。找到原因并满足孩子的要求，这是让妈妈和孩子都轻松的好方法。

鼓励好奇，制止无礼

孩子不仅在陌生的环境里会充满好奇心，即使在熟悉的环境中也会寻找新鲜事物，尝试进行新游戏。充满好奇心指的是孩子对陌生的场所、环境、人物感到困惑，并且有非常强大的意志力，希望自己去解决这些困惑。但是，因为有些困惑是成人忌讳解答的内容，或者孩子解决问题时所采用的方式违背了成人的意愿，所以父母和孩子之间经常出现矛盾是难免的。比如大人说话的时候孩子突然插嘴提问，或者孩子对于第一次看到的东西都想摸摸看等等。

成年人出现这样的行为是属于注意力分散，但如果是发生在孩子身上，不过是他通过各种方法体验成功或者失败，尝试了解新事物的过程。孩子通过这样的过程了解外部世界。因此，父母对于这种注意力分散要有一定程度的宽容。

如何提高孩子的注意力？

● 不要带孩子去人多的地方

注意力分散的孩子也会因自己的行为而苦恼。因为还不具备自我调节能力，所以会在周围众多的刺激下不自觉地出现注意力分散行为。对于这样的孩子，需要把环境营造得很有秩序。如果带注意力容易分散的孩子去市场等人多的地方，他可能会更加控制不住，因此最好不要带孩子去类似地方。即使去的话，也要让能够管教他的男性家长带着去。

● 家中布置要井然有序

家庭环境也非常重要。总是处于类似电视音量很大的吵闹环境中，无论是谁都很容易注意力分散。把容易引起孩子过度好奇心的物品收起来，让孩子平时所处的环境尽可能的整洁干净。

● 不要插手孩子正在做的事

孩子正集中注意力做某事的时候，不要突然打断他。孩子的房间再脏再乱，也不要在孩子聚精会神地看书或玩耍时进去收拾，可以稍后再打扫。培养孩子对一件事情能够专心致志的习惯，注意力分散的行为也会逐渐减少。

● 创造机会让孩子发泄精力

孩子大多精力旺盛。如果精力发泄不出去，孩子就会在家里四处乱跑、惹是生非。因此，应该让孩子在外面尽情地欢蹦乱跳，或者经常创造让孩子多做运动的机会。同时，也可以让孩子玩盖房子、拼图等能够提升注意力的游戏，这些方法都可以减少孩子的注意力分散行为。

● 去公共场所时，事先准备好孩子的玩具

带孩子去要求行为规矩的公共场所时，最好准备一些图画用具或者一个人能看的图书等有意思的东西，让孩子能够自得其乐。坐地铁的时候，可以让孩子玩折纸或者翻绳。需要带着孩子长时间逗留在室内的时候，在孩子不耐烦之前，父母中的一人要暂时把孩子带到户外玩一会儿再回来。经常有一些父母带孩子去看电影或戏剧，但最终不得不中途带孩子回家。想带孩子去此类公共场所的话，需要等孩子能长时间坚持集中注意力后再尝试。

但父母也不能因此就对孩子不礼貌的行为放任不管。应该多关注孩子不合礼仪的行为。教导孩子在别人交谈的时候，应该等别人讲完话后再说出自己的想法；对物品有好奇心、想触摸时必须得到爸爸、妈妈的许可。此外，在上文中提到的庆模的事例中，要告诉孩子，妈妈会给他做可口的饭菜，但他吃饭的时候不能到处跑，要坐在饭桌旁好好吃。这样才能让孩子逐渐接受各种情况下的礼仪规矩。

手比嘴快

"我家的孩子稍不如意，就会不管不顾地动手。我每次都跟他说'你已经会说话了，要通过说话解决问题'，这话当时还管用，可事后他还是想怎样就怎样。几天前和小朋友玩耍的时候，他一下子就把小朋友的玩具抢了过来，小朋友哭着找他要，他二话不说就把小朋友推倒了。这可真把我吓坏了！"

因为孩子有攻击性而来医院的父母很多，尤其是男孩子居多。对人情世故一无所知、纯洁得像天使一样的孩子怎么会有攻击性呢？

因为环境原因表现出攻击性

很多学者指出，攻击性是人天生的本能。人类进化的过程可以看做是一部斗争的历史。为了保护自己不受敌人侵害必须具备攻击性。因此，不能说攻击性一定是不好的。有时候，攻击性还可以成为让自己渡过难关的本能，孩子的攻击性同样也可以从这个意义上来理解。

攻击性出现在孩子能够自己控制身体的周岁以后。这时，一不如愿，孩子就会打妈妈、扔东西、发脾气。大部分父母都会觉得"他是因为还不会说话才这样的"而不多想。但是，孩子4岁以后，已经能够说出自己的想法了，却仍一不如意就不管不顾地表现出攻击性。这时父母就会开始认识到问题的严重性。

如果是别人家的孩子表现出攻击性，议论一句"父母是怎么教育孩子的"就算了。但自己的孩子也如此的话，父母当然会感到慌张。如果不及时纠正孩子的攻击行为，孩子就会形成攻击性的性格，还会故意跟父母对着干，后果不堪设想。

另外，不良的成长环境也会成为孩子具有攻击性的原因。孩子有攻击性的原因主要有以下几点：

● 孩子患有小儿疾病
智力水平低下 (mental retardation) 的孩子因为对身边情况的理解不足而表现出攻击性；患有多动症的孩子也会表现出攻击性；孩子如果有语言障碍，也会因为缺乏语言表达能力而表现出攻击性。

● 父母过度保护
父母满足孩子的一切要求，也会造成孩子的攻击性。如果孩子表现出攻击性，就更不能满足他的全部要求，要果断地做出判断。

● 暴力环境
孩子经常受到父母不当的体罚，或者从影视节目中经常看到暴力场面，经常玩暴力的电子游戏等，就会表现出攻击性行为。

● 没有形成一贯的育儿态度
父母对孩子的攻击性有时容忍，有时制止，没有一贯的态度，孩子的攻击性会更强。

辅导班的压力也是攻击性的原因
早期教育形成了一股热潮，很多小孩，甚至是还裹着尿布的孩子已经开始接受五花八门的辅导班教育了。父母让孩子试了试，发现孩子挺喜欢，于是认定让孩子去读辅导班是正确的。但是，孩子真的喜欢吗？这样做真的有效吗？

儿童时期，特别是3~5岁时是人的想象力最丰富的时期，孩子能够从自己的视角出发来理解世界，用自己的观点看待一切事物，用只有自己明白的语言来命名这些事物，还经常"胡言乱语"，让人怀疑孩子的发育有问题。但这其实是发育上非常自然且必须经历的过程。幼年时期必须要很好地经历这样的过程，长大以后正式开始学习时，才能把学习变成自己内在的诉求。

几年前，有一个当时在韩国很出名的"英语神童"到医院来测试智商。我问他："How are you?"孩子马上回答："Fine, thank you. And you?"看着回答简洁干脆的孩子，我觉得很有趣，于是又接着问一些问题，孩子的表情却变得很难看。他把嘴一闭，对什么问题都拒绝回答，甚至还发脾气，打妈妈。这种情况其实是孩子对超出自己能力的问题拒绝做出反应的"测验焦虑"。等孩子安静下来以后，我通过和妈妈的交谈，了解到孩子做出如此反应的原因。

孩子从小就学习英语，按照妈妈的要求一切都做得很好。孩子的英语能力比其他孩子都优异，开始得到大人们的关注，身边的人赞不绝口，妈妈因此更加热衷于孩子的英语学习。让他参加各种英语考试，得到了更多的赞扬。每当受到褒奖的时候，妈妈都会喜上眉梢。但越是这样，孩子就越担心"万一我失败了该怎么办呢？"结果，在英语学习中，孩子养成了即便不理解也死记硬背的习惯。因此，当被问到没背过的内容时，就会像前文所述的那样表现出攻击性。

从发育的角度来看，孩子在考试的时候会感到巨大的压力。此时孩子受到的压力与成人感受到的压力属于不同性质。考试中的成人，由于大脑已经发育成熟，所以考试对大脑不会造成很大影响。但是，如果孩子长时间处于重压之下，大脑会受到非常严重的刺激。

在这种压力的影响下，孩子的记忆力和道德意识会衰退并表现出攻击性。站在孩子的立场来看，"学习"就是一种"压力"。当孩子受到发育程度难以承受的压力时，就会因不满而表现出攻击性。

宽严相济很重要

攻击性是人的本能，因而只要孩子的行为不是太具危险性，即使不去管它，随着年龄的增长，这种行为也会慢慢减少。但如果孩子攻击性很强，发展到会对别人造成伤害的程度时，父母该怎样把握约束的尺度呢？虽然不同父母的看法各不同，但总的来说，应该做到宽容和约束相结合。

如果父母对孩子的攻击性只用体罚和训斥来处理，孩子会模仿父母的行为。比如，家里有兄弟俩的时候，如果老大受过体罚，他就会用父母对待自己的做法来体罚弟弟，这种情况很常见。因此，为了让孩子能正确调整自己的攻击性，父母自己首先不要做出攻击性的行为。不要忘记，父母是孩子的一面镜子。

如果父母认为孩子应该从小培养好习惯，对孩子攻击性行为严厉地管教，孩子就学不会自己控制攻击性，父母一不在，就会在幼儿园里表现出不听老师话、欺负小朋友等行为。此外，大孩子欺负弟弟、妹妹的时候，如果过度责骂，可能会让孩子产生逆反情绪。当孩子与爷爷、奶奶共处的时候，爷爷、奶奶对孩子的攻击性觉得"也没什么"而不加管束，但到了爸爸、妈妈这里却被告知"绝对不行"而被严厉地管教。同样的行为在长辈处得到不同的反馈，孩子会因为不知所措而变得叛逆。

对孩子攻击性的误解

当孩子经常做出攻击性举动的时候，父母有必要对孩子的行为进行约束或者训斥。但实际上让他充分表现出攻击性、把情绪尽情宣泄出来效果更好。强行压抑孩子的行为或冲他发火，孩子的攻击性会更强烈。父母首先要让孩子尽情地表达出自己的情绪，然后才能逐步教导他如何控制情绪并做到举止得体。如果孩子的攻击性带有暴力倾向，则要及时、果断地阻止。因为，反复做出的暴力行为很可能会转变成习惯性的行为。

使用"思考的坐椅"

父母应该管教好孩子，让孩子自己学会控制攻击性。首先，孩子表现出攻击性时，父母要能泰然处之，保持"我们早有准备"的心态，否则很容易发火。其次，孩子做出攻击性行为时，父母要在平静的心态下，语气温和地制止他。如果孩子不听从劝阻，父母也不要发火，要用语言和行动告诉孩子，他的行为是不正确的。

这样做的话，大部分女孩会停止攻击性行为，但性格倔强的男孩可能会由于叛逆心理而出现更严重的攻击性。此时，父母就不能再温言软语地劝告了，而要表现得强势一些。孩子想动手打人，应该牢牢抓住孩子的手，让他知道父母的力气更大。这样可以纠正孩子想用武力解决问题的毛病。

另外，还可以为孩子准备一把"思考的坐椅"。每当孩子做出攻击性的举动时，就让孩子坐在椅子上反省1~2分钟。但如果此时关上房门或

解决孩子攻击性问题的游戏

最好能通过游戏，让攻击性强的孩子尽情地表现和发泄出攻击性。

● **堆沙子**

堆沙子没有固定的游戏方法，也不存在竞争，而且用沙子可以随意堆成想要的形状。堆沙子是存在焦虑情绪的孩子发泄情绪的好游戏。

● **敲东西**

还记得在现场看足球、篮球赛时，一边敲打塑料瓶或充气棒，一边大喊"某某必胜"的感觉吗？在喊叫中，人们把一段时间里积蓄的压力都释放出来了。可以让孩子拿着简单的物品使劲地敲击和喊叫，发泄出被激化的情绪。

● **撕报纸**

跟孩子一起尽情地撕扯报纸。撕完后再把报纸抛过头，痛痛快快地玩吧！通过这个游戏，父母和孩子都可以改变心情。

者房间很黑，孩子会因为害怕而不知道自己应该反省什么。所以，最好把椅子放在孩子能够看到爸爸、妈妈的地方。

庆模和静模小的时候，我把沙发一角定为"思考的座位"，来代替"思考的坐椅"。感觉与其另找一把椅子，还不如灵活利用客厅里的沙发。一般情况下，更多的问题会发生在客厅，因此，灵活地将沙发一角作为"思考的座位"对管教孩子很方便。同时，由于和妈妈在同一个空间里，孩子不会感到焦虑，会认真反省。

在管教有攻击性举动的孩子的时候，妈妈要思考孩子为什么发火，为什么做出这样的举动。如果是周围的环境或者父母自身出现问题，就不能对孩子发脾气。另外，当父母做错的时候，要真心实意地跟孩子道歉。接受父母道歉的孩子，仅凭父母能理解他的心情这一点就会得到心理安慰，进而控制自己的攻击性行为。

看见什么都要买，不买就耍赖

周末的午后，我带着两个孩子去购物中心。玩具柜台前，一个孩子缠着父母买喜欢的玩具，不买就撒泼打滚，父母一副无可奈何的神情，费力地哄着。此刻，已到青春期的庆模和静模看到这种景象，不禁说道："哇噻！原来小孩子这么难缠呀！"

这可真是"青蛙不记蝌蚪时"啊！他们不记得自己小时候耍赖时是多么难缠呢！对于孩子耍赖，到底该怎么办呢？

开始产生占有欲

孩子过了20个月以后，开始对买东西产生兴趣。这个阶段孩子对世界的认识是以自我为中心的，因此会认为"我可以拥有想要的一切"。当带孩子去玩具商店时，他会两手抓满玩具汽车和娃娃，赖着非要买。妈妈开始矛盾了，一边想着"孩子是特别喜欢、想拥有才这样的吧"，一边又琢磨"按他的意思都给买的话，岂不惯出毛病了"。

面对耍赖的孩子，有的父母会啪地打一下孩子的手，并大声说"不行！"但孩子不肯轻易退却，无论如何都要达到目的，并开始大哭大闹；有的父母会强拽着孩子离开商店；有的父母则头也不回地往前走，孩子就哭着在后面追着跑。但有过几次类似经历，父母会发现，孩子哭闹耍赖，大人发火，其实对双方都不好。

这是因为，孩子产生物质占有欲是形成自我意识过程中的一个阶段。对于孩子想占有物质的愿望，父母不能无条件地拒绝，而应该适当地调节和引导，孩子才不会丧失自信。与其琢磨"孩子到底为什么会这样？"还不如认为"孩子已经长大了，都有占有欲了啊！"并告诉孩子如何控制好自己的欲望，这样做更有效果。

对训斥说"不"，对协商说"是"

我的孩子也有过为了买一样东西拼命耍赖的时候。一走到玩具柜台前，孩子就会纹丝不动地站定，手里抓满了各式各样的玩具，对我的话一句不听，不买不行。我又要看售货员的脸色，又觉得对不起其他的顾客，窘得无地自容。

然而，当我平静下来，想到孩子正处在占有欲很强的阶段，我就会这样告诉他："今天就买这一个，那个明天再买。反正今天把这些玩具都买回去，你也玩不了。"

这样讲以后，孩子也觉得妈妈的话似乎有些道理，点一点头，就这样度过了危机。第二天我绝对不会再带孩子到商店附近去了。对于单纯的孩子，这样的做法还是行得通的。但如果孩子还记得前一天的承诺，要求买玩具的话，就一定要买给他。但是，每次买之前都要问问他为什么。

"为什么想买这个火车？"

"因为我没有这样的火车。"

我希望孩子知道，买东西的时候，不是想要就给买，而要讲出理由。就这样定下一些不成文的规矩：比如，家里类似的玩具有很多、价格太贵、刚买过一个没多久又让买等情况是不给买的。设定规矩时，重要的一点是父母也要毫无例外地遵守。

此外，孩子到了3岁左右开始初步形成道德观念，因此要慢慢教给孩子区分对错的标准。庆模小时候，有一次想让我给他买一个10万韩币（约合人民币500元）的机器人。当时，我俩之间的对话如下：

"庆模啊，你好像很想要这个玩具，但你知道它多少钱吗？"

庆模说不知道，我就告诉他价钱，并说："庆模呀，爸爸、妈妈辛辛苦苦赚钱回来，要买吃的、买穿的，所以，为了给庆模买这个10万元的玩具，咱们可能就买不了米吃了，即使这样你也要买吗？"

"少了10万元就买不了米吗？"

"那当然了，10万元是很大一笔钱呢！"

用孩子的语言向他解释了钱的价值，庆模开始面露难色。他想了一会儿后又问我："但是，邻居家阿姨为什么给她孩子买呢？"

被问到这种问题，大人总是会很慌张。我一时语塞，沉思片刻后这样答复他："也许邻居阿姨比咱们更有钱啊，也可能是小朋友的生日啊，你过生日的时候不是也收到过很好的礼物吗？"

"原来是这样呀！那爸爸、妈妈还得多挣些钱才行啊！"

就这样，庆模明白了自己想要的东西是不可能全部拥有的。

控制消费诱惑是关键

父母带孩子去玩具琳琅满目的地方，却连一个玩具也不给买，这对孩子来说就太过吝啬了。还不如不要去呢！如果可能的话，可以缩短外出的时间，或者去那些没有太多消费诱惑的自然环境中。电视广告对孩子来说也是消费欲望的诱因，要尽可能地不让孩子看到。但也有这样的情况，如果对孩子买东西限制过严，孩子的消费欲望反而会更加强烈。孩子如果实在想买，不要直接满足，而要通过让他承担一些任务来换得玩具，这其实也是让孩子做出适当的妥协。如果孩子对于"妈妈绝对不会给买的"这种想法根深蒂固，以后就可能偷别人的东西，或者变成一有钱就立刻花光的购物狂。

即使对耍赖无可奈何，也要让孩子先停止哭泣

有时候协商或者和孩子相互妥协都不起作用，父母与孩子仍然不能很好地沟通，或是孩子哭闹耍赖，父母实在没办法，只能按照孩子的意思办，这样的时候，父母可真是苦恼不堪。遇到这种情况，父母即使对耍赖无可奈何，也要让孩子先停止哭泣。

如果这种情况是第一次发生，要跟孩子说："想要这个玩具才哭的呀？但是一边哭一边说的话，妈妈就不知道你想要什么了。所以你先别哭，想要什么慢慢说，这样妈妈才好给你买啊！"当孩子不哭了，就按照约好的给孩子买玩具。这并不是说只要孩子按照大人的意思做就给买，而是通过这样的训练让孩子做到不哭闹，直接说出自己想要什么，这样以后就有和他协商的余地了。

如果孩子已经养成习惯用哭闹让自己的要求得到满足，就不能无原则地好言相劝，而有必要让孩子看到父母严厉的态度。这时，父母要俯下身子，和孩子保持同等高度，然后注视着孩子的眼睛，坚决地说："你这样又哭又耍赖的话，就什么都不给你买了！"

如果在人多的地方，就跟孩子说："这里是公共场所，你这样会吵到其他人。和妈妈到别处说去。"然后把孩子带走。因为孩子长时间哭闹纠缠的话，会妨碍到别人。

即使这样孩子仍然哭闹不止的话，该怎么办呢？最好的方法就是摆出不予理睬的态度，一直看着他闹。孩子闹一会儿就会明白："即使这么折腾，妈妈都不理我哦"，大部分孩子会因此灰心丧气，不再耍赖。这样，下次再看到自己想要的东西也不会耍赖，而是好好地告诉妈妈："我想要这个玩具。"

出门前要约法三章

在出门前要告诉孩子去哪儿、去干什么。跟孩子说好：如果去购物中心，不能让妈妈买事先没说好的东西，也不能耍赖。还要让孩子知道，如

果还不听话并且要赖，妈妈马上会带他回家。

一旦和孩子有了这样的约定，父母也要信守承诺。当孩子要赖的时候，如果父母有时答应，有时不答应，会导致孩子不能正确控制自己的占有欲，而且无法懂得"自己想要的不可能全部拥有"的道理。

生气的时候大哭大闹、乱发脾气

最让父母头疼的莫过于看着孩子扯着嗓子号啕大哭，以至于哭得快背过气去的情况了。孩子只要有一点不如意就发火，脚碰到什么就乱踢，手抓着什么就瞎扔，还哭得上气不接下气的，真是让人着急啊。有时身处公共场所，父母就更不知道该怎么办了。这种情况想起来都觉得发憷吧？程度严重的孩子因为哭闹会突然有1~2分钟没有呼吸，脸色煞白。因此，就像体育比赛需要临场制定战略战术一样，对于孩子突发性的行为，父母也要有应对的策略。好的处理方式不仅能够解决突发的危机，对孩子的情绪发育也大有益处。

因为耍赖休克被送到医院也属正常

孩子过了周岁，当别人对他的行为说"不可以"的时候，会哭闹到背过气去。我家庆模也是一样。本来就气质乖僻、敏感的庆模对于别的孩子可能不太在乎的细小事情也会大哭大闹，有时甚至故意把手伸进嘴里，让自己呕吐不止，我真是头疼不已。老二静模觉得哥哥值得效仿，也是稍不如意就乱扔东西，哭闹不休，让我伤透了脑筋。

2岁以后，孩子的耍赖表现达到顶峰。如果想要的东西没得到，就像到了世界末日一样怒不可遏。有的孩子耍赖耍到晕倒在地，被送到急救室。孩子的这种表现在医学上被称为"情绪激愤行为（temper tantrum）"。孩子偶尔出现一两次这样的行为是正常的。

情绪激愤行为是孩子的情绪控制能力跟不上智力发展进度的表现。一般情况下，孩子在周岁左右开始理解家长对他说"不可以"是什么意思，但此时孩子的情绪控制能力还没发育到相等的阶段，而这样的情况会一直持续到2岁左右。在这个阶段，孩子就会出现情绪激愤行为。不同孩子在极度愤怒时的表现是不一样的。扔东西、吐唾沫、在地上打滚、抓着什么就撕扯什么或击打等等，各种各样。

具体来说，孩子出现情绪激愤行为，是因为孩子既渴望回到婴儿时期，让父母对自己的要求百依百顺，又因为自己想做的事做不到而深感挫折，同时他还不明白父母为什么不依着自己的意愿行事，因此觉得很愤怒。多种负面情绪无法消除，孩子就产生了情绪激愤行为。孩子在36个月左右时，当他在一定程度上能够做到自我控制以后，情绪激愤行为会有很大的好转。

情绪激愤的孩子

有的孩子在妈妈说"不行"时眼泪汪汪，但还算比较平静；有的孩子却号啕大哭，能哭得背过气去。如果把人类情感的表现程度从1开始排到10，那么有的孩子的情绪激愤表现只为1，有的孩子却会强烈到10，特别是个性乖僻、敏感的孩子，很多时候都会有情绪激愤的表现。

无论情绪反应轻微还是激烈，这些都是孩子不能控制自己情绪的正常表现。可在实际生活中，孩子如果情绪反应过激，父母会不知所措，感到很苦恼。对于这样的孩子，要耐心等待他平静下来。同时，在孩子哭闹的时候，为了避免孩子受伤，要把周围的危险物品收好，然后除了静静地看护孩子之外，别无他法。孩子哭闹几次后会逐渐明白自己的行为是不对的，可以逐渐学会控制情绪。

父母也可能是问题所在

情绪激愤行为在很大程度上受到父母抚养态度的影响。即使是因天生的性格而有过激情绪表现的孩子，如果父母很好地了解孩子的脾气，也可以防止孩子的过激情绪出现；或者在孩子表现出过激情绪时，父母很好地安抚他，让他平静下来。这样的话，孩子的成长就不会出现大问题。如果父母对孩子的要求没有做出适当的反应，孩子在两岁以后可能持续出现情绪激愤的行为。造成这种情况的具体原因如下：

● 父母在教育孩子时缺乏一贯性；
● 对孩子的过错一一指责，对孩子发脾气；
● 孩子生气的时候压制孩子，不允许孩子表现出生气的情绪；
● 孩子非常疲劳或者饥肠辘辘的时候忽略照顾孩子；
● 哪怕孩子生病的时候也绝不允许孩子出现情绪激愤的行为。

对于情绪激愤行为，谨记以下内容

1. 情绪激愤行为是孩子正常发育过程中出现的行为。
2. 情绪激愤行为多发于气质上有情绪过激表现的孩子。
3. 孩子2岁之前出现情绪激愤行为是正常的，2岁以后还经常出现这种行为的话，就要教给他正确表达情绪的方法。
4. 孩子有情绪激愤行为时，要做冷处理，让他自己平息愤怒。
5. 孩子平静下来后，要耐心地和他交谈。

情绪激愤行为虽然是发育过程中的正常现象，但孩子一不如意就表现出过激行为的话，这种行为可能会变成根深蒂固的习惯性行为，因此要及时纠正。此外，在孩子2岁以后，要用更坚决的态度教会他如何适当地表达愤怒。

孩子也和大人一样，在受到愤怒、悲伤、厌烦等负面情绪影响的时候，因为不能很好地处理这样的情绪，而对所有的事物发脾气，并做出暴力性的举动。

在这里，"愤怒"是指当孩子觉得自己的愿望和期待没有实现时，对外表现出的攻击性。如果愤怒能够适度发泄，孩子积存的压力就可以适当缓解，并且还能学会如何向别人表达自己的想法。那该如何引导孩子将愤怒的情绪发泄出来呢？

绝不能被孩子的情绪所左右

孩子出现情绪激愤行为时，最重要的是父母要有泰然处之的态度。大部分父母都会说，孩子无缘无故地耍性子，自己会很生气，怎么能泰然处之呢？因此，父母会用更大的声音冲孩子发火，阻止孩子的行为，甚至还动手打孩子。可事过之后，又后悔得要命。

无论在什么情况下，父母都要控制好自己的情绪，不要无端发火。听了我的忠告，有位妈妈这样反问我："火气还能控制吗？它可是不由自主产生的哦。我也知道应该控制，可有什么办法能让我不发火呢？"

这样的办法当然有。如果父母能正确理解孩子情绪激愤行为出现的真正原因，就不会只是生气，而会努力寻找制止这种行为的方法。一看到孩子激愤的行为就发火的做法，无论从哪个角度看，都只能理解为妈妈的做法很不明智。

首先，如果无论怎么哄劝也制止不了孩子的激愤行为，父母应该依然心平气和地等待。但此时也不能把孩子一个人扔下，跑到离他较远的地方。孩子如果看不见父母，会由于焦虑而使情绪激愤行为愈演愈烈。此外，孩子因为不能控制自己的情绪，还可能撞上家具或墙壁而受伤。因此，妈妈要在看得见孩子的地方保护好孩子。

为了终止孩子的行为而满足孩子要求的做法也是绝对禁止的。每当孩子发火的时候，父母就习惯性地满足他的愿望，孩子就更不知道如何控制自己的情绪和欲望了。以后就还会不分时间不分场合地哭闹。因为他认为这种做法是操纵父母的最强有力的武器。

让孩子自己收拾残局

在庆模一边呕吐一边哭闹的时候，我会一直静静地等着，直到他平静下来，然后让他清理呕吐物。当然，我也会在旁边帮忙。如果孩子扔东西，要让孩子自己把东西恢复原位；小脸蛋弄脏了，要让他自己洗。只有这样，孩子才能明白哭闹只会带来更大的麻烦。同时还能避免对父母的歉疚感。因为如果自己弄脏的东西让父母来收拾，再小的孩子也会心生愧疚。无论如何，在孩子的心中留下歉疚感都是不好的。歉疚感会让孩子形成负面的自我认识。因此，应该让孩子自己闯祸自己收拾残局，以此来消除内心的歉疚感。

让孩子练习用语言表达愤怒的情绪

当孩子情绪稳定下来以后，要努力把收尾工作做好。不要因为孩子过激的行为已经结束而放下心来，让这件事就这么过去了，要教孩子如何用语言来表达自己愤怒的情绪。

"我生气了！""心情不好！""妈妈讨厌！"等等，告诉孩子讲这些话能够充分地让父母了解自己的情绪。懂得即使不表现出过激的行为，也可以让妈妈充分了解自己的心情。孩子懂得这些以后，就可以调整自己的行为。如果孩子能够说出生气的原因就更理想了。当孩子说出为什么生气以后，父母一定要表示出充分理解的样子。

比如，孩子会说："妈妈不给买糖吃才生气呀，想要吃糖却吃不到，真是委屈啊！"这时，父母对孩子的情绪表示理解，然后再告诉孩子，世上的事情不是都能按自己意愿实现的。这对于孩子控制情绪能起到非常重要的作用。

孩子也是具有独立性格的完整的人，当他知道为什么不可以之后，会停止过激的行为。

"如果吃糖太多，牙上就会长出虫子，那样的话，就得把你送到医院去打针。"要用孩子可以理解的话给他讲明道理，大部分的孩子都会理解的。在这之后，还要告诉孩子下次生气的时候，该做什么和不该做什么。

"生气的时候，不要又哭又叫的，要告诉妈妈，你为什么生气，怎样才能消气，那样妈妈才知道怎么帮你。不能一生气就乱扔东西和打人，想想别人要是这样对待你的话，你的心情会怎样呢？"

当然，这个过程不是一蹴而就的。对于这个时期的孩子，需要几十次、甚至成百上千次的重复。父母要明白，通过这样的过程，孩子的愤怒可以用语言表现并得到释放。

对一件物品非常依恋

孩子有时会对玩过的玩具娃娃、用过的枕头、被子等特定物品表现出过分的依恋[①]。有的妈妈每次出门都要带上孩子的被子。孩子对又脏又旧的东西非常依恋，这不得不让妈妈担心。但是，就像硬币都有两面一样，这样的行为其实是孩子为了适应世界而必经的发育过程。如果把这种行为当成不好的习惯而让孩子改掉，反而会使这种行为发展成一种病态。

孩子独立过程中出现的现象

有个男孩4岁了，对玩具火车非常依恋，他的妈妈非常苦恼，来医院向我咨询。这位妈妈说，孩子每天只玩这个玩具火车，小朋友只要一碰他的玩具火车，他就出手打人。

"出远门的时候，每次都要装上他的玩具火车，有时忘了带，就会大哭大闹，只好回家。孩子是不是有什么问题才这样的呢？"

不仅是玩具，有的孩子对被子也会很痴迷。有位妈妈说，她的儿子4岁了还只用他婴儿时使用的被子，必须盖着这个被子才能睡觉，不管被子如何脏也不让妈妈拿去洗，为此妈妈经常和孩子发生争执。当孩子痴迷于一件物品的时候，父母会担心孩子是不是有偏执症等心理方面的问题。

先说说我的结论吧。对一件物品，如玩具汽车、玩具娃娃、被子等产生依恋的情况，并不是发生在个别孩子身上的现象，而是大部分孩子身上

[①] 孩子在1岁左右即可能有恋物的情况出现，0~12个月恋物情况可详见第127页 Chapter 1 "习惯" 一节。

都会出现的较普遍的现象。这是孩子离开妈妈走向独立的一个过程。

孩子在出生后的早期，为了生存而完全依赖妈妈，并感到妈妈和自己是一体的。因此，妈妈高兴孩子也高兴，妈妈忧伤孩子也忧伤。但是，当孩子能够站立、行走的时候，心理上开始离开妈妈走向独立，此时的孩子会对一件能够替代妈妈的物品产生痴迷。这个时期持续一段时间后就会过去，这种恋物行为也会随之自然消失。

孩子有依恋关系焦虑时会恋物

有的孩子恋物程度很微弱，以至于父母还没发现他什么时候出现过这样的行为，这种恋物情况就已经结束了。有的孩子的恋物程度却很严重，到了五六岁还有这种行为。这样的话，就要观察孩子与父母是否很好地形成了依恋关系。

当孩子与父母没有形成良好的依恋关系时，孩子就会对一件物品产生病态的依恋。当孩子和父母分开或者对父母的信任感减弱的时候，孩子的恋物行为就会变得更严重。孩子恋物程度很严重，意味着孩子因为没有形成良好的依恋关系而感到焦虑，应该向专科医生进行咨询。

消除恋物情节的游戏治疗法

对于一件物品过于依恋的孩子需要向专科医生咨询并接受适当的治疗。典型的治疗方法就是游戏治疗法。在游戏治疗中会再现孩子在吃奶时和妈妈玩过的游戏。妈妈坐在孩子面前用手绢蒙着脸，然后突然拿下手绢，笑着对孩子说"闷儿"，或者玩手指游戏和攥拳头等婴儿时的游戏，玩这些游戏可以引导孩子重新和妈妈建立起依恋关系。通过这样的游戏，孩子和妈妈之间的依恋关系可以得到重塑和巩固，孩子对物品的依恋也会慢慢消退。

关注孩子依恋的对象，和孩子一起玩耍

孩子对一件物品依恋的时候，妈妈首先要做的事情就是认可孩子的依恋这个事实。如果因为讨厌看到孩子依恋的样子，就把东西扔掉或藏起来，会让孩子心灵受伤。在孩子心里，他认为依恋的对象和自己是一体的。所以，只要认真观察孩子是如何对待依恋对象的，就可以洞察到孩子的内心世界。

"这个火车是到哪儿去的呀？火车上坐着谁呀？和妈妈一起坐一次这个火车怎么样？"

"是不是摸着这个被子就感觉很舒服呢？妈妈也试试行吗？"

就这样和孩子一边聊天，一边观察孩子对物品的态度。

然后，可以带着这件物品，和孩子一起玩游戏。用被子把玩具娃娃盖起来，或者假装坐着玩具火车去外地玩等等，让孩子知道与其自己一个人拿着这件物品玩耍，还不如和父母一起玩更有趣。如果孩子能和父母一起游戏，那么他对物品的依恋会一点点地减退。

此外，还要多和孩子进行身体接触。能够得到父母充分疼爱的孩子对物品的依恋程度不会很严重。经常抱抱孩子，告诉他父母的爱，让他相信父母是非常疼爱自己的。这样一来，孩子会知道对物品的依恋不如和妈妈的互相关爱，从而会慢慢减少对特定物品的关注。

难道我的孩子是多动症吗？

现在许多父母会接触一些育儿相关信息，因此对多动症多多少少都有所了解。孩子如果表现出注意力分散、老是爱动，父母就会疑心是不是多动症。甚至有些父母来医院时就会明确地告诉我："大夫，我们的孩子好像是多动症啊！"并希望我做出确切诊断。

10年前，人们还没意识到孩子注意力分散与疾病有关，普遍认为小时候注意力分散，长大后会好转，因此不是太在意。但如果对于注意力分散比较严重的孩子放任不管，即使长大以后也会出现问题，并且会在社会生活中遇到阻碍。因此，父母要认识到孩子的这些行为是一种疾病，并在早期予以适当治疗。

多动症的早期发现至关重要

根据美国儿科学会的统计数据表明，学龄前后的孩子中，3%~6%患有多动症。多动症的发病率根据性别有所不同，男孩比女孩的发病率高出大约4倍。1994年，韩国在首尔和大田地区进行了相关调查，其结果显示多动症的发病率高达7.6%，在小儿神经科疾病当中是发病率最高的。

虽然多数多动症患儿是在4岁以前就出现症状或者已经患病，但大多数情况下，父母是在孩子上幼儿园或者上小学以后才能发现。儿童多动症如果不及时治疗，就会发展成慢性病，并且平均30%左右的患者在成人后也会出现多动症症状，因此对于注意力分散特别严重的孩子最好及时就诊。

有一天，一位妈妈领着一个快到4岁的男孩来到诊室。这个孩子不管别人叫他的名字，还是跟他说话都不予理睬，我和他妈妈谈话的时候，他的手脚一直在乱动。

"他从小就特别好动。在幼儿园老师上课的时候，也总是坐不住，不好好听老师的话。和小朋友发生冲突时也很冲动，甚至会吓到老师。"

我带着这个孩子做了注意力、认知、智力、情绪、行为等各种检查，最后得出多动症的结论。妈妈听到检查结果以后，感到非常内疚，流下了伤心的泪水。因为之前她不了解孩子的病情，对孩子使用过暴力。像这样如果不及早发现孩子是多动症，认为孩子没教养，只顾斥责孩子，就会使孩子形成反抗性格。因此，多动症的早期发现显得尤为重要。

不是孩子有问题，而是孩子的大脑出现了问题

就像前文说的那位妈妈一样，父母因为不知道孩子患上多动症，会对孩子大声训斥和打骂，还会抱怨孩子"怎么讲道理也根本不听"。父母不停的唠叨，使孩子不耐烦，根本听不进去，父母因此会变得越来越唠叨，结果很容易导致恶性循环。

请换个角度，把多动症当成和肺炎一样的疾病看待吧！如果孩子得了肺炎，会在妈妈的催促下痊愈吗？想治好肺炎，就要让孩子充分休息，并通过药物来消除炎症。对于多动症的治疗也是一样的。

关于多动症的原因有很多种理论，有的理论说是与神经化学方面的影响相关，如去甲肾上腺素、多巴胺浓度降低的原因有关，有的说是与环境方面的影响有关。在这些理论当中，从孩子大脑方面查找原因的理论更具可靠性。即大脑机能出现问题，导致出现注意力缺乏和活动过度等表现。实际上，一些研究表明，在多动症儿童当中，患儿的大脑额叶的大小平均比正常孩子小10％，小脑蚓部是多巴胺集中地区，这部分的大小也比正常的小10％。多动症和肺炎等疾病一样，需要通过正确的诊断来进行治疗。

如果孩子患上多动症，父母可能会有"都是因为我的错，孩子才会患上这种病"的想法。妈妈会觉得是在妊娠时没有给肚子里的宝宝创造良好的条件，或者由于遗传的原因才使得孩子患上多动症，因此产生负疚感。但目前的研究结果表明，孕妇妊娠期间的营养不良、吸烟、压力过大、早产或难产等虽然会诱发孩子大脑的损伤，但这些环境因素不会单独引发多动症的。

此外，从遗传方面的影响来看，在多动症儿童的父母或兄弟中，虽然有30％的人有注意力缺乏的问题，但没有任何研究结果表明多动症是由

某种单一的遗传因素造成的。因此，父母不要为此感到自责，要了解多动症和其他身体疾病一样也需要进行诊治，从而以正确、客观的态度来参与治疗。父母的负罪感对孩子的治疗没有任何作用。

多动症检查表

● **注意力障碍的判断标准**

1. 上课或参与其他活动时注意力不集中，经常出错。
2. 在完成任务和游戏的时候，不能持续地集中注意力。
3. 别人面对面地和他说话时，不能注意听讲。
4. 不能按照大人的要求完成自己应该做的事。
5. 很难制订计划并按照计划有步骤地进行活动。
6. 不喜欢做一些需要集中注意力的事情。
7. 经常丢失东西。
8. 易受外界刺激而转移注意力。
9. 经常忘记要做的事情。

● **活动过多的判断标准**

1. 手脚一会儿都不老实，总乱动。
2. 必须应该待在自己座位上的时候却总是随意离开。
3. 不合时宜地到处乱跑。
4. 不能安安静静地玩耍或娱乐。
5. 一刻不停地活动身体。
6. 说话过多。
7. 没听完问题就急着回答。
8. 不能做到按顺序等候。
9. 妨碍并干涉他人。

※以上注意力障碍和活动过多的判断标准中，如有6项相符，并且这些情况持续6个月以上，就有可能患有多动症。

多动症在不同年龄段的症状表现

多动症症状主要表现为注意力障碍、活动过多、冲动性等。首先介绍一下注意力障碍。注意力是需要各种技术的复杂能力。比如，孩子在教室里为了专心致志地听讲，要抵制很多诱惑。教室外的风景、教室墙壁上的图画、教材和教具、小朋友活动身体时的声音等，这些都会分散孩子的注意力，孩子需要把注意力从这些事物上转移出来，集中在老师的教学内容上。但对多动症的孩子来说，要做到这样是非常困难的。

活动过多是指没得到允许就站起来到处乱跑，并且伴随有手脚不停乱动的行为，这种行为无论在公共场所还是在家里都会出现。此外，在情绪上也会表现出对刺激做出不加思考的冲动性行为。因为这些行为特征，患有多动症的孩子很难与别的孩子形成和谐的关系，在适应幼儿园或学校生活时也会困难重重。

随着年龄的变化，多动症会表现出不同的行为特点。孩子在3岁以前是很难看出原有的活泼的气质特点与多动症的根本区别。到了学龄前后，如果孩子的这种行为未见好转，就要及时进行诊断，此时父母如能回想孩子在婴幼儿时期的表现，对诊断会有所帮助。具有多动症倾向的孩子，在婴幼儿时期，睡眠时间很少，即使入睡也经常醒来；吮吸手指的情况很严重；经常出现低着头、身体前后晃动等行为。孩子从能爬行的时候开始，就一刻不停地到处乱蹿，整体上看起来异常活跃。

多动症的孩子在3~5岁的时候，会出现注意力不集中的情况，并做出相当冲动的行为。孩子会经常和同龄孩子打架，没有什么特别理由也会发怒并伴有神经质的发作。此外，不能完成涂色、画画等活动，还会因为自己鲁莽的行为而受伤。

多动症患儿到了6~7岁上幼儿园或进入小学后，之前被允许的某些行为开始受到约束，所以这些行为变得格外显眼，这时多动症症状就会很明显地表现出来了。因此，刚上小学一两个月后来医院诊断多动症的孩子最多。他们有的不能安静地坐在自己的座位上，在上课时间里到处乱跑；

有的注意力集中时间太短，在规定时间内无法完成作业；还有的由于冲动的行为，在品行方面也开始出现各种问题。

不是所有的外向性格都是多动症

不是所有外向活跃的孩子都一定是多动症。对多动症很敏感的父母看到孩子做出这个年龄常见的、富有好奇心的行为，或者孩子有很活跃的表现时，就会很担心。其实大可不必。特别是如果是男孩，妈妈因为不能准确掌握与自己性别相异的男孩子的特点，孩子稍微闯了点祸，就会担心孩子是多动症。用这种错误的视角观察孩子的行为，就很容易做出错误的判断，会觉得自己的孩子有很多情况是与多动症症状相符的。

孩子在关注外部世界时，头脑中会出现数不清的问题，比如：那是什么？这个为什么会这样……孩子的头脑中被稀奇古怪的想法灌满，这也是我们所说的求知欲。因此，孩子不管对什么都想摸一摸，还会一刻不停地问东问西。这样的特点多出现在男孩身上，特别是活泼外向的男孩会更突出显示这些特征。

一位有两个孩子的妈妈对我说，每次带孩子去餐厅都会担心孩子闯祸。一不留神孩子就到处乱跑，一会儿碰碰煤气闸，一会儿给旁边座位上的客人捣捣乱，甚至还毫无顾忌地进出厨房。每到一个新地方都会反复这样的行为，妈妈很担心孩子是否有问题，于是找到了我。

我问那位妈妈："您告诉过孩子为什么不能那样做的理由了吗？"

那位妈妈说她原来以为孩子应该知道这种行为是错的，所以从来没有对孩子解释"为什么不行"，只是用强硬的口气阻止孩子。

对此，我是这样告诉那位妈妈的："如果告诉孩子为什么不可以在餐厅里这样做的理由，并满足孩子的好奇心，孩子的行为是可以改变的。对于性格活泼的孩子，当他带着好奇心想做什么事情的时候，妈妈即使觉得不可以，也要在不压制孩子好奇心的前提下寻找解决办法。如果无条件地压制孩子的好奇心，孩子就不会再关注周围的世界了。"

如果不论妈妈怎么劝说，孩子还是反复这样的行为，并且妈妈发现孩子的注意力分散的行为持续6个月以上，就要带孩子去做多动症的检查，让医生来准确判断孩子的行为是出于好奇心还是大脑出了问题。

未患有多动症，而只是注意力有些分散的孩子在参加必须集中注意力的活动时，会表现出和同龄孩子相同水准的注意力，对他感兴趣的事情还会表现出相当于成人水准的注意力。所以，要仔细观察孩子在不同情况下的各种表现。

爱是最好的药

父母可以带着孩子到当地的小儿精神科、神经科或儿童问题研究所等机构进行多动症检查 。如果医生诊断为多动症，孩子需要接受药物治疗、游戏治疗等等，父母还要经常向医生咨询。

孩子患了多动症，父母的作用很重要。如果父母懈怠，不仅无法进行持续性的治疗，还会严重影响疗效。治疗情况理想的话，孩子的情况会在一两年内大为好转。因此，要经常与专科医生探讨病情，把治疗坚持到底。

在药物治疗方面，使用一种名为"利他林（哌甲酯）"的药物会比较有效。这种药具有提高注意力的作用。所以有些妈妈称之为"聪明药"，也让正常孩子服用。这样做不仅得不到增进孩子注意力的效果，反而会出现副作用，因此要格外注意。此外，如果超剂量服用，会导致孩子对其他事情漠不关心、失眠、食欲减退等副作用，因此要严格遵照专科医生的处方，按剂量服用。

有些父母不愿意让孩子服用精神科药物，固执地让孩子只接受游戏等非药物性治疗。这种做法是不对的。药物治疗和游戏治疗双轨齐下才能疗效显著，如果在短时间内症状好转，可以停止服用药物。

多动症患儿的父母一定要明白父母的爱才是影响孩子治疗效果的决定性因素。父母全面了解孩子的病情，关心孩子、爱护孩子，孩子才能逐渐好转。多动症是很难治愈的疾病，每次去医院要花费很多钱，但效果却不明显。但是，只要父母坚持用耐心和关爱来对待孩子，孩子必定会回应父母的爱，逐渐摆脱多动症的困扰。因此，比起药物和游戏治疗，疗效更好的就是父母的爱。

多动症治疗案例

已经小学二年级的民诚，从上幼儿园开始注意力分散的情况就比较严重。民诚总是手脚不停地乱动，一会儿都安静不下来；每到上课时又不能集中精力，所以经常被老师批评。妈妈觉得民诚还小，就没太在意。但民诚进入小学后，这种行为更加严重了。

民诚一生气就有过激行为，并且拼命地哭。妈妈开始觉得民诚的行为有些不对劲，决定带着孩子来医院检查。诊断结果正是多动症。遵医嘱服用药物后，民诚注意力分散的情况很快就消失了，但同时表现出对一件事物过度专注的症状。不管身边发生什么事，他都专心致志地玩游戏、看书。但是持续"专注"12小时之后，也就是药效一过，他又无法集中注意力了。

医生经诊断后减少了用药的剂量，随后孩子对一件事物的专注程度就有所减弱。妈妈也意识到不能只依赖药物治疗，因此带着民诚积极地参与治疗。妈妈不仅喂他吃药，在家里也延续了医院里学会的游戏治疗法。妈妈长时间地和民诚在一起，更多地爱民诚、表扬民诚。

妈妈知道，如果自己表现出焦虑情绪，孩子就会更加焦虑，因此首先要做到的就是让自己的心情好起来。"大人都觉得不容易，何况孩子呢！"就这样，妈妈从民诚的立场出发，为民诚着想，民诚一有失误就及时安慰他，并且为了让民诚树立自信心，每天都对他说："你一定会很优秀！"慢慢地，民诚开始出现了变化。一年之后，民诚完全变了一个人。现在，民诚完全停止服用药物了，而且还可以像别的孩子一样每天高高兴兴地去上学了。

说 话

比同龄孩子说话晚

3岁前后是孩子语言发育的爆发期。在这个阶段，如果孩子比同龄人说话晚，父母一定要找到原因。有些妈妈会想当然地认为"孩子再大些后会好起来""说话晚的孩子更聪明""孩子他爸小时候也说话晚"，并因此消极地等待。我个人最不喜欢的一句话就是："孩子不都是这样的吗？不用管，自己会好起来的。"因为这样的想法而对孩子置之不理，等到再过一两个月还没有好转，到那个时候想要挽救也许已经无法逆转了。特别是语言，如果语言能力在特定时期内没能得到正常发育，结果不仅是孩子不能正常说话，还会出现社会性无法正常发育等连锁反应。

如果非语言性的沟通能力正常，就不用担心

一位妈妈因为自己的孩子说话晚来找我。她说她的孩子过了周岁还只会说"妈妈""爸爸"，而且连这两个词也是哼哼唧唧勉强说出来的，她担心孩子有什么问题。进行了简单的检查后，我仔细观察孩子和妈妈是怎么玩耍的。孩子会随着妈妈的姿势和表情变化而咯咯直乐，有时还会皱紧眉头表达自己的意思。因此，我对孩子妈妈说："孩子没什么问题，长得挺好的。您要像现在一样和孩子好好地玩，孩子做出反应时要积极地回应。"

如果孩子虽然不太会说话，但能用眼睛与人对视，还能模仿别人的行

为，通过手脚动作等非语言方式与人自由沟通，就不用太过担心。这说明孩子听得懂大人的语句，能用动作或表情来表达意思，只是还不能用语言表达。这时，父母只要再增加一些语言上的刺激，给孩子一些时间，他就会自己打开语言的闸门。如前文所述，不过是"比别的孩子晚一些"而已。因此，孩子用非语言方式表达自己的心情和意思的时候，妈妈要积极地予以回应。比如孩子笑的时候，要对他说："宝宝心情不错啊，和妈妈一起玩吧！"孩子做出厌烦的表情或哭闹的时候，妈妈要对他说："宝宝为什么不高兴呢？"就这样积极地和孩子交流。

如果孩子连这种非语言性的沟通都有问题，那么孩子就有可能患上了自闭症等发育障碍疾病，需要带去医院进行专科诊断。

智力水平低下导致语言发育迟缓

每当语言发育有问题的孩子来医院时，我会先给他做智力检查。因为智力水平低下的孩子即使接受语言发育方面的治疗也不会有明显效果。因此，对于说话晚的孩子，要观察他是否仅仅是语言发育迟缓，身体发育是否正常，玩耍的能力是否与别的孩子相当。这些方面都与智力密切相关。判断智力是否存在问题很容易。3~4岁的孩子会模拟幻想世界，喜欢和玩具娃娃做游戏，或对过家家等游戏很感兴趣，而智力水平低下的孩子就不会玩这样的游戏，每天只对搭积木或跑跑跳跳等感觉性游戏感兴趣。如果孩子有这种智力水平低下的表现，就需要来医院接受准确的诊断。

读很多书给孩子听，他的语言能力就能发育好吗？

这是妈妈应该了解的内容之一。并不是给孩子读很多书，就能使孩子的语言能力发育良好，头脑变得聪明。语言能力要通过在社会生活中的实际运用才能发育好。这与读书学英语的道理一样。通过读书学习英语，即使达到了能够朗读的水平，也无法直接转化为对话。孩子也是只有通过亲身体验才能学好用在表达想法的语言。要想让孩子的语言发育得更好，给孩子读十遍书都不如和孩子好好说一次话。

首先要情绪稳定

情绪稳定的孩子语言发育很快，而情绪不稳定的孩子语言发育迟缓。情绪不稳定的孩子，即使听得懂别人的话，也很难清楚地表达出自己的意思。他们情绪好的时候话很多，情绪不好的时候就一句都不说，在语言表达上表现很大的差异。

不久前，一个胆小的3岁小男孩来医院就诊。这个孩子本来已经会说话，不知道为什么去托儿所后却突然不说话了。在医院里，这个小男孩一句话都不说，面露怯色，依偎在妈妈身边。正常情况下，这个阶段的男孩应该像个调皮的小猴一样蹦蹦跳跳的，不可能在座位上安稳地坐着。

这到底是为什么呢？妈妈担心孩子太过胆小和软弱，想让他多接触些小朋友，就在孩子还很小时就把他送到托儿所，原因就在这里。妈妈可能觉得这样做对孩子有好处，但从孩子的角度来看，在毫无心理准备的情况下突然和妈妈分开，是一件非常恐怖的事情。如果在幼儿园又被从没见过的厉害孩子欺负，孩子的焦虑会更加严重。结果由于太过焦虑，导致孩子不能敞开心扉，拒绝和外部世界接触。

我的第一个处方就是立即结束孩子的托儿所生活。妈妈问我这样做是否有必要，我很坚决地告诉她："做母亲的不要期待过高啊！"其后，孩子接受了游戏治疗，每天24小时都在妈妈的照料中度过。我对这位妈妈的忠告是，无论做什么都要用爱来包容孩子。就这样，没过几个星期，就像闸门被打开了一样，孩子开始不停地说起话来，还变得活泼好动了。

在包括语言发育在内的所有发育过程中，最基本的发育就是孩子情绪上的稳定。只有和妈妈形成依恋关系后孩子有了稳定的情绪，一切发育才能水到渠成地完成。

确认是否与孩子形成积极的互动

语言是人与人沟通的工具，如果对别人漠不关心，语言发育当然不能自然完成。然而，对别人的关心是如何产生的呢？是在孩子得到主要抚养人充分疼爱的时候产生的。

作为主要抚养人，妈妈在育儿上太辛苦，没足够精力和孩子进行积极的互动，或者照顾孩子的人经常更换，在这些情况下，孩子语言能力和社会性发育都会产生问题。比如依恋关系发生问题的时候，如果能及早发现并进行治疗，大部分孩子会恢复正常。如果在孩子大脑发育到相当程度之后再开始治疗，很多问题就会像多米诺骨牌一样接连发生。

在这些情况下，父母与其从语言能力方面或认知教育方面着手诊治，不如进行促进孩子社会性发育的心理治疗，后者更为有效。另外，家人的积极协助非常重要。在医生的指导下，所有家庭成员都要做出努力，只有这样，孩子的情绪才能稳定，社会性才能得到更好的发育，并自然而然地开始说话。

"啰唆"的妈妈带出爱说话的孩子

即使没有明显的原因，语言发育迟缓的孩子也大多会被诊断为"发育性语言障碍"。对于这样的孩子，语言治疗会很有效。但如果孩子除了开口说话慢，没有别的异常，并且其他非语言沟通能力很活跃，那只需在家里对他进行适当的语言刺激就会有效果。此时，有的父母出于让孩子尽快

> **身体不舒服让孩子不会说话**
>
> 孩子不会说话的原因可能是心理上的问题，也可能是由于身体异常造成的。例如，如果孩子经常患中耳炎，或者经常感冒听不清声音，在这种情况下，孩子学习说话的机会就相应减少，语言发育当然就会迟缓。这时要去医院耳鼻喉科检查孩子的听力和口腔，进行适当的治疗。
>
> 总之，首先要观察孩子非语言性的沟通能力如何，然后再检查孩子的身体是否出现问题。

语言发育迟缓的原因

1. 在婴儿期，父母从来不和孩子说话。

2. 孩子哭了父母也不抱。

3. 父母不和孩子目光对视。

4. 在孩子用语言完整表达之前，父母因为已经明白他的意思，不耐心听完就做出回应。

5. 电视看得过多。

6. 总是让孩子玩拼图、搭积木等只有孩子一个人玩的游戏。

7. 经常更换照顾孩子的人。

8. 不让孩子到外面和同龄人一起玩。

9. 强迫孩子重复父母的话，如果说错就横加指责。

10. 利用卡片、教材等对孩子进行灌输式教育。

开口说话的目的，会强迫孩子学说话，这反而会产生负面效果。

首先，妈妈要重复孩子说的话，并教他怎样才是正确表述。比如，孩子说"水"的时候，妈妈可以接着问："想喝水是吗？应该说'我要喝水'"，就这样慢慢教会孩子正确表达自己的想法。此外，还要多次重复孩子能跟着说的简单语句。

只有当孩子感兴趣的时候，他才会咿呀学语。当孩子在玩有趣的游戏，或者情绪好的时候，最好对他进行简短、重复的语言刺激。例如，看到孩子正兴致勃勃地玩玩具火车，就要反复说"咔嚓咔嚓，火车开走了！咔嚓咔嚓，火车开过来了！"不知不觉间，孩子也会跟着说的。

一项研究结果表明，妈妈平时说的词汇量与孩子说的词汇量存在正比关系。在语言发育方面，大脑正常发育的孩子会受到周围的语言刺激的影响。因此，为了孩子的语言发育，最好做个"啰唆"的妈妈吧！

孩子的语言发育正常吗?
——按阶段分类的语言发育检查表

● **24个月以后**

1. 对"我"和"你"能做一点区分。
2. 还不清楚自己的姓名、性别。
3. 掌握的词汇在 20~30 个左右。
4. 不知道物品的用途。
5. 没有数字的概念。
6. 知道"杯子""勺子""筷子"等简单的物品名称。
7. 听得懂简单的命令。
8. 能用手指着想要的东西。
9. 名词和动词混用。
10. 会说"我""你"。

● **30个月以后**

1. 会使用形容词和副词。
2. 问简单的物品名称和用法,能答对一半。
3. 能区分"我"和"你"。
4. 会说"喝水"等两个单词构成的短语。
5. 对于别人的话能理解三分之二的内容。
6. 对自己的姓名、性别、年龄,能理解三分之二。
7. 知道"杯子""勺子""筷子""球"等简单物品的名称。
8. 想解手的时候会用语言表达。
9. 知道"不是"和"是"的意思。
10. 理解进行时、过去时、现在时等意思。
11. 可以大声地讲话。

● **36个月以后**

1. 能跟读数字。
2. 能说出简单物品的名称和用途。
3. 说话的速度加快。

4. 可以进行简单对话。

5. 能明确区分和使用名词、动词。

6. 说话时会口吃或说不出来。

7. 听到物品的用途以后能指出是什么物品。

8. 理解"喝""吃""扔"等词汇的意思。

9. 可以运用物品的名称造句。

10. 理解简单的问句并做出回答。

11. 经常提问题。

12. 能跟着说由2~3个单词构成的6~13个音节的句子。

13. 知道过去和将来的意思。

14. 发音清楚一些。

15. 话里错误很多，句子也用不对，却想说长句子。

16. 会问"为什么"和"什么时候"等。

※各个时期有5项以上相符合的话，就说明语言发育比较正常，不足的部分通过适当的刺激就可以实现。如果各个时期相符的都不满5项，属于语言发育迟缓，要向专科医生咨询。

不要因为孩子口吃发脾气

在该学说话的年龄，孩子突然口吃起来，妈妈仿佛挨了当头一棒。孩子的大脑发育有问题吗？或者是不是得了什么心理疾病？此时如果妈妈能比较客观地了解孩子在这个阶段的发育过程，不仅担心会减少大半，还会明白如何对待孩子才是正确的。

不清楚孩子发育过程的妈妈会因为孩子口吃而担心。但是，口吃是孩子语言发育过程中的自然现象。这种现象在不同孩子身上会有不同显现，有的孩子表现很突出，有的孩子可能不经历这样的过程就完成了语言发育。聪明的妈妈对孩子的口吃不会过分担心，而会帮助孩子很好地度过这一过程。

是暂时性口吃还是另有隐情

一个33个月大的男孩和妈妈手拉手地来到我的诊室。妈妈说孩子过了2岁后话说得挺清楚的，但在不久前突然变得口吃了。虽然不是每句话都口吃，但只要仔细听，还是会发现口吃的现象。孩子周围最近没有发生什么大的变故，和妈妈的关系也很好。妈妈担心孩子继续口吃下去，长大以后也改不掉。

从语言发育情况检查结果看，孩子是正常的。随着语言发育的完成，孩子会说的话大幅度增加，很可能出现一时的口吃现象。这是因为孩子想说的话很多，但由于大脑发育情况限制了语言的表达能力，说得形象点，就是心里蠢蠢欲动，但脑子却跟不上。因此，孩子会重复同一个单词和音节，并且把一个单词的声调拉得长长的。这些现象在妈妈看来，就像口吃一样。

在很多情况下，是妈妈的急性子把正常的孩子变成了有问题的孩子。妈妈要学会耐心等待，并要帮助孩子更好地经历成长的过程，不要总把自己的孩子跟别人的孩子做比较，也不要因为自己单方面的意愿而把问题扩大化，甚至把原本不存在的问题也制造出来。当然，有时也会出现与此相反的情况，就是妈妈出于无知或疏忽，对孩子放任不管。

我的孩子是口吃吗？

孩子出现下列症状时，就应该让孩子接受小儿专科医生和语言治疗师的语言治疗，这样效果比较明显。对于孩子说的话要密切关注。

● 说话时重复元音

叫"妈妈"的时候，发出"ma—a—a—ma"的声音，像这样反复插入元音时，可以认为是口吃。如果这种现象反复出现，需要寻求语言治疗师的帮助。如果是类似"ma—m—m—ma"式的辅音重复，就没必要担心了。

● 说话时重复连词

3岁前后的孩子说话时，会经常重复"因为""所以""但是"等连词。这其实不是口吃。因为孩子表达内心想法时，由于词汇不多，语言表现力不够丰富，需要花时间来选择适当的单词，这时就会用"但是"之类的连词来过渡，父母没必要担心。

● 说话时第一个音节拉长音

口吃的孩子在说话时，第一个音节会拉长音。比如说"我想喝水"，会重复发出"wo—wo—wo"的声音。这时父母要注意观察，如果持续几个月都没有好转，那就需要得到专科医生的帮助。

总之，孩子如果没有别的问题而只是单纯的口吃，那么妈妈不要太担心，要相信孩子过一段时间自然就会好起来。如果孩子念书时，或者和玩具娃娃、小动物说话时能够不停顿地一直说，但和人说话的时候就紧张、口吃，这很可能也只是时间问题。当孩子口吃的时候，冲他发火或强迫他好好说话，可能会造成孩子的习惯性口吃，父母要特别注意。

压力是孩子长时间口吃的原因

暂时性的口吃会随着时间的发展得到解决，但如果孩子口吃的次数越来越多，持续时间越来越长，就要了解孩子是不是压力过大。与大人不同，孩子不知道如何缓解压力，因此，那些没有被释放掉的压力就通过口吃或其他异常迹象表现出来。如果孩子是由于压力原因长期出现口吃的情况，就需要先找到孩子的病因。如果父母对这种问题放任不管，结果可不只是孩子不会说话，孩子的人生态度也会变得消极，进而发展成一切事情都要依赖父母。

孩子是因为什么会感到压力呢？孩子6岁前出现的问题，大部分是由于和妈妈没有形成正常的依恋关系造成的。因此，当孩子出现口吃的情况时，首先要看看母子关系是否良好。如果妈妈不是主要抚养人，就要观察孩子和主要抚养人的关系如何。另外，还要想一想有没有给孩子造成压力的其他因素，也许对妈妈来说这些可能不算什么，但对孩子而言可能是巨大的压力。所以，无论怎样做都要从孩子的立场上来考虑。比如父母是不是不负责任地将自己的孩子和别家孩子相比较，然后说出伤孩子自尊的话？是不是听了周围人的话，强迫孩子学东西？是不是为了培养孩子的社会性，一厢情愿地带孩子出去"社交"等等，要努力回忆孩子一天内经历的每件事情。

孩子口吃时绝对不能指责他

孩子口吃的时候，有些妈妈为了帮助孩子，会让孩子"慢点说话""好好跟着妈妈说"，并试图对孩子一一指点，纠正他说话中的每一个错误。对于这个时期的孩子，强迫他们培养正确习惯的做法是徒劳无功的。特别是像学习说话这样需要认知能力的事情更是如此，因为孩子的认知能力还没有完全发育，所以要求他"完美"地进行语言表达是不科学的。父母强迫孩子流利、正确地说话，反而可能使口吃的症状更加严重。每当父母指责的时候，孩子会对"自己有口吃"这一事实加深认识，因而在说话方面变得没有自信心，口吃的情况可能会更加严重。一项研究表明，如果周围人对儿童发育阶段出现的暂时性口吃现象反应敏感，孩子的口吃就会更加严重。

当孩子开始说话，即使有些口吃也不要打断，而要让他把话说完。对孩子来说，把自己想说的话完整地说出来比什么都重要。只有这样，孩子才能产生自信心，掌握表达思想的方法。父母安静地听孩子说完之后，要针对孩子的话正确地、一字一句地回答。即使每天能用5分钟和父母进行语速缓慢的交谈练习，口吃的情况也会有很大改观。

父母平静的心态也很重要

在内心焦虑的时候，孩子经常会出现口吃症状。孩子口吃的时候，妈妈总想"孩子为什么这样呢？""会不会一辈子都口吃呢？"并因此感到焦虑。如果妈妈把这种感觉传递给孩子，也会造成孩子内心的焦虑。因此，首先父母自己要心平气和地去帮助孩子，让他体会到说话的乐趣。

孩子说话结结巴巴、很吃力的时候，妈妈要暗暗告诫自己"谁都有说话吃力、说不清楚的时候"，并要表现出和蔼的态度让孩子感觉放心。同时，要为孩子营造宽松的成长环境，让孩子能够自己讲出自己想说的话。

在日常生活中培养孩子语言能力的方法

1. 和孩子长时间、愉快地交谈

父母因为想对孩子的语言发育进行刺激，会在墙上粘贴识字卡片或者给孩子念很多的书，但这些做法并不会让孩子体会到说话的乐趣。比较而言，用日常生活中孩子感兴趣的事作为聊天的素材，并且长时间、愉快地和孩子交谈的做法更有效。

2. 等孩子自己说出要什么

很多父母出于爱护孩子的本意，在孩子还没说出自己的要求之前就一一满足他。为了让孩子能好好说话，要让孩子自己说出要求。

3. 让孩子想说的话越来越多

孩子快乐的体验越多，想说的话也就越来越多。要用丰富多彩的生活体验为孩子增加更多的谈资和话题。

4. 告诉孩子正确的语句

当孩子用"水""牛奶"等一个一个的单词来表达自己要求的时候，要告诉他正确的语句。"你要牛奶是吗？牛奶在这儿！"应该这样和孩子说话，这样孩子就知道想喝牛奶时要说："我要牛奶"，而不是简单地说"牛奶"这么一个词。

5. 让孩子认真倾听别人讲话

想要顺畅地说出自己的想法，首先就应该在对方说话的时候做到认真倾听。孩子和父母之间也是一样。为了能让孩子顺畅地说话，首先要让孩子学会倾听成人说话。作为父母，要以身作则，要在孩子说话的时候全神贯注。只有这样，孩子在父母说话的时候才会注意聆听。

孩子经常骂人、说脏话

孩子到3岁以后，随着词汇量的急剧增长，越来越会说话，偶尔还会骂人、说脏话，甚至会说出"找死""找揍"等带有攻击性的话来威胁别人，这让父母非常吃惊。其实，对孩子来说，骂人很多时候只是表达情绪的一种方法，或者是引人注目的一种手段。父母如果把这些看得很严重而严加斥责的话，会让孩子心生胆怯，并且出于叛逆心理还会骂得更加厉害。可如果放任不管，孩子又会养成不良习惯。所以，孩子骂人或说脏话时，父母需要妥善对待。

在积累社会经验的过程中学会骂人

第一次听到孩子骂人或者讲脏话时，大多数父母的反应都如出一辙："你这是跟谁学会的？"父母都认为，这些不好的话不是孩子自己想出来，而是因为孩子听见别人说了，然后跟着学才学会的。完全正确！孩子听到别人反复说的话以后会跟着学，这就是学习语言的过程。骂人、说脏话也是一样的。

因此，孩子会骂人、说脏话意味着他的社会关系正在逐渐扩大，已经超越了单纯的家人范围，因为家人是不会故意教孩子脏话的。孩子从家庭这种有限的人际关系圈中走出来，通过与同龄人、大众媒体等相互交流，才学会了骂人。但这个阶段的孩子并不能正确了解脏话的含义，只是认为是一些新鲜词汇，就照原样学着说而已。

因此，不必因为孩子骂人、说脏话而担心，认为孩子有什么问题，但这样说也不意味着可以允许孩子用脏话来表达想法。当孩子骂人、说脏话的时候，要认识并接受孩子的这种成长过程，并告诉他如何正确地表达自己的思想。

孩子骂人、说脏话的时候要立即纠正

孩子第一次骂人、说脏话的时候，大部分情况不是为了表达生气的情绪，而是淘气。但是，最好还是在发现孩子无意识骂人的时候立即纠正。就像抓现行才能让罪犯低头认罪一样，对孩子的错误也要当场指出，才能让他改过不再重犯。

因为周围有人，或者要先处理其他的事情而跟孩子说"以后再收拾你"，没有及时管教，孩子就会觉得骂人、说脏话也没什么。

"你好像因为淘气才会说脏话，可是听你说话的人心里该多难受呀。骂人是很不好的行为，所以，要说别人喜欢听的话。"妈妈要这样告诉孩子，孩子会发现虽然自己骂人、说脏话了，但妈妈并没有生气，并且同时知道骂人和说脏话是不对的。

骂人成为激怒对方的手段

孩子2岁以前会用遍地打滚、哭闹和耍赖等方式来表现自己生气了。孩子快到3岁的时候，就会开始学会用骂人和威胁性语言来表达自己的情绪了。

孩子通过骂人或威胁性的语言来表达自己的负面情绪，并希望激怒对方，这和生气时使用暴力的道理是一样的。这种情况下，孩子已经知道了骂人的作用，就是为了达到激怒对方的目的才故意骂人的，妈妈在对待这种骂人情况时态度必须坚决果断。此时，如果妈妈发火，孩子就达到了激怒大人的目的。所以，妈妈要用平和的语气，非常坚决地和孩子谈话，告诉他这么做是不对的。

如果孩子一生气就骂人，那他不仅学不会控制情绪的方法，而且会在不知不觉间形成习惯，以至于随时随地张口就骂。如果父母出于"孩子不明白骂人不好"的想法而放任不管，以后想让孩子改正就会相当困难。所以，以宽松的态度纵容孩子是不可取的，但如果过分严厉处罚，又会出现负面效果而使问题更加棘手。

通过交谈告诉孩子骂人是不对的

孩子为了表现自己生气的情绪而骂人时，父母要通过交谈引导孩子，让他自己明白"为什么会骂人？""骂人为什么不好？"等问题的答案。请认真读一下以下的对话。

"刚才骂人了吧？为什么呢？"

"小朋友抢走了我的玩具所以我才骂他。"

"小朋友抢走你的玩具，很生气，是吧？"

"是。"

"但是骂完人以后，心情好了吗？"

"没有。"

"挨你骂的小朋友心情怎么样呀？"

"他好像也不高兴。"

"你骂了人，自己不高兴，小朋友也不高兴，而且为了这个还和小朋友打了架，是不是？"

"是。"

"那么，下次小朋友抢走你玩具的时候，应该怎么做呢？"

"要好好说话。"

"对，以后要跟他说'你把我的玩具抢走了，我很不高兴，你能还给我吗？'"

是不是觉得这样和孩子说话又长又啰唆？但是，这些都是必要的过程。通过这样的交谈，能让孩子明白骂人的原因、骂人时自己的心情、挨骂的一方的心情以及正确的解决之道，并学会今后应该如何纠正自己的行为。但是，孩子现在思维发育还不健全，让他们每次发脾气都用语言表达自己的情绪也是很困难的。因此，孩子偶尔还是会突然骂人、说脏话。此时，最好告诉孩子要用其他说法代替这种不好的表达方式。比如可以使用"哎呀！""真不高兴啊！"等表达情绪的词句。刚开始可能不太容易，但只要让孩子持之以恒地练习，他迟早会改掉这些坏习惯的。

不要养成说谎的习惯

孩子会说谎了？程度还越来越严重？其实，不用太担心3~4岁孩子说谎的问题。开始说谎，意味着孩子的大脑发育到了一定的程度。妈妈既不用太忧虑，也不用发火，但是需要正确引导孩子，以免孩子养成说谎的习惯。让我们先从成人和孩子说谎的差异说起吧！

谎言伴随认知能力的发育而产生

大一点的孩子会为了欺骗父母有意识地说谎，而3~4岁的孩子暂时还不会，这个时期的孩子说谎是认知能力发育过程中出现的现象。如果孩子要说谎，首先必须具备能够预测未来和回想过去的认知水平，这就需要逻辑思维能力。而且为了说出让人信服的谎言，他还必须站在对方的立场上进行考虑。因此，说谎意味着孩子要具有思考现实中并未发生的情况的想象能力。

然而，在孩子3~4岁的时候，他的想象力刚开始发育，还无法准确区分现实和想象。比如，他们会觉得漫画中的人物就是自己。同理，孩子还不能真正识别对妈妈讲的话是实际发生的事情，还是想象中的事情，从而会无意识地撒谎。研究儿童认知发育的让·皮亚杰称，8岁以下的孩子并不理解谎言所代表的真正含义。因此，对于这个阶段孩子的谎言，父母没必要往坏处想。

学习压力会让孩子说谎

我也有过因为自己的孩子说谎而感到慌乱的时候。那是静模上幼儿园时的事情。一天，幼儿园老师给我打来电话说：

"静模妈妈，静模今天说谎了，以前可从没有过这样的事情哦！"

不会吧！这怎么可能呢？虽然静模上幼儿园的时候，我经常因为各种问题接到老师的电话。但是，我从来没想到静模会说谎。

其实静模基本上没让我操心过。和发育有些慢、性格乖僻的哥哥相比，静模在任何方面都是让我放心的孩子。这样的孩子会说谎，真让人难以置信。按捺住惊慌，我向老师询问事情发生的经过。

"有一次静模没有带上韩文笔记本，我问他怎么回事，他说丢了。但是几天后，在别的孩子的书包里找到了静模的笔记本。原来，静模偷偷把笔记本放进小朋友的书包里，然后和老师说了谎。"

那天晚上下班后，我让静模在身边坐下。"你为什么要那样做呢？""是跟谁学的撒谎？"这些追问的话已经到了我的嗓子眼了，但我还是努力克制住自己，换了种方式问孩子："静模呀，你是因为讨厌学习韩文才把笔记本藏起来的吗？"

"……"

静模耷拉着脑袋，什么话也不说。

"静模呀！"

我又叫了他一回，这时他才抬起头，眼里噙满泪花。接着，他一边哭，一边对我说："妈妈，韩文太难了！我不喜欢学。"

从静模嘴里听到"太难"这个词，好像还是头一回。这以前，静模也许一直想当然地认为自己比别的孩子都聪明。因此，静模自己也很难接受学不好韩文这个事实，于是就把笔记本藏起来，并且说了谎。

说谎的原因比谎言本身更重要

孩子面对难以应付的复杂情况时就会说谎。孩子是因为力不从心才说谎的。因此，父母在责备孩子说谎之前，要先找到他说谎的根本原因，从根源上解决问题。

知道静模说谎之后，我几乎整夜没有合眼，第二天直接去幼儿园找到了老师。我请求老师把静模的韩文课推迟一年再上。也许老师期待我说的是其他内容，比如我会严厉教育静模，以后不让他再说谎之类的内容，但是我的要求是要减轻孩子承受的学习压力。就这样，后来静模在快6岁的时候才开始学习韩文，但只学了几个月，静模就能做到听写正确，再没有感到学习困难了。现在回想起来，如果我当时冲静模发脾气，确实可以让他清楚地知道"说谎是不对的"，但是对他来说，学习韩文的困难却依然存在，并且孩子可能从此会对学习产生抵触情绪。那也就看不到后来静模学习时充满自信的样子了。

当孩子说谎的时候，要本着"孩子说谎一定有他的理由""他是实在没法子了才说谎"的态度来处理。那些孩子撒谎的原因在成人看来可能不算什么，但对于那么小的孩子而言，就是只能用逃避和谎话来解决的非常困难的事。

毫无压力却仍然说谎时要严格纠正

父母既要充分理解孩子的内心，找到孩子说谎的真实原因，宽容地对待他，但也不能对孩子说谎的毛病放任不管。而且就算是管，也不能大声训斥孩子，或在众人面前指责孩子"你说谎"等等，这会伤害孩子的自尊心。要引导孩子明白道理，让他今后不再说谎。如果孩子说谎了，父母要用和蔼的语气和孩子这样说："妈妈相信你的话，相信你即使说了谎，也会在以后跟妈妈说实话的。即使不说出来，妈妈也能明白你的心思。"

听到这样的话，孩子可能会感到良心不安，从而改掉说谎的毛病。

如果即使这样做了，孩子还经常说谎，那就有必要明确地给他讲"说谎不对"的道理了。给孩子讲讲"狼来了"的故事，让孩子知道说谎会出现什么结果。一定要帮助孩子明确区分可以做的和不可以做的事。

此外，不要因为孩子说谎就过分地惩罚孩子，那样的话，孩子会变得胆小，遇事畏缩，甚至还会因为惧怕惩罚而编造更大的谎言。孩子说谎的时候，请在内心默念三句话：

相信孩子！

就上一回当吧！

千万不能发火！

习 惯

只会捣乱，从不收拾

妈妈的一天，可能是"从早到晚不停收拾"的一天。一整天都在不断地整理孩子调皮捣蛋后留下的烂摊子。孩子哪怕能自己把玩具收拾一下，妈妈都会轻松很多。可无论妈妈怎么叮嘱，孩子一点反应都没有，真让人又气又恼，肺都要气炸了。不仅如此，妈妈还担心孩子养成只知道玩耍，却不知道收拾的习惯。

捣乱是孩子实现自己想象力的过程

在成长过程中，孩子的想象力慢慢丰富起来，头脑中有了各种各样的想法。为了把想象变成现实，孩子会利用身边一切物品。在成人看来，这纯粹是在捣乱，但对孩子来说，这却是培养想象力的过程。

3~4岁的孩子可以轻而易举地找出自己喜欢的玩具，但却很难做到玩好后把玩具放回原处。收拾玩具对这么大的孩子来说是不容易的，因为这需要一些他们尚不完全具备的能力。比如，把玩具按照类别进行分类的能力，以及不受别的事情影响而专心收拾物品的注意力。

此外，如果妈妈在让孩子收拾玩具的事情上没有表现出积极坚决的态度，孩子也不会收拾。有些妈妈只会轻描淡写地对孩子说"去收拾玩具吧！"可孩子只要表现出不想做或者耍点滑头，妈妈就会放弃，最后当然是妈妈自己收拾。这样一来，孩子只要有一次能够逃避责任，下次遇到类似的情况时就会故技重施，慢慢地就再也不会去收拾了。

收拾的习惯不止是在家里才有用，在家里养成好习惯的孩子，到了托儿所或者幼儿园以后，对于玩完后要收拾玩具的要求也不会感到困难。

相反，没有养成好习惯的孩子很难适应必须收拾玩具的环境。既要培养孩子的自律性和想象力，也要让孩子学会对自己做的事情负责。让孩子为所欲为，对孩子社会性的发育是没有益处的。因此，一方面要培养孩子的想象力，让他的愿望得到满足，另一方面也要从小开始培养孩子收拾东西的好习惯。

孩子集中注意力玩游戏的时候，不要强迫他收拾东西

大部分妈妈看到孩子放下手中的积木，又拿出过家家工具的时候，会对孩子说"玩过家家的时候就不玩积木了，把积木收拾好再玩！"或者"都有这些玩具了，为什么又拿出别的来玩呢？"并让孩子收拾。此时，孩子的注意力都集中在玩游戏上，打断游戏，强迫孩子收拾东西的做法是不可取的。

比如，想象力丰富的孩子会认为积木可以做过家家的灶台，把积木搭好后可以把饭碗放在上面来做饭。因此，当孩子玩得正起劲的时候，不要去阻止，等孩子尽兴玩过之后再让他收拾。孩子玩自己喜欢的游戏时注意力会非常集中，此时如果经常被打断，只会让孩子的注意力集中的时间越来越短。

把收拾玩具当做游戏

让孩子收拾客厅里堆得满满当当的玩具，孩子会觉得负担很重。虽然是自己弄乱的，但还是会觉得"这么多东西，怎么收拾呀？"此时，妈妈最好跟孩子一起收拾。不要命令孩子"这个放这儿，那个放那儿"，最好能让孩子把收拾玩具当做有趣的游戏。

"妈妈收拾娃娃，你收拾汽车，我们比比，看谁收拾得快！"

这样的话，孩子会觉得是在玩有趣的游戏，开始兴致勃勃地收拾起来。为了让孩子能够感受到比赛的乐趣，妈妈最好控制好速度，收搭得不要比孩子太快太多，也不要太慢。收拾完以后，要把孩子拉到身边抱抱他，并给予表扬。

告诉孩子收拾后物品码放的位置

如果只是命令孩子收拾，孩子会因为不知道如何收拾而困惑。妈妈要和孩子一起收拾，并把放玩具娃娃的地方、盛积木的小桶等玩具放置的具体位置告诉孩子。此外，使用储物盒的时候，如果盒子对孩子来说太大，就会给孩子增加难度。最好多准备几个能让孩子轻松分类、并且大小合适的盒子。

收拾东西时要这样对孩子说

● **整理图书的时候**

"书虽然有很多，但只要摆放好，就能很容易找到自己想看的。首先，把你爱看的书放在这里吧！先放恐龙书，再放汽车书，把妈妈要看的书放在客厅，睡觉前要看的书放在床头，怎么样？"

● **收拾玩具的时候**

"妈妈准备了玩具筐，玩完后要把玩具放回原位。积木放在这儿，玩具娃娃放在那儿。玩过的玩具如果没有放进筐里就说明你不喜欢，那妈妈就去把它们送给别的小朋友。"

● **收拾鞋子的时候**

"要是大家把鞋子扔得到处都是，可能会弄丢的。所以，脱鞋的时候要把双脚并拢，规规矩矩地放好。为了穿的时候更方便，是个是应该把鞋头冲外放更好呀？"

规定每天都要收拾

妈妈有的时候要求孩子自己收拾，有的时候又自己一个人收搭。这样的话，孩子慢慢地就不想再收拾了。因为从孩子的角度来看，不收拾比收拾轻松许多。即使和孩子一起收拾很耽误时间，父母也要让孩子自己动手做一做。只有这样，孩子才能知道"玩完玩具以后一定要收拾"，从而养成好的习惯。

不跟大人打招呼

刚到大人膝盖高的孩子怯生生地跟人打招呼说"您好"的时候，无论怎样板着脸的大人都会微笑着接受孩子的问候，并且会对孩子父母说："这孩子真懂礼貌啊！"

世上哪有不喜欢别人夸奖自己孩子的父母呢？相反，要是自己的孩子无论怎么教都不跟人打招呼，父母会觉得很难堪。

相互问候的礼仪是和谐的人际关系所必需的。特别是在儿童乐园或幼儿园等地方，当孩子遇到父母以外的其他人，能养成有礼貌地打招呼的习惯是非常重要的。无论是大人还是小孩，都喜欢满脸笑容地和自己打招呼的孩子。但是，为什么有的孩子不肯打招呼呢？怎样做才能让孩子学会有礼貌地问候别人呢？

有的孩子天生很害羞

有的孩子因为天生的个性原因，比如对陌生人有强烈的拒绝感，或者非常害羞，这样的孩子在遇到大人时，不会高高兴兴地打招呼，而是经常躲在妈妈身后。因为他们在遇到陌生的成人时，不仅感觉不到，反而会感到害怕。对于自己害怕的人，自然不会问候了。

有的孩子则是因为没有学过这方面的礼仪，所以才不会问候别人。问候礼仪是一种生活习惯，孩子只有在日常生活中经常看到父母和别人亲切问候的样子，才会自然地模仿。如果父母没有起到充分的"示范"作用，孩子当然难以学会问候别人。

先让孩子学会问候特定的人

对于不喜欢和别人打招呼的孩子，如果要求他和遇见的所有大人都打招呼，只会让他更加抵触。可以先安排特定的成年人，让孩子练习向这个特定的人打招呼。例如，让孩子只和超市的某个收银员，或邻居阿姨等经常见面的几个人打招呼。此时，父母首先要展示自己亲切问候别人的样子，给孩子做榜样。

如果孩子还是遇到人不肯问候，与其责怪孩子，不如轻轻地和孩子说一句"要是宝宝能和刚才碰到的邻居阿姨打个招呼就好了"，不要过于计较。孩子当时也许在做着与人打招呼的心理准备，犹豫了，还没来得及开口就错过了问候的机会。

增加孩子和其他大人接触的时间

孩子如果对陌生人有抗拒感，父母更要创造机会，增加他和其他大人相处的时间。例如，带着孩子经常与其他小朋友的妈妈见面、带着孩子一起玩，或者一起旅行，减少孩子见到陌生人的压力，让他放松地见到父母之外的大人。这样的机会越多，孩子越容易养成问候别人的好习惯。

告诉孩子恰当的问候语

到了这个年龄段，孩子会说的问候语越来越丰富。要让孩子熟知在不同情况下，如何使用"您好""谢谢""对不起""再见"等各种日常用语。此外，还要让孩子知道问候别人是件快乐的事情。过于强调打招呼本身，总是尽义务似地和别人致意的话，问候也会令人讨厌的。孩子只有看到父母和别人打招呼时发自内心高兴的样子，他自己在和人打招呼的时候才能愉快地有问有答。

只要是"我的"就绝不谦让

一直在家里和父母生活的孩子，接触外部社会较少，当遇见小朋友或者大人的时候，经常会做出一些让妈妈很不满意的事情。典型事例就是，无论什么东西，只要是"我的"，就绝不会谦让。亲戚到家里串门，碰了一下孩子的筷子，孩子就会大哭大闹地喊"那是我的"。和同龄人也会为了玩具经常打架。比如，小朋友到家里玩，动了一下他的玩具，他也会大喊"是我的！我的！"马上就抢过去。此时，妈妈就会教育他说："你要跟小朋友好好玩。""让别人玩玩吧。"可是不管妈妈怎么说，孩子就是听不进去。

自我中心意识带来的行为

儿童自我中心意识就是孩子以自己为中心来观察这个世界。3~4岁的孩子在自我为中心的思考方式下，会主观地认为别人的想法总是和自己的想法一样，并照此行动，从不考虑他人。因此，如果谁动了自己的东西，不管是比自己小的弟弟还是同龄的小朋友，他都会大喊"是我的"，即使自己不准备马上玩，也要抢过来。孩子偶尔也会让小朋友玩自己的玩具或者把点心分给别人吃，但这并不是关心对方的举动，而是出自送给别人的单纯想法，或者是希望得到父母的夸奖。

3~4岁的孩子送父母礼物，到底会送什么呢？有他认真折叠的飞机、画得很满意的画、自己喜爱的玩具汽车等，大部分是他自己喜欢、心爱的东西。因为孩子觉得自己喜欢的东西，妈妈爸爸也会喜欢，所以就送给父母。但是，孩子在上了幼儿园、小学后，这种情况会发生变化。他们会把对父母有帮助的东西当礼物送给父母。这就意味着孩子正从自我中心意识中走出来。

盲目地让3~4岁孩子做到谦让是行不通的，因为此时他们正处于自我中心意识中。此时，要先在一定程度上满足孩子的占有欲，再去教育孩子学会谦让和关心别人。

得到爱才会付出爱

孩子与父母依恋关系的形成对于帮助孩子走出自我中心意识非常重要。与父母形成良好依恋关系的孩子，自我中心意识的持续时间会比较短，并能很快掌握谦让和关心别人的方法。孩子一边蹒跚学步一边试图离开妈妈的时候，因为良好的依恋关系，孩子对妈妈的爱很有信心，所以敢于去接触身边的人和事物，并且对新事物抱有浓厚的兴趣，也能很快实现和妈妈心理上的分离。

相反，没有和父母形成良好依恋关系的孩子们，在心理上的独立会迟缓一些，学习谦让和关心别人的过程也会很困难。如果孩子无论做什么，父母都认为"不行"并阻止他，或者对于孩子努力的成果不给予肯定反而冲孩子发火，孩子就会感到被父母嫌弃，"这世上除了我自己外没人疼我"这种以自我为中心的想法会更加强烈，这样的孩子为了保护自己的东西，就会不停地说"都是我的！"

不要对孩子过分照顾

父母为了和孩子充分形成依恋关系而对孩子过分照顾、保护的做法也是不可取的。对孩子的要求百分百地满足，甚至有时孩子还没提出要求，父母就揣摩出孩子的想法并立即满足，这些做法都是不正确的，会让孩子感到"地球都在围着我转"，自我中心意识只会更加强烈。

被过分照顾的孩子在儿童乐园、幼儿园等地方参加社会交往活动时会感到很难适应，因为孩子以为别人都会迎合自己的心意，但实际上并非如此。对于这样的孩子来说，那时候再让他去谦让和关心别人就更不可能了。

改善孩子自我中心意识的游戏

大部分父母在和孩子做游戏的时候都听孩子的。例如，玩过家家的时候，孩子首先选择自己想要的玩具，父母选择的都是孩子没兴趣、挑剩下的部分。尤其现在的家庭中，孩子都没什么兄弟姐妹，只能是父母和孩子一起玩，而且孩子每次都是游戏的中心。

父母有时可以跟孩子说自己也想玩他喜欢的玩具。例如，对孩子说："今天妈妈先挑玩具吧！"并且，在游戏过程中，当孩子让妈妈给换个玩具时也不要立即更换，而要让他等一会儿。通过这样的过程，孩子可以学会谦让和等待。

不要替孩子要回被抢走的玩具

小朋友拿着孩子的玩具玩，孩子一边哭着一边不停地说"我的！我的！"这种情况应该如何处理呢？虽然要回被小朋友抢走的玩具能够让孩子立刻停止哭泣，但这样做会强化孩子的自我中心意识。而且，如果这样做，玩具被抢的小朋友也会哭。

此时，要让孩子和小朋友一起玩玩具。比如，孩子们玩沙子的时候，为了抢铲子而发生冲突，就让一个孩子用铲子铲沙，另外一个孩子用碗装沙。这样的话，孩子们能够体会到与人分享的快乐。如果到了某一阶段，孩子可以做到不和小朋友争抢玩具，而是一起玩，就意味着孩子的自我中心意识已经在减弱，而社会性正在慢慢增强。

> ## 还在吮吸手指
>
> 胎儿在子宫里18周以后就会吮吸手指，刚出生的婴儿大部分也会吮吸手指。据统计，周岁前的孩子有80％会吮吸手指。因此，吮吸手指是孩子一种常见的习惯。孩子觉得吮吸手指很舒服，所以在困倦、饥饿、无聊的时候都会把手放进嘴里。这样的行为会在3岁以后自然减少。如果孩子过了3岁还一直吮吸手指，就需要观察孩子的心理状况。

为了克服分离焦虑而采取的自救方法

对于孩子吮吸手指的问题，大部分育儿杂志和书籍都是千篇一律的说法：吮吸手指的习惯会造成今后牙齿不美观等问题，因此要尽早纠正。吮吸手指的确会影响牙齿的发育，必须要纠正，这些说法也没有错，但是在这之前，父母先要知道孩子为什么吮吸手指。

孩子在3岁左右时自我意识比1～2岁时更加强烈，开始希望离开妈妈而独立。此时，在身体发育方面，孩子已经有能力不靠妈妈的帮助而跑得很远。但是孩子在心理上仍然会感到焦虑。成年人回想一下自己到新单位或换新的工作岗位时感到的焦虑，就很容易理解孩子的焦虑了。孩子的身体成长了，想跑到外面玩，但内心却很难与妈妈分离，由此会感到焦虑。为了减轻这种焦虑，孩子就会吮吸手指。反复吮吸手指的行为能让孩子的内心得到安定。就好像成年人在焦虑时会用指尖反复敲打桌子，产生这些举动的原因都是一样的。

孩子产生焦虑情绪是发育上非常正常的现象。因此，吮吸手指的习惯会随着孩子独立性的增强而自然减少。但是，当孩子有这种内心焦虑时，如果父母因为关系不好经常吵架，或者把孩子突然送去托儿所等陌生的环境，那么孩子吮吸手指的毛病就会延续下去。如果孩子到3岁以后还吮吸手指，就要观察孩子身边的环境，找到根本原因并给予解决。

首先，请认真回答下列问题。如果某个问题的答案是"No"，那么应

对吮吸手指的孩子绝对不能这么做

1. 发火
由于害怕父母发火，孩子可能会暂时停止吮吸手指，但是在父母看不到的地方还会偷偷吮吸。

2. 强行把手打下来
这样做会让孩子产生挫折感和不安感，因而不可取。

3. 用创可贴或绷带裹手
虽然可以保护孩子的手指皮肤，但孩子会在缠创可贴的时候感到心理压力。

4. 涂抹苦味的药水
既会造成心理压力，又对健康有害。

重视这个问题，并立即着手解决。如果不这样做，任何方法都很难让孩子改掉吮吸手指的习惯。即使孩子暂时停止了，再次出现的可能性仍然很高。

- 爸爸和妈妈的关系好不好？
- 家庭成员的生活习惯是否规律？
- 父母是否经常向孩子表达关爱？
- 孩子对在教育机构的生活适应吗？

让孩子明白吮吸手指为什么不好

如果对于上述的问题的答案都是"Yes"，孩子却仍然吮吸手指，家长就要用孩子能理解的语言，向孩子说明吮吸手指不好的原因。绝对不能指责孩子的行为或者强迫他改正。

"手指上和指甲里有我们用眼睛看不到的病菌，这些病菌就是让我们得病的小虫子。如果你总是吃手指的话，病菌就会进到你的身体里，让你肚子疼，还会发烧。这样的话，就要去医院了。如果病得厉害，还要用很粗的针管打针呢。那样是不是很不好呀？所以，吃手指是不对的哟。"

当然，即便这样做了，孩子也不会一下子就能改掉吮吸手指的毛病。不止是吮吸手指，在任何情况下，孩子都不可能一听父母说什么，就立刻发生180度的大转变。所以，孩子不能立即改正也不要生气，但是在他每次吮吸手指的时候，妈妈都要简明扼要地和他重复上面的话，让他明白吮吸手指为什么不好。

用有趣的游戏转移注意力

观察一下孩子都是在什么情况下吮吸手指的，会发现大多是在无聊的时候、一个人独处的时候或者困倦的时候。当孩子出于无聊吮吸手指时，可以轻轻地把他的手从嘴里拉出来，递给他玩具，也可以和孩子一起玩，不要让他感到无聊。孩子睡觉的时候吮吸手指，妈妈就要躺在旁边握住孩子的小手或者把孩子抱入怀中，让他安心入睡。

如果孩子在非特定的情况下也无意识地吮吸手指，就要让孩子自己改掉这个毛病。妈妈看到孩子在吮吸手指，要和蔼地呼唤孩子，并用眼神或微笑告诉他不要这样做。

把别人的东西拿回家

"有一天，孩子从幼儿园回来，我发现他的书包里竟然有新玩具，可并不是我给买的！问孩子，他却理直气壮地说'想拿回来玩就带回来了'。即使我跟他说不要乱拿别人东西，也就是当时管用；事后，他看见自己喜欢的玩具或其他东西，又会偷偷放进书包。为了这个，他不但被老师批评，还会和别的小朋友打架。我的孩子是不是有偷盗癖呀？"

孩子还未建立所有权的概念

3~4岁的孩子大都还没有建立所有权的概念，即不知道东西是属于不同的个体的，也不明白把别人的东西拿回家是不对的。同时，孩子做什么都是把自我满足放在第一位的，因此，不管是别的小朋友的东西还是幼儿园的东西，他认为只要自己喜欢就都可以拿走。但是，把孩子的这种行为和"盗窃""小偷"相联系是不对的。应该从多个方面分析一下孩子这样做的原因。

这个时期的孩子喜欢拥有引人注目的好东西。比如，他会要赖让父母买价格昂贵的东西，如果父母没有满足他的要求，他就会把别人的东西带回来了。平时没有得到父母充分关爱的孩子有可能会对物品过分痴迷。因为关爱不足而想获得物质的补偿，由此才会变得对物品痴迷。

不要严厉地训斥或处罚孩子

这个时期的孩子拿回家的东西经常是小朋友的发卡、小玩具、点心、糖果等小东西。如果严厉训斥或处罚他，会让孩子的内心受到伤害。

孩子拿回小朋友的发卡时，要用温柔的语气对他说："没有得到允许就把别人的东西拿回来是不对的。"然后，最好和孩子一起把发卡还给小朋友；当孩子没交钱就从超市拿回点心或糖果时，最好带孩子一起回到超市，向店主道歉并付钱。只有和孩子一起经历这样的过程，才能让孩子明白，偷偷把别人的东西拿回来是不正确的行为。

父母这样做时，孩子可能会耍赖，拒绝归还物品。这种情况下，有的父母可能会认为"孩子太倔了，拿回去也会再拿回来的，这次就算了吧。"如果这样纵容了孩子的耍赖，就无法纠正孩子的不良习惯，还会让孩子误认为只要耍赖就能得到自己想要的东西。

通过游戏让孩子知道所有权的概念

3~4岁的孩子很喜欢和小朋友一起玩。妈妈要告诉孩子，为了和小朋友玩得高兴，就不能把小朋友的东西随便带回家。此外，还可以和孩子玩区分什么东西属于孩子自己、什么东西属于父母的游戏，让孩子明白东西的所有权概念。孩子可以在自己的物品上贴上标签，也可以在洗衣服的时候让孩子分辨是谁的衣服。通过这样的练习，孩子会改掉把别人东西拿回家的毛病。

不让看电视就活不了

"我的儿子才28个月，可每天都离不开电视，真让人担心。孩子下午大部分时间都要看电视。只要一坐到电视机前，2～3个小时动都不肯动，别人叫他也好像没听见似的。如果我觉得孩子看电视看得太多了，把电视关掉，他就耍赖、发脾气。虽然目前为止我还没看出来孩子在发育上有什么问题，但真不知道这样下去对孩子好不好。"

不能这样看电视

我对提出这种问题的妈妈，真是感到无奈。大部分妈妈明知道看电视不好，却都抱持着"孩子看一会儿电视没什么大不了的吧？"的心态来向我咨询。事实上，在妈妈忙得不可开交的时候，如果孩子能看会儿电视，妈妈会感觉轻松一些。但是这样的话，孩子慢慢就会疏远妈妈，更喜欢看电视。对那些担心孩子沉湎于电视节目的妈妈们提出的问题，我是这样回答的："没有比让年幼的孩子自己看电视更危险的事情了。如果不想让孩子成为白痴，从现在开始，千万不要让孩子看电视了。"

大多数情况下，年轻的妈妈是不会让孩子长时间看电视的。但照顾孩子心有余而力不足的爷爷、奶奶、对待孩子敷衍了事的保姆，的确存在放纵孩子看电视的问题。在照顾孩子累得筋疲力尽时，抚养人让孩子坐到电视前自己看电视的情况太多了。

庆模和静模看电视的时候，我一定会和他们一起看，边看边聊，为什么主人公会这样做，从孩子的角度看，故事应该会怎样发展等等，就这样一直不停地交流。电视是一种被动性的媒体，孩子看电视时，可以不动脑筋地观看，是被动地接受。但通过父母和孩子边看边讨论的过程就可以让孩子边看边思考。

此外，对于影视节目也要严格限制，只让孩子看有教育意义的动画片和儿童节目，而且还要规定看的时间。为了拒绝电视的诱惑，在孩子不能看电视的时间里应该拔掉有线电视的连接线并收好。

即使父母和孩子一起看电视，也不要让孩子看太长时间。美国一项研究结果表明，孩子每天看电视超过3个小时，阅读能力会大幅下降。因为孩子看电视的时间过长，通过阅读、写作等其他刺激培养学习能力的时间就相对减少了。

此外，孩子如果沉湎于电视这种让人被动接受的媒体，会讨厌自己思考，只喜欢用眼睛看、用耳朵听，讨厌动脑筋想问题并用语言表达。因为讨厌就不去做，如此循环往复，孩子的语言发育也会出现问题。因为语言发育必须通过与别人沟通才能完成，只是被动地看和听是无法学好语言的。

教学录像带导致形成被动的学习习惯

最近在韩国，很多父母为了教孩子韩文和英语，就给孩子看教学录像带。对于这样的父母，我不得不指出他们的错误。语言是根据具体情况，通过和别人你一言我一语的交谈过程来掌握的。因此，教学录像带对学习语言是没有明显效果的，只能带来华丽场面的刺激而已。此外，这种单向型的把堆积如山的信息原封不动地灌输给孩子的方式，很容易使孩子养成被动的学习习惯。

特别是对于3岁以下孩子，他们的头脑发育得很迅速，看录像带本身就可能会造成学习障碍。美国儿科学会发表的"幼儿电视和录像带收看指南"中称，在孩子年幼时期，如果不直接体验新事物，而是通过多媒体来间接体验新事物，会对孩子的大脑发育造成不利影响。此外，2岁以下的孩子最好不要看电视。父母们知道了这些以后，就应该打消以教育为目的让孩子看幼儿教学录像带的念头了吧？

由于电视和录像都可以舒舒服服地坐着看，画面赏心悦目，因而让人沉湎其中的可能性很大，这也是一个问题。沉湎于电视或录像带节目的孩子，一旦看了开头就想一直看到结尾，不让看的话还会哭闹、发脾气。最近来小儿精神科就诊的很多孩子都是因为长时间观看教学录像带才出现的问题，这的确是让人无可奈何的事情。

拒绝和别人交流的"电视综合症"

一天，一位母亲因为怀疑自己30个月大的女儿有发育障碍，带着孩子来到了医院。女儿从小看了很多英语录像带，说起英语单词来非常流利，但在其他方面的发育却比同龄的孩子迟缓。不仅话说得晚，大小便也不能自理。最大的问题是不喜欢和小朋友接触，只愿意自己玩玩具。

经过仔细检查，确诊孩子患有"电视综合症"。电视综合症是孩子在幼儿期习惯性地观看影像制品、单方面地接受信息，并受到过分的视觉刺激，从而使孩子表现出类似自闭症的症状。患有电视综合症的孩子就像上文中所提到的孩子一样，会出现语言障碍或社会性急剧退化等症状。虽然孩子按妈妈的意愿掌握了英语，但却错过了更重要的发育时机。

我劝那位妈妈，如果非要让孩子看电视，与其让孩子看只有简单动作和重复语句的英语录像带，不如让她多看看有故事情节的内容。

这位妈妈的回答非常干脆："那些东西对孩子的学习没有帮助。"

对于把看录像当娱乐的孩子来说，看有些故事情节的录像带，至少比看教学录像带而患电视综合症的危险性会小一些。但是这位妈妈满脑子想的都是"学习"，从而忽视了孩子发育上的迟缓。

针对这一情况，我提出了治疗方案：让孩子持续一个月不看录像带，同时进行心理治疗和语言治疗。过了一个月以后，孩子的表情逐渐丰富；两个月后，孩子变得经常面带微笑，也开始关心别人；三个月后，孩子病情明显好转，已经可以和父母积极地沟通、交流了。

患小儿肥胖的比例高

沉溺于电视和录像带的孩子不仅会在语言和社会性方面出现障碍，在身体上也会出现问题，最易出现的就是小儿肥胖。在这个年龄，孩子应该像脚上装了马达一样，喜欢到处活蹦乱跳，如果只是安静地坐着看电视画面，就会越来越胖。现在的孩子营养都很丰富，也喜欢吃比萨饼、汉堡包、可乐等高热量高脂肪的东西，吃多了不动，当然会胖。而小儿肥胖与成人肥胖不同，成人肥胖是体细胞的大小增加，小儿肥胖是体细胞的数目增加，所以孩子一旦胖起来，就很难再瘦下去。

电视节目主要为成人服务，而不是为了让孩子健康成长、受到更好的教育而制作的。因此，最好不要让孩子看。有些妈妈认为"现在已经是多媒体社会了，让孩子接触一下电视有什么不好呢？"这不过是妈妈为了自己方便找的托辞。相信通过妈妈的努力，可以让孩子看到比所谓"多媒体社会"更加广阔的天地。

美国儿科学会提出的幼儿正确收看电视注意事项

1. 规定时间
每天看电视和录像带、玩电子游戏的时间总计不能超过两小时。

2. 要把电视的影响力控制到最小程度
不要以电视为中心摆放客厅家具。

3. 事先制定收看计划
父母要事先看电视节目播出表，到了孩子想看的节目播出时再打开电视。

4. 不要把能否看电视当做奖赏或惩罚
如果跟孩子约定表现好就可以看电视，孩子会认为看电视很重要。

5. 准备好替代项目，并且父母要共同参与
鼓励孩子多做运动、读书、绘画等看电视以外的趣味性强的活动，同时，父母也要共同参与。

6. 父母要当好榜样
如果父母以身作则不看电视，孩子也会远离电视。

游戏＆玩具

益智玩具和早教教材真的有效果吗？

如今，父母开始关注孩子教育的时间越来越提前了。前几年我还是个年轻妈妈的时候，父母一般都是从孩子开始与人沟通、能够自理大小便的阶段，才开始操心孩子的教育问题，因为这时要送孩子去托儿所，当时我还常说"这么早就开始操心孩子的教育也太早了，没有必要。"但是，现在的父母从孩子一出生，甚至孩子还在妈妈肚子里的时候就开始为孩子的教育问题而烦恼。

制造这些烦恼的不是别人，正是推销儿童益智玩具和早教教材的业务员。遇到那些把幼儿教育说得天花乱坠的业务员，妈妈们突然发现自己竟然什么都没有"教"过孩子，一定会发自内心地认为自己既不负责又无知。推销人员总是异口同声地说："我们公司的益智玩具、早教教材有利于促进孩子的大脑发育"，因此，父母们总是会问我："那些所谓促进大脑发育的玩具和教材真的有效吗？"

6岁前，孩子的早期教育只是妈妈的生活情趣

为了让急于知道答案的妈妈先安心，我先说一下我的回答吧：这些益智玩具和早教教材是没有任何效果的。对于那些对早期教育有很多疑问的妈妈，我会用简短的一句话来回答："6岁以前的教育只是妈妈的生活情趣。"因为6岁以前，孩子的认知能力没有发育健全，即使学习也不会有

早期教育要点须知

1. 3岁前，孩子的大脑发育不是集中在某一部分，而是均衡发育。因此，如果仅强调某一方面的刺激反而会使大脑发育出现问题。

2. 父母要认真考虑"为什么要使用开发大脑的教材和益智玩具呢？这么做到底是为了谁？"

3. 6岁以前的早期教育不过是父母的生活情趣。

效果，所以那些说孩子在6岁之前受到的"教育"的效果会在长大后显现出来的说法不过是夸夸其谈罢了。

现在，众多的生产儿童益智玩具和早教教材的公司都这么宣传："孩子的大脑蕴藏着成人无法想象的巨大潜能，如不及早开发，这些能力就会被埋没。"

0~3岁孩子的大脑具备巨大潜能这一点是事实，但孩子的大脑却不会因为几本教材、几件益智玩具就得到开发。

人的大脑到了一定时期会依次得到发育，为便于理解，可以联想一下一栋楼从1层开始亮灯的情况。人的大脑就好比是一栋依次亮灯的大楼。1层的灯亮了以后2层的灯才能亮，2层的灯都亮了3层的灯才能亮。如果1层的灯才刚刚打开，我们待在没有电、黑漆漆的3层的办公室里又能做什么呢？因此，在大脑没有准备好的情况下，用这些内容丰富的教材和玩具盲目地进行刺激是没有任何作用的。

另外，这样做还会产生副作用。这和在不开灯的办公室里摸索着赶工，却损坏了办公用具是一个道理。因为早期教育引发问题，而来到小儿精神科问诊的孩子的数量每年都在增加，从这一点上看就能知道早教的副作用有多么大。几年前，我任职的医院为了了解患儿到小儿精神科问诊的主要原因，曾经进行过为期5个月、以门诊治疗记录为基础的数据分析。结果显示，由于早期教育而被诊断为心理障碍的孩子人数大约有700名左右。这个数字占所有小儿精神科患者总数的三分之一。如此看来，为数众多的孩子一直在遭受着早期教育的折磨。

每个医生在用药的时候，都会先考虑到"副作用"。无论多么有效的药，如果副作用是致命的，那这种药是绝对不能使用的。同样道理，在选择教材和玩具的时候，父母也要有这种谨慎的态度。

达到神奇效果之前还得了解副作用

过于强调幼儿大脑开发的教育弊端并非在最近才出现。其实，这种做法被反复强调和父母的不安心理有很大关系。"别的孩子都这样，咱们的孩子怎么能不做呢？无论如何，先让孩子试试看吧！"父母在强迫孩子做他不喜欢做的事情时，心里是不是都是这样想的呢？

父母努力通过这种想法来摆脱自己的不安，让内心得到安慰。但是，在孩子教育问题上，这种"无论如何"的盲目做法是行不通的。对于99个孩子100％有效的教育方法可能就会在唯一一个孩子身上产生致命的副作用，这唯一一个也许就是你自己的孩子。

为了开发大脑而进行的教育如果不适合孩子，副作用会非常严重。孩子不仅会有严重的心理负担，而且如果教育没有达到预期的效果，还会导致孩子产生挫折感或出现心理焦虑。这样的心理问题不仅会对孩子的成长造成障碍，还会使孩子失去学习的兴趣。

因此，认为"邻居家的孩子都这样""什么都不做就感到不安"而盲目让孩子受教育的做法即白花了钱，又毁了孩子。无论什么教育，在决定让孩子接受之前，都要先了解实施这种教育的明确理由。同时，父母要仔细观察孩子是否喜欢这项教育，是否具备消化知识的能力。如果这三者都不明确，最好是别让孩子学。孩子的能力是惊人的，他会寻找自己需要的刺激。

促进大脑发育最好的方法

孩子的大脑发育不是集中在大脑的某一个部分，而是所有部分都均衡发育。那些声称对大脑开发有益处的教材和玩具往往只侧重于视觉刺激，这种"教育"方法对孩子肯定是不好的。例如，如果想让孩子知道什么是"鱼"，与其给孩子看图画书或者录像带，还不如带孩子去动物园或者池塘边。在那里，孩子既能直接观察鱼的大小，还能试着用手去触摸。

此外，3~4岁的孩子的情绪发育非常重要，因此，要让孩子感到生活非常幸福。只有这样，他才会希望更多地了解世界，自然也就完成了该阶段大脑的发育。妈妈要和孩子更多地进行温柔的肌肤接触。抱着孩子，和孩子目光交流，让孩子感受到自己是幸福的，这样会让孩子得到情绪上的安定，这是促进大脑发育最基本的方法。

全世界的孩子都喜欢的游戏是什么呢？是"藏闷儿"。不但是在亚洲，非洲、欧美都有"藏闷儿"的游戏，大部分人小的时候都玩过这种游戏。为什么每个孩子都爱玩这么简单的游戏呢？理由很简单：玩"藏闷儿"能让孩子不停地咯咯笑。3~4岁时期的教育也是一样的，给予孩子喜欢的东西，并让孩子感到幸福才是幼儿大脑发育所必需的教育。

应该给孩子买什么样的玩具？

经过玩具店的时候，孩子总是缠着大人给买玩具，妈妈就会仔细挑选，认为要买就买对孩子智力发育有益的玩具。但是，给自己孩子挑选合适的玩具也不是件容易的事情。再加上广告宣传中对孩子大脑开发和感官发育有益处的玩具数不胜数，无从选择。到底应该给孩子买什么玩具呢？

帮助孩子提高想象力的玩具是最好的

虽然有利于大脑开发和感官发育的玩具品种众多，但在2岁前讨论给孩子买什么玩具并无重要意义。从孩子的大脑发育上讲，由于在2岁前，孩子还没有形成物品的概念，因此，不论吃饭时用的饭碗，还是妈妈花很多钱买的玩具汽车，对孩子来说，都不过是一件普通的东西而已。电话、锅、饭勺子等家里常用的东西都可以成为孩子的好玩具。孩子看着爸爸、妈妈使用物品的样子，然后也跟着学，这样很自然地掌握了物品的用途，并形成了对不同物品的概念。

大多数在孩子2岁以后，就为给孩子买什么样的玩具而发愁。这个时期的孩子玩的游戏都充满了想象力。想象游戏是把现实中没有的事物装作好像有的样子而进行的游戏，也可以称为象征游戏、假想游戏、角色游戏等。孩子能够进行想象游戏了，就说明他已经具备按照自己的想象力，把记忆中经历过的事情再现出来的能力。比如，3~4岁的孩子在玩过家家的时候，会把泥土当米饭，还假装吃；或者把木头块当电话，放在耳边讲话。有的还会模仿妈妈的样子，抱着玩具娃娃哄它睡觉，还假装给玩具娃娃喂奶。2岁的孩子还分不清想象和现实，对这些游戏也不会感兴趣。但孩子到了3岁以后，把不是真的饭也假想成是饭，还假装吃，这说明孩子的智能已经开始发育。

通过想象游戏能够使孩子的认知能力得到正常发育，并能为孩子今后使用更复杂的语言打下基础。因此，能帮助孩子完成想象游戏的东西就是这个阶段最好的玩具。比较典型的就是在做医院游戏、过家家、买东西时可以使用的道具，此外，准备几个玩具娃娃也是不错的选择。

符合孩子性格的玩具才是好玩具

根据孩子的性格挑选玩具也是个好方法。孩子在兴致勃勃做游戏的同时，还可以发挥性格上的优点，弥补性格上的不足。

● 活泼好动的孩子玩什么？

活泼好动的孩子最好玩能让身体充分活动的玩具。很多父母为了让太活跃的孩子安静一些，经常给他们买拼图或者娃娃等玩具。但是这些玩具一点也提不起活泼好动的孩子的兴趣。而另一些玩具，比如沙袋、打击乐器、橡皮球等则更适合，这些玩具可以让孩子活动身体。但是，刀枪等攻击别人的玩具会培养出这类孩子的攻击性，最好不要买。

● 任性的孩子玩什么？

任性的孩子最好玩有一定步骤和规则的游戏。比如模拟买卖东西的游戏、保龄球游戏等等，这些游戏具有固定的游戏步骤和规则，必须遵守这些规则才会觉得有趣。通过这样的游戏可以让孩子不再任性。此外，关心和照顾他人的娃娃游戏对孩子也是不错的选择。

● 说话晚的孩子玩什么？

说话晚的孩子最好玩能发出声音的玩具。风琴、木琴等刺激听觉的乐器或者玩具电话等引导孩子说话的玩具都会有所帮助。父母通过几个娃娃和孩子对话，引导孩子回答也是个好方法。

● 消极的孩子玩什么？

消极的孩子最好玩沙子、黏土、纸张等没有固定形状的玩具。很多情况下，消极的孩子的内心会被负面情绪所占据。这时候，让孩子用沙子、黏土等没有固定形状的玩具，随心所欲地塑造出自己希望的形状，以此来表达自己的情绪，是一种不错的游戏方法。

● 行动迟缓的孩子玩什么？

对于行动迟缓的孩子，能够让孩子准确判断自己的行为会带来什么结果的玩具是最适合的。比如那些一触动就会出声、或者会有好玩的东西弹出来的娃娃。行动迟缓的孩子很多时候对一般的玩具没有兴趣，因此新鲜有趣并且富于刺激的玩具会对孩子有所帮助。

喜欢搞破坏

孩子突然把玩具筐打翻，让玩具哗啦啦地倾倒而出，或者搭积木搭得高高的时候突然一下子把积木推倒，自己还高兴得咯咯直笑。父母有时候真不知道这样的孩子是正常还是有问题。尤其是原本挺规规矩矩的女孩如果突然做出这样的举动，父母一定会感到担心。对于喜欢搞破坏的孩子，父母不知道是该顺其自然还是立即阻止。

感兴趣的事情逐渐增多的表现

孩子喜欢玩破坏性游戏，意味着他感兴趣的事情正逐渐增多。积木不止是用来拼接和堆砌的，把它推倒也别有乐趣。推倒积木之前的紧张感，以及看到按照一定模样排列好的积木一下子倒掉时惊心动魄的感觉，让孩子觉得这个游戏非常有趣并会反复地玩。与其把这种行为叫做搞破坏，还不如说是一种快乐的游戏，因为这种游戏能让孩子对自己的行为引发的巨大变化感到刺激和快乐。因此，父母不用太担心。孩子玩到一定程度后就会感到索然无味，也就不会再玩了。

孩子玩够了就会停止

孩子产生某种愿望的时候，如果能够让他得到充分地满足，他就会自然地完成这个阶段的发育任务，并进入下一个阶段，这其实是孩子发育的基本过程。玩游戏也一样，父母应该充分满足孩子的要求，和他一起尽兴地玩耍，这是促进孩子发育最好的方法。

爸爸、妈妈可以和孩子一起把积木堆得很高，然后让孩子一下子推倒，孩子会因为家庭成员的共同参与而更高兴。相反，孩子在玩的时候，父母突然终止这样的游戏，会让孩子有挫折感，并对其他游戏也失去自信心，因此要多加注意。

把性器官当玩具玩

32个月大的男孩民友最近多了一个奇怪的习惯。他会在别人面前脱下裤子，展示自己的小鸡鸡，而且这样的情况最近突然多了起来。妈妈刚开始只是觉得孩子很可爱而没有在意，可不知从何时起，民友开始在同龄的女孩面前也这样做，而且不止一两次，让人感到非常尴尬。此外，民友一个人待着的时候也会玩自己的小鸡鸡，这让妈妈非常苦恼。为什么孩子有这样的行为？要怎样做才好呢？妈妈忧心忡忡地来到了医院。

具备性别认同后表现出的正常现象

性欲和食欲是人类的本能，孩子也是一样。新生儿的本能就是食欲，他只关心吃。但是，长大一些以后，孩子会通过和性器官有关的接触和暴露等行为开始感到些许的快感。甚至当妈妈换尿布的时候，轻轻碰到性器官，孩子都会有快感。

周岁前后，孩子开始抚摸自己的性器官①，再长大些，到三四岁时会低头看自己的性器官并淘气地玩弄。有些男孩在抚摩性器官的时候，还会出现勃起现象。

对自己的性器官产生兴趣是孩子在确认自己性别过程中出现的自然现象，被称之为"性别认同"（gender identity）。具有性别认同能力的孩子会学习自己的性别角色（gender role）。就这样，当他长大成人后，就有了自己的性取向（gender orientation）。

性别认同的发育开始于出生后18个月，到2~3岁时孩子就知道了自己是男是女。然后，孩子会通过模仿身边的男人或者女人，学习与自己性别相符的行为。这种模仿最突出的表现就是过家家游戏。父母看到3~4岁的孩子聚在一起玩过家家游戏时的情景，会对他们能够照原样模仿爸

---

① 周岁前后的幼儿性本能请详见第129页 Chapter 1 "不良习惯"一节。

爸、妈妈的言谈举止感到惊讶。孩子只有通过观察父母，由此模仿出男人和女人的不同角色行为，并了解了两者差异后，才能做到这一点。

孩子把性器官展示给别人看也是进行性别认同的过程之一。通过展示性器官，告诉别人自己是男人还是女人。因此，脱下裤子的淘气行为是很自然的现象，过分压制会导致孩子的性发育出现问题。

但是，受到儒家传统思想的影响，亚洲国家都比较忌讳对性本能的直接表达。因此，很多父母会因为孩子对性器官感兴趣而担心。其实，性是很自然的东西，作为父母，应该具有充分的技巧和智慧，帮助孩子自然地接受性。

需要适当的制止

把性器官当玩具的行为是孩子自我发现的一种过程，是一种游戏。如果严厉地斥责，或者强行制止会让孩子感到压力，孩子会变得非常畏怯。父母要知道，孩子的这种行为会随着年龄的增长慢慢好转，几乎不会造成心理上的问题。孩子在性方面的满足感和受到爱护的安全感类似，因此，不用对此担心。

但是，如果孩子玩性器官的问题比较严重，或者太过频繁地展示性器官给别人看，就要在孩子不会感到焦虑的范围内适当地予以阻止。即使是孩子，把性器官暴露出来也会让别人感到尴尬的。此外，还要让孩子明

孩子玩性器官时，父母不应做的三件事

1. 不要说"这多脏啊""这样做不好"等来批评孩子。这会让孩子有负罪感。
2. 不要用"小鸡鸡会掉的"等谎话来吓唬孩子。因为小鸡鸡是不会掉的，孩子会因此不信任父母。
3. 不要打孩子或对孩子发火。这样会让孩子对自己的身体产生负面认识。

孩子玩性器官时，父母应该做的五件事

1. 用和蔼的语气告诉孩子："如果经常用脏手摸小鸡鸡，小鸡鸡会生病的，这样的话就要去医院打针了！"
2. 为了让孩子感到内心的安定，要经常抱抱孩子，表达父母的爱。
3. 每天和孩子一起玩，给孩子读书，增加相处的时间，并转移孩子的注意力。
4. 给孩子必须用手玩的玩具，以转移孩子的兴趣。
5. 给孩子看与性教育相关的漫画书，对他进行正确的性教育。

白，作为社会成员，应该在一定程度上控制自己的性本能。

此时，要用有趣的游戏来转移孩子的注意力，或者跟孩子说"总是摸小鸡鸡，小鸡鸡会生病的""小鸡鸡是个宝贝，不能随便给别人看"并温柔地制止他。这样的话，大部分的孩子会停止这样的行为，把注意力转移到其他方面。

孩子除了玩性器官以外就别无乐趣

有的孩子出现心理问题或者所处的环境很恶劣，除了玩性器官之外，没有其他事情能让他提起兴趣。这样的孩子如果经常玩性器官，有可能会发展成严重的自慰行为。经常有这样的孩子被父母带着来找我。每当想到"同龄的孩子对世上所有事物都感到好奇和有趣，而这些孩子却只纠缠在这一件事情上"，我的内心就感到非常难过。除了玩性器官之外别无乐趣的孩子真是太不幸了。

孩子和妈妈分开，被寄养在奶奶家；妈妈生了弟弟，孩子没有得到充分的照顾……这些情况下，孩子得不到妈妈充分的关爱，也可能会暂时痴迷于玩性器官。此时，如果情况有所好转，孩子的成长环境能够改善，应该让孩子得到妈妈更多的疼爱和关心。如果父母冲孩子发火或者威吓并强迫他停止这样的行为，反而会让孩子产生焦虑感、更加痴迷于玩性器官，所以父母一定要以正确的方式阻止孩子。

教育机构

该把孩子送到哪个幼儿园呢？

孩子长到3岁以后，终于学会自理大小便，也会用语言表达自己的想法了，父母感到育儿工程终于告一小段落，可以稍微松一口气了。但是，养育孩子是没有止境的工程，父母从此又要为孩子的教育问题而苦恼了。在这些苦恼中，占比重最大的就是"应该怎样选择教育机构"。

环顾周围，托儿所、幼儿园，还有各种辅导班等太多太多的教育机构都在诱惑着父母。很多父母开始关注这些教育机构，并着手进行考察工作。这里怎么样，那里怎么样，对于别的妈妈的意见也要专注地聆听。每个教育机构都在王婆卖瓜自卖自夸，要选择一个适合自己孩子的地方真不容易啊！

孩子准备好了吗？

在选择托儿所[1]、幼儿园等教育机构时，先要考虑的就是孩子是否已经为进入这些机构做好准备。要仔细观察孩子的生理和心理是否已经发育到相应程度，能够毫不费力地适应外部陌生环境。父母在考虑"这里教英语""那里会教孩子舞蹈"，为把孩子送到哪里而不知如何选择之前，应该先观察一下孩子的情况。

---

[1] 译注：本节中除特定地方的比较之外，幼儿园和托儿所并没有特意区分，读者可统一视之。

首先要考虑的是孩子的年龄。虽然相差几个月不是什么大问题，但女孩子至少也要24个月大以后再入托为好。男孩比女孩发育晚，因此要晚一年再入托。一般情况下，无论性别如何，孩子36个月大时是入托的适当年龄。

当然，年龄不是绝对的标准，有些孩子在过了36个月以后，也可能会因为不适应新环境而在上幼儿园时遇到困难。因此，父母应考虑的最重要因素是孩子的状态。

我生了庆模以后，因为要继续工作，就把他托付给我的婆婆。婆婆每天都从自己家过来照顾庆模。当庆模36个月以后，我决定把他送到托儿所去。因为通过观察，我判断孩子在生理和心理上都做好了准备。那时，为了给性格乖僻、敏感的庆模找到一个他能够适应的地方，我考察咨询了周围的所有教育机构，最终将他托付给一家值得信赖的托儿所。

与庆模不同，老二静模入托的时候，我很轻松地就做了决定。因为静模和哥哥不同，他性格外向，学习愿望强烈，无论去哪儿都适应得很好。因此我找了一家离家近、安全度高、以游戏式教育为特点的托儿所。像这样，在选择教育机构时，孩子的状况是家长要最优先考虑的事情。如果孩子还没准备好，不得已要让他入托，家长就要对孩子进入托儿所后可能会出现的各种不适情况有所准备。

亲切的育儿态度和趣味性的学习课程是选择标准

选择教育机构的时候，比起硬件设施和课程设置，幼儿家长首先要考察的是老师的资质。因为无论幼儿园的设施如何完善，课程设置如何完美，如何运用它们都取决于老师的水平。即，不论是托儿所还是幼儿园，

只要是施行"人本教育"的地方就是好机构。人本教育，简单地说就是
"以孩子为本"，要能保护好孩子，让孩子对游戏和学习都感到有趣，并能
在和同龄人的和谐相处中掌握一定的规则。

　　3～4岁的孩子是通过游戏来学习一切事物的，因此，如果教育机构的
老师能够通过游戏来培养孩子的思维能力和创造力，那么这个机构就是可

不同教育机构的介绍

● **托儿所**

托儿所具有照顾孩子的保育功能，也有教育孩子的教育功能，是两种功能并
存的机构。托儿所原来是为双职工父母开办的保育机构，随着托儿所对教育功能
的强化，很多家庭即使妈妈是专职妈妈，也会把孩子送进托儿所。托儿所将游戏
和适当的学习相结合，让年龄相仿的孩子能够和谐相处，能培养孩子的社会性。

● **幼儿园**

幼儿园是以培养社会性和素质教育为基础的机构，主要是很多接近上小学
年龄的孩子就读。在幼儿园里，通过学习美术、音乐、英语等培养孩子特长，
并通过游戏激发孩子对学习的兴趣。在教育厅备案的幼儿园是称为"国家认定
幼儿园"[①]，在国家认定的幼儿园中，有个人经营的私立幼儿园、政府拨款的公
立幼儿园、大学经营的大学附属幼儿园等不同机构。

● **体能训练班**

在幼儿体能训练班里，教育占很大比重。幼儿体能训练班把促进孩子的身体
发育放在首位。多为国民体育中心、私立体育中心等机构进行经营，喜欢身体运
动和做游戏的孩子都可以报名参加。现在还有更多的特长辅导班，不止是游泳、
跑步等体能训练，还会教孩子芭蕾、器乐演奏、英语等技能。

---

① 译注：此处的介绍是韩国的幼儿园分类情况。在韩国，所谓"国家认定幼儿园"，是指通过
　一定审核标准，被国家承认的有一定水平的幼儿园。

选的。没有必要选择那些把英语、数学或识字作为基本课程，并让其在教学中占相当比重的教育机构。

孩子在3~4岁时，最重要的是让孩子有积极的自我认识，让他感觉生活在这个世界上非常幸福。强调教学的教育机构只能培养孩子的"技术"，却无法让孩子具有丰富的内心世界。

如果孩子显示出美术方面的才能，父母考虑让孩子接受美术教育时，也要采用同样的标准。不能只教孩子绘画技巧，培养孩子用自己的视角观察，并表现自我想法的思维和创作能力比什么都重要。而这些能力只能通过幼儿时期接受的教育和有趣的游戏来培养。

不要因为其他人的意见而草率地选择教育机构，然后就把孩子送进去，聪明的妈妈应该方方面面都仔细考虑后再做决定。

不到36个月的孩子不想去幼儿园

30个月大的成俊每天早晨都信誓旦旦地告诉妈妈，到了幼儿园和妈妈告别的时候绝对不会哭。但是，只要一看到幼儿园的大门，成俊就好像把之前承诺的话全忘了，一个劲地哭，还央求妈妈别送他去幼儿园。有时候，妈妈会强行留下孩子然后离开，但孩子却哭着追着妈妈往回跑，妈妈心里可真不好受。

还没和妈妈完成心理分离

很多父母因为是双职工，白天没人照顾孩子，或者觉得孩子在家会感到无聊等各种原因，就把还没到36个月大的孩子送去上幼儿园。但从幼儿心理学上讲，孩子可以长时间地和妈妈分开的时期是在36个月以后。

新生儿一切都依赖妈妈，必须有妈妈的帮助才能活下来，才能移动哪怕一寸的距离。但是，从学会走路起，孩子就悄悄开始了与妈妈分离的练习。但此时，虽然孩子身体和妈妈分开了，但心理上还没有分离。因此，当孩子追逐新奇事物向前跑去时，也会回头看看妈妈是否还在。如果看见妈妈在身边，就会放心地继续向前跑。这说明孩子的认知能力已经发育到一定程度。但是，如果暂时没看到妈妈，他是不会持续很长时间一个人活动的。

在这个时期，如果孩子对妈妈有强烈的信任感，就会对妈妈以外的人和事物产生极大的好奇心，会尽情地四处奔跑；相反，如果孩子对妈妈缺乏信任，就会粘在妈妈身边不愿离开。有的妈妈想知道孩子在前面跑、自己跟在后面时孩子会怎么办，就故意藏起来，并饶有兴致地观察孩子的一举一动，到孩子哭的时候才出来抱抱孩子，这是非常错误的做法。孩子是在认为妈妈会保护自己的坚定信心下开始探索世界的，如果突然发现妈妈并没有保护自己，就会感到妈妈背叛了自己。有过这种经历的孩子会觉得离开妈妈是件令人不安的事情，绝对不愿意与妈妈再次分离。

正常发育的孩子，在30~36个月左右可能会做到和妈妈分离。因为即使实际情况下没有看见妈妈，但妈妈的形象已在孩子心里扎下了根。这个时期的孩子，即使和妈妈分离一段时间，他也会明白和妈妈一定会再见的。因此，在孩子36个月大以后送他去上托儿所比较好，大部分的孩子会很轻松地适应这种新变化。

如果孩子还不满36个月就被送去上幼儿园，且是在和妈妈的分离练习还没完成的状态下分开的，就容易出现各种各样的问题。有的孩子会和上面说到的成俊一样哭着说不想去，有的孩子即使去了也会蜷缩在角落里，或者做出妨碍其他小朋友的不良举动。此时，父母与其不分青红皂白地责备孩子，还不如理解孩子和妈妈的分离焦虑，耐心地安慰孩子。

相对于设施，首先要考虑老师的人品

当家长必须把孩子送去上幼儿园的时候，要慎重地选择幼儿园。重要的不是幼儿园的设施或者课程，而是老师是否能够理解孩子、关怀孩子。

很多情况下，自诩教育课程优越的机构会为了完成课程进度而没有余力去抚慰孩子。对那些设施完备的机构，重点要考察它的设施是为了展示条件优越，还是因为这是照顾孩子、培养孩子能力所必需的。如果仅仅是为了展示幼儿园的优越条件，老师维护设施会花费很多精力，这可能会导致对孩子的照顾不周。所以，幼儿园光是硬件条件优越，并不一定是好事。

给孩子充分适应的时间

刚把孩子送到幼儿园的时候，妈妈有时间、并且幼儿园也允许的话，妈妈最好能和孩子一起去，看看老师是如何上课，孩子们是如何玩的。开始的时候可以每天一起待2个小时，之后减少到每天1个小时、半小时。就这样，妈妈逐渐减少和孩子在一起的时间，让孩子练习离开妈妈。如果妈妈很忙，没有这样充足的时间让孩子慢慢适应，孩子独自上幼儿园也许就会有点困难了。

在幼儿园和孩子分别的时候，给孩子留下妈妈的手绢、钥匙链等可以让孩子联想到妈妈的东西是个好办法，能帮助孩子完成与妈妈的分离。一个月以后，无论多难适应，孩子也会在一定程度上熟悉幼儿园的生活。但是，适应期最好不要超过一个月，如果一个月之后孩子仍然很难适应，那就要观察孩子是否存在其他问题。

离开孩子的时候要打招呼，接孩子的时候要面带笑容

在去幼儿园之前，孩子因为不想和妈妈分开，会哭得一塌糊涂，妈妈却像要把孩子抛弃一样，决然地将孩子推给老师，自己抽身而出，这种做法是不可取的。此外，在孩子玩耍的时候，趁孩子没察觉而偷偷溜走的做法也不好。这样做一两次或许还可以，如果持续这样的做法，会让孩子产生不安感。孩子和妈妈分离时哭闹，妈妈就要好好地安慰他，告诉他为什么现在要和妈妈分开，什么时候再见等等。此外，妈妈在离开孩子时，要看着孩子的眼睛，跟他告别，然后再走。必须把哭着的孩子托付给老师的

时候，也一定要跟孩子说"妈妈爱你"和"妈妈走了"等等。孩子从幼儿园回来的时候，妈妈要笑脸相迎，还要表扬孩子表现很好，表扬孩子虽然想见妈妈却一直克制，坚持到幼儿园放学后才回来。

如果孩子很难适应，就不要上幼儿园

很多父母担心孩子不去幼儿园，社会性就得不到好的发展。因此，即使孩子很难适应，父母也想强行送他去。但是，3~4岁孩子社会性发育的内容很少，即使去了幼儿园，很多情况下也不是和小朋友们一起融洽地玩耍，而是自己玩。只有等孩子过了4岁以后，他才会明白和小朋友玩耍的乐趣，社会性才会进一步发育。

如果幼儿园生活尝试了一个月，孩子还是很难适应，就不要再送孩子去了。勉强把孩子送去，结果是孩子在上小学时也会经历同样的困难。与其让孩子在幼儿园体验失败，还不如让他待在家里。如果不得不送孩子去，最好向专科医生咨询，找到孩子讨厌上幼儿园的具体原因，解决这些问题后再送孩子去。

36个月以后的孩子很讨厌去幼儿园

送孩子上幼儿园都好几个月了，孩子却还不适应，每天早上都因为不愿意离开妈妈而耍赖。看到这样的孩子，父母心里的想法很复杂。一会儿宽容地想："好吧，既然孩子不想去，就不送他去了。"可一会儿又琢磨："要是老不想去，该怎么办呢？""难道我的孩子性格上有什么问题？""会不会以后上小学也很难适应？"就这样陷入混乱的情绪之中。

42个月大的佑彬很讨厌去幼儿园，已经在家里和妈妈待了快一年了。佑彬的妈妈说，孩子在家的时候，只要有一会儿没看到妈妈就哭着到处找，妈妈跑过去抱住他的话，他就像几年没看到妈妈一样一边哭得更凶，一边倾诉他的怨言。

没有形成依恋关系而出现的分离焦虑

对孩子来说，去幼儿园意味着离开家庭，离开这个自己熟悉的环境，和妈妈以外的陌生人共同生活、相处，这无疑是一个新的挑战。有些孩子会喜欢新的环境和小朋友，但有些孩子却觉得这种情况是一种压力。

特别是那些小时候没有和父母形成依恋关系的孩子，对他们来说，离开妈妈去幼儿园可能是件非常困难的事情。从孩子出生到孩子36个月大的这段时间，是父母和孩子培养感情和信任感的重要时期，此时形成的依恋关系对孩子今后的情绪发育有重大的影响。和父母形成稳定依恋关系的孩子会信任社会，即使身处没有妈妈的地方也能很好地适应；与之相反，没有很好地形成依恋关系的孩子会认为去幼儿园就是被妈妈抛弃，所以不愿意去探索新世界。

此外，家人对孩子过度照顾、保护，也会导致孩子不愿去幼儿园。被家庭过度照顾的孩子会有过分的依赖性，并缺乏灵活性和适应能力，在没有妈妈或家人的环境中会强烈地觉得缺乏安全感。

无论是大人还是孩子，在陌生环境里感到不安都是很自然的现象。但正常情况下，随着时间的流逝，不安感会慢慢减少并适应新环境。可是，孩子如果过了很长时间仍然不能适应幼儿园生活，在和妈妈分开的时候感到焦虑，孩子就可能得了"分离性焦虑障碍"。这样的孩子并不是讨厌幼儿园才不能适应幼儿园的生活，而是害怕和妈妈分开。分离性焦虑障碍要向专科医生咨询并进行治疗。

上文中的佑彬就被诊断为分离性焦虑障碍。因为父母是双职工，佑彬从小由奶奶抚养长大。其后，弟弟出生，他被父母接回家里，从那时起他就表现出不愿离开妈妈的行为，又因为有了弟弟，他得不到妈妈更多的疼爱，从而表现出了分离焦虑，并且发展到了有分离性焦虑障碍的程度。

分离性焦虑障碍测试表

1. 去幼儿园的时候孩子会哭闹。
2. 看不到妈妈就会感到焦虑。
3. 经常说不想去幼儿园。
4. 不能清楚地讲述幼儿园里发生的事。
5. 对幼儿园里发生的事只挑不好的说。
6. 一说到明天要去上幼儿园就感到厌烦。
7. 经常说和去幼儿园相比，更愿和妈妈在一起。
8. 为了不去幼儿园而耍赖。
9. 每当要去幼儿园的时候，就说自己肚子疼或头疼。
10. 从幼儿园里回来后，说自己明天不会再去。

※这个测试表中如果符合3项以下，则是正常；符合4~7项时，家长需要对孩子多加注意；出现8项以上的表现，家长就有必要带孩子去医院确认是否患有分离性焦虑障碍。

可能是孩子不喜欢幼儿园的生活

有的孩子不愿意上幼儿园，不是讨厌离开妈妈，而是讨厌幼儿园生活。此时，就要追问孩子为什么讨厌幼儿园：幼儿园里的学习是不是给孩子造成了负担？孩子和同年龄的孩子在一起是否会打架？是不是因为幼儿园老师没有照顾好孩子等等，要确认是什么原因让孩子感到去上幼儿园是很困难的事情。幼儿期的孩子因为很细微的事情都会受到心理伤害，因此，不要对孩子说："就这点事就不想让幼儿园，不至于吧！"从而忽视孩子的倾诉。应该和孩子一起，感受孩子的苦恼并找到解决方法。

如果幼儿园在运营理念上太注重学习或者老师的资质有问题，最好给

1岁（0~12个月）

2岁（13~24个月）

3~4岁（25~48个月）

5~6岁（49~72个月）

孩子换一家幼儿园。但是，此时要判断孩子是否会适应新的幼儿园。当孩子和小朋友之间发生矛盾的时候，要认真倾听孩子的诉说，问孩子"你想让那个小朋友怎样做呢?"然后和孩子一起找到解决办法。

有些孩子很难遵守幼儿园的规定。性格活跃、散漫、注意力容易分散的孩子可能会讨厌在卫生间门口排队、上课时要保持安静等要求。不能因为孩子不喜欢被约束，就放弃对孩子进行遵守社会规范的教育。最好告诉孩子为什么需要规则，如果不遵守规则会怎样等等。通过这样的过程，帮助孩子从家庭这个狭小的空间里走出来，熟知社会生活所必需的行为准则。

分别时妈妈要充满感情但也要态度坚决

有些孩子离开妈妈时会哭得很凶，但分开以后情绪能很快平静下来，好像什么都没发生一样，并能好好玩耍。这种情况就不是分离焦虑，而是因为没有做好分离的练习才这样的。此时，虽然妈妈看着孩子哭的样子心里很难受，但是如果表现慌张，孩子会哭得更厉害。如果因为孩子一两次哭得厉害，就允许他不去幼儿园，孩子会觉得"这样做就可以不去了"，会一直哭下去。

去幼儿园之前，妈妈要把为什么和孩子分开、幼儿园里会做什么、妈妈在这段时间里会做什么、妈妈什么时候会来接等情况向孩子一一说明。说话的时候要充满感情但也要态度坚决。如果孩子感觉到妈妈对分离都没有信心，或者心怀歉意，就不会愿意接受和妈妈分离的事实，并会边哭边耍赖。如果妈妈能态度坚决，明确表示必须要去幼儿园，孩子也会不得不服从。

有时候，是妈妈更不愿意离开孩子。妈妈离开的时候，会产生"别的小朋友会不会给孩子造成压力呀?""孩子现在还小，等他大点再送吧!"等想法，并会首先表现出焦虑。这样的话，孩子也会感受到妈妈的心情，即使没有问题的孩子也会变得不愿去幼儿园了。父母要对孩子放宽心，引导孩子走出父母的怀抱，投身更广阔的世界，这才是对孩子的正确的爱。

爱是治疗分离焦虑的最佳方法

如果孩子只是一时不想去幼儿园，用前文所述的方法就可以让孩子发生变化。但是，如果是由于依恋关系的问题而产生分离焦虑，就需要对孩子进行适当的治疗。

虽然分离焦虑可以自行消失，但也会出现比较严重的焦虑障碍的情况。例如，对别人表现出攻击性，或者凭空产生很多无谓的想象等。此外，孩子会在该具有独立性的时候还依赖妈妈，并因此交不上朋友。此时，同年龄的孩子也会觉得有分离焦虑的孩子很幼稚而不愿意和他玩。这样的话，孩子的内心会更加畏怯。

对待分离焦虑，最好的治疗方法就是不断向孩子传递爱的信息。其中最有效的方法就是身体接触。比起其他时期来，0~6岁的孩子需要更多的肌肤接触。幼儿期缺乏肌肤接触的孩子，在上小学后也会希望更多的肌肤接触。有分离焦虑的孩子甚至需要夸张的拥抱和亲吻。

妈妈跟孩子在一起的时候，不要过多地考虑其他事情，要把注意力集中在孩子身上。同时，还要让孩子一点点地尝试和妈妈分离。让孩子和亲戚或者其他人一起生活一段时间也是一个好办法。出门前问问孩子："妈妈离开一会儿，你能在妈妈回来前自己待一会儿吗？"然后再出门。回来后一定要抱抱孩子，好好夸奖他。如果孩子能够感受到父母对自己的爱，大部分依恋关系引发的问题都能得到解决。

在医院主要采取游戏治疗。在孩子熟悉医院的治疗师之前，妈妈最好也和孩子一起玩。然后，如果孩子能够慢慢熟悉环境并适应和治疗师在一起，再通过循序渐进的分离练习，就可以让孩子在没有妈妈的情况下和治疗师一起玩了。

和丈夫、公公、婆婆一起抚养庆模

　　抚养乖僻的庆模对初为人母的我绝非易事。那时，我在医院的工作非常繁忙，很多时候，我都会忽视孩子。不知道是不是这个原因，每当我去上班的时候，庆模就变得非常缠人，经常缠着不让我走。此时，我真真正正地感到了心痛和无奈。撇下伤心的孩子去上班的时候，我时常扪心自问："我这样做到底对不对呢？"庆模很难适应和我分开，可能正因如此，也很难适应幼儿园的生活。

　　当我为了该继续工作还是放弃而彷徨无奈的时候，突然想到："抚养孩子的事情可不是我一个人可以解决的。不是有句话说，抚养孩子是一个家庭的事情吗？"

　　妈妈应该成为育儿的核心力量，但当妈妈心有余而力不足的时候，就要谋求身边人的帮助。因此，我想到，因为种种原因，如果妈妈能给予孩子的照顾和关爱不足以满足孩子的需要时，如果别人能给孩子充分的疼爱，或许能在一定程度上解决问题。因此，我要让庆模和爸爸、爷爷、奶奶尽量有更多的相处时间。

　　但是，我的丈夫和公公、婆婆觉得他们也有他们的事，对育儿还没有特别上心，让他们都参与到照顾孩子的过程当中并不是一件容易的事情。但他们为了孩子一直在付出努力。我要求丈夫和孩子一起洗澡，一起做游戏等，做一些简单的事；每年休假的时候，总是带着孩子去公公、婆婆家。此外，周末的时候，孩子的姑妈和叔伯也经常来家里玩。

　　就这样，庆模在爷爷、奶奶的充分爱护下茁壮成长，因此庆模与别的孩子不同，和爷爷、奶奶的关系特别亲密，与姑妈和叔伯也是一样。因为得到的关爱很充分，突然有一天，庆模能够高高兴兴地离开我去幼儿园了。

同胞关系

把年幼的弟弟折腾得够呛

在有两个孩子的家里，老大经常会欺负老二，有时还会出现行为退步现象，妈妈因此头疼不已。分娩后身体很疲劳，再加上照顾老二已经累得不行了，老大再出现异常情况，妈妈真不知道该怎么办了。有些妈妈生下老二后，会叹着气说："这和养一对吃奶的双胞胎没什么两样。"在抱着新出生的老二的妈妈眼中，老大应该是个大孩子了，但实际上他还是像婴儿一样折腾人。

了解老大的内心世界

在老大2岁以后，再生孩子的妈妈们总是对老大有着太多的期望。看着此时能跑能跳、也会说话的老大，妈妈感觉孩子真是长大了。因此，妈妈就这样要求老大："这是你的弟弟，你要多多照顾他。""你这样会伤到弟弟的，拿到那边玩吧！""弟弟睡着了，你小声点！"就这样，妈妈已经开始要求老大为弟弟做出牺牲了。

但要知道，老大现在还只是需要妈妈照顾的年幼孩子。让我们去了解一下有了弟弟、妹妹以后的老大的内心世界，听一下他的独白吧！

突然有一天，在爸爸、妈妈和我的家里突然来了一个吃奶的小宝宝。这个宝宝不会说话，还总是大小便。但是，爸爸、妈妈，甚至爷爷、奶奶，所有人都看着宝宝笑。邻居也喜欢这个宝宝，父母和托儿所老师、朋友之间说的话题也都是关于这个小宝宝的。

这时候，老大的一切都要等待。小宝宝肚子饿、哭的时候，妈妈就赶紧跑过去。老大肚子饿的时候却让他等一会儿。想让妈妈陪自己玩会儿，妈妈却说要给小宝宝换尿布，需要他等一会儿。虽然"一会儿"对于妈妈是很短暂的时间，却让等待的老大感觉比一整天还要漫长。

老大的生活发生了翻天覆地的变化，而这都是新出现的小宝宝造成的，所以老大觉得老二很讨厌。在老二出生前，他是世界的中心，现在却失去了这个地位。爸爸、妈妈也好像不再喜欢自己了。这一切太让人生气了。因此，为了消气，老大开始欺负老二。

这个时期的孩子会因为弟弟、妹妹的存在而感到压力，这些压力都是出于对弟弟、妹妹的嫉妒。大部分父母觉得同胞兄弟姐妹之间应该能玩到一起，并会自然地相互适应，但实际并非如此。其实，同胞手足之间的关系也可以理解为"因为父母的关爱有限，所以兄弟姐妹之间必然会产生争夺"。特别是当同胞兄弟姐妹彼此年龄差异不大的时候，如果一个孩子生病，妈妈就无法照顾好另一个。在这种情况下，同胞兄弟姐妹之间的矛盾会更加激化。

在我的诊室里，有很多用于判断孩子心理的玩具娃娃。有一天，一个总是欺负1岁的弟弟并且屡教不改的孩子来到诊室。这个孩子一看到诊室里的玩具娃娃就抓起来扔到地上，并做出咬玩具娃娃耳朵等神经质的举动。我和这个孩子的妈妈解释说，兄弟之间为了得到父母的爱只能你争我夺，她应该理解。听了这些，那位母亲眼泪汪汪地念叨，真没想到孩子内心受到这么深的伤害。

因为老大还是年幼的孩子，无法用语言表达对弟弟、妹妹的嫉妒，只有通过打弟弟、妹妹或者咬玩具娃娃等过激的举动来表现。因此，在老二出生的时候，父母要对老大更加细心地照顾、付出更加深厚的爱，这样才能防止类似问题的出现。

通过"退步现象"表达内心的老大

与以前三世同堂、四世同堂的大家庭不同，现在家庭中，很多情况下能时时刻刻给予孩子疼爱的人就只有父母了。因此，大孩子会把弟弟、妹妹当成是"与自己争夺共同爱的人（自己的父母）的'情敌'，需要不惜生命与之斗争"。

老大也会通过"退步现象"来表达自己的心情。比如，明明已经会自己吃饭了，但又变成妈妈不喂就不吃，把弟弟的奶瓶抢过来叼着吃等等。虽然这些行为会让妈妈气得不行，但此时绝对不能和孩子发火。妈妈要满足老大的愿望，喂他吃饭，并给老大另外准备一个奶瓶，给老二喂奶时也给老大喂等等，用这样的方式来照顾老大。如果自己的愿望得到满足，孩子的退步现象就会自动停止。因为，孩子会发现妈妈喂饭比自己吃更麻烦，用奶瓶吃奶吃得很慢，就会停止这样的行为。

此时如果不让孩子实现自己的退步行为，孩子就会觉得妈妈对自己不关心，反而会出现更加严重的问题行为，比如就像前文事例中的孩子一样，开始欺负小弟弟。此外，孩子今后结交朋友时，由此出现问题的概率也很高。如果妈妈发火，孩子会觉得妈妈讨厌自己。在这种想法的影响下，孩子在与朋友相处时，也会表现出消极的态度，或者表现出暴力的倾向。他会觉得朋友也不喜欢自己，或者因为从父母那里得不到充足的爱，就想从朋友那里获得，也可能把自己的愤怒宣泄在朋友身上。

两个孩子年龄相差 2~3 岁较合适

现在，有条件的家庭有了一个孩子以后还会想要第二个孩子。有时候想想，趁年轻赶快再生一个，还能和大孩子一块儿带大。但是，如果第二胎和第一胎间隔的时间很短，那对于养育孩子的妈妈和大孩子来说是弊大于利的。

从妈妈的立场讲，生下老大后不仅身体需要恢复，还需要时间逐渐适应育儿工作。但是，如果在老大连走路都还没学好的时候就怀上老二，由

老大打老二的原因

● **嫉妒心的表现**

因为父母的爱被抢走而心生嫉妒，孩子会因为不知道该怎么办而使用暴力。

● **优越感的表现**

为了表现自己比老二更强大。

● **愤怒的表现**

因为老二而经常挨骂的孩子，会通过打老二来发泄怒火。

于育儿的压力，妈妈在妊娠中就可能患上抑郁症，这种情况在老二出生后也会持续下去。同时，老大也需要心理成长时间，以适应老二出生后的新环境。特别是在孩子经历分离焦虑的时期，如果又有了弟弟、妹妹，老大就很难顺利完成分离的过程，会变得比以前更加需要妈妈，依赖性更强。

和男孩相比，女孩在情绪上的成熟更快一些。因而在女孩满了2岁以后，妈妈可以要第二胎。但头胎是男孩的话，那么最少也要到孩子3岁以后要第二胎才比较合适。一般情况下，大孩子和小孩子之间的年龄差异在2~3岁左右，带起来会比较轻松。

老二出生后要对老大更上心

控制头胎和二胎的年龄差异，是在计划要老二的时候才要考虑的事项。在已经有了老二的情况下，在老二出生后的6个月内，家庭生活要以老大为主。一般情况下，老二出生后，妈妈对老二会比老大更加精心。因为老二是刚出生的宝宝，这样做是必须的。而且，妈妈在产后调养的时间里，有的是把老大托付给婆家或娘家，有的是老大仍然留在身边，但是妈妈多多少少都会忽略对老大的照顾和关爱。此时，老大受到的心理冲击会越积越多，容易造成问题。

比较正确的做法是把老二托付给别的家人或者保姆照顾，妈妈对老大更加用心。只有这样，老大才不会觉得弟弟、妹妹是"抢走母爱的坏蛋"。我在第二个孩子静模刚出生的时候，无意地把哥哥庆模小时候用过的小被子拿出来给静模盖上。庆模看到后开始发脾气，并说："我的东西凭什么给他用？"结果，我只得把小被子还给庆模，而给静模盖上大被子。

看看庆祝静模百日时拍的百日照，就会觉得哥哥庆模太过分了。照片上的庆模站在最中间，好像自己是主角一样，让人简直弄不清拍照的时候是静模百日，还是庆模过生日了。不光如此，在百日宴席前，庆模比静模照的相片还多，和爸爸、妈妈一起照的照片中，更多露出的也是庆模的小脸。而这都是我刻意的安排，为的就是让庆模知道，即使弟弟出生了，爸爸、妈妈对庆模的爱是不会减少的。

从老二出生的时刻开始，就要更加关心老大。如果父母没有做到这一点，那么不要对讨厌老二并出现问题的老大发火，不妨更加关心他，更多地表达对他的疼爱。照顾老二的时候，可以让老大一起参与。比如，给老二喂奶的时候，可以叫老大帮着拿围嘴儿，换尿布的时候和老大一起换。这样的话，老大会马上知道老二是个话也不会说、自己一个人什么也做不了的弱小宝宝。

不管姐姐做什么，弟弟总是碍手碍脚

抚养一个7岁女儿和一个4岁儿子的熙京女士每天晚上都忙得不可开交。她晚上要给即将上小学的姐姐讲解功课，可两个人刚刚坐下，弟弟就会跑过来捣乱。

白天妈妈不在家的时候，这种情况也依然存在。姐姐如果画画，弟弟就在画纸上胡乱涂鸦。像这样，无论姐姐做什么弟弟都要搞破坏，一直在妨碍姐姐的活动。虽然父母也和弟弟发过火，好好讲过道理，但都没有什么用。就这样，姐姐逐渐觉得弟弟烦人，开始讨厌弟弟了。妈妈既不能耽误女儿的学业，又得好好安慰弟弟，有时真觉得分身乏术啊！

为了得到自己渴望的疼爱而表现出的行为

在老二出生前，老大独享父母所有的爱，而现在情况不同了，老二从出生那刻起就要和老大分享父母的爱。而在老二这边，为了赶上自己最大

的竞争对手——老大，得到父母的爱，会本能地做出努力。因此，老二的行为总会表现出竞争性，会为战胜老大不断努力。老二在找到拿捏住老大弱点的方法后，会把老大的失败当成自己的成功，并想尽办法得到父母和老师的肯定。

就像上文中的事例，从妈妈和姐姐开始坐在一起学习的瞬间，就引发了弟弟天生的竞争意识。因此，他非要硬凑过去，就是要努力把妈妈的注意力吸引到自己身上。虽然妈妈希望儿子能安安静静地玩耍，但小小的他还没有成长到能够理解妈妈的程度，因此是不可能做到的。此时，如果妈妈责备儿子，或者撇下他，让他自己看电视、一个人玩，而妈妈去辅导姐姐功课的话，儿子就会觉得自己被妈妈抛弃了。他对姐姐的嫉妒心会更加强烈。同时，为了赢得妈妈的注意，他还会做出捣乱、闯祸等行为。

与学习的乐趣相比，老二更重视结果

老二从出生那一刻起就要与别人——自己的哥哥或姐姐分享父母的疼爱，如果父母没有很好地体恤他的心情，孩子的生活目标就不会是自我满足，而会更在乎在他人面前如何表现，如何去得到他人的正面评价。我家静模在这一点上就表现得非常明显。上幼儿园后的某一天，静模突然任性地跟我说他想学弹钢琴。"静模想弹钢琴，是因为真喜欢音乐吗？"我感觉有些奇怪，问了之后才知道，原来静模认为钢琴弹得好，幼儿园的老师就会表扬他，在小朋友们面前也很自豪。

当然，孩子因为勤奋努力而得到他人表扬，并为此感到满足是好事情。但要注意的是，与学习本身的乐趣相比，孩子可能更想要学习的成果。平时，静模也特别在意"别人是怎样看我的"。因此，无论完成什么，他都希望得到他人的表扬或奖励。也就是说，孩子变得必须有回报才能做事情，这就有问题了。

因此，我很少要求静模做什么，并努力防止他为了得到回报去做事。我希望静模能够找到自己真心想做的事，并把一件事高高兴兴地做好。

向老二承诺妈妈会和他在一起

虽说老二对于哥哥、姐姐的一切都有意制造障碍，但只要让他感受到来自父母充分的疼爱，他故意捣蛋的行为很快就会消失。因此，为了让老二能感到满足，父母要经常抱抱他，陪他一起玩，并充分表达对他的疼爱。但时间分配是个问题，两个孩子在一起的时候，很难对两个孩子都做到同等程度的精心呵护。

此时，需要合理安排，保证和每个孩子相处的时间都充分而公平。例如，妈妈可以用30分钟辅导老大的功课，再利用之后的30分钟陪老二玩。此外，在辅导老大做功课前，要这样和老二讲：

"弟弟呀，在我们家钟表的那个最长的针指到6之前，妈妈要和姐姐一起做功课，然后再和你玩。等妈妈一会儿，好吗？"

如果孩子不耐烦，任性地希望妈妈快点和自己玩，应该告诉他"还有10分钟""还有5分钟，等一会儿就行了"，让他知道等待的时间在逐渐缩短。当老大功课完成后，要表扬一下一直耐心等待的老二。

养育两个孩子的要点：谋求孩子爸爸的帮助

有两个孩子的时候，父母可以每人负责一个，陪他玩或者辅导功课，这样做会收到更好的效果。如果孩子从妈妈那里得不到充分的爱，却通过爸爸得到满足，无论是大孩子还是小孩子，都不会出什么大问题。

大部分的爸爸由于重心在事业上，所以能和孩子待在一起的时间并不多。但爸爸们要付出努力，哪怕每周只能陪孩子一个小时也好。开始的时候，只要做到和孩子在一起，陪陪孩子就可以。慢慢地，要尝试和孩子一起做父子同乐的游戏，并观察孩子的反应，并逐渐延长和孩子在一起的时间。无论是老大还是老二，爸爸来帮助"弥补"妈妈的不足，对于平时没有得到足够妈妈关爱的孩子的心理健康会起到很大的帮助。

夸奖老大的时候也要夸奖老二

我在夸奖庆模并奖给他"小红旗"的时候，也会使用同样的方法表扬一旁的静模。即使静模没做什么，也会如此。

有一次，庆模很自豪地把自己画的画拿给我看。当时，我是这样说的："哇！庆模画得真棒呀！静模画画也不错，是吧？妈妈觉得，庆模在班里画得最好，静模是5岁孩子中画得最棒的！"

我这样说的目的是希望静模不要把哥哥当成自己必须战胜的对手，而是共同生活的伙伴，消除他总想和哥哥竞争的无谓想法。在过度竞争心理的驱使下，小的孩子会处处把自己和大的孩子进行比较，可在各方面，小的孩子都不会占到优势，于是会变得讨厌自己，这对孩子是不利的。

> ## 兄弟间频繁发生冲突，怎么办呢？
>
> 家里有一个以上孩子的父母经常会自豪地对别人说："孩子有个伴儿挺好！"我也认为："我一生中最正确的事情就是生了两个孩子。"但事实上，每当看到孩子们打架，我也不禁会想到："要是只生一个，孩子既不会打架，也不用分享父母的爱，长得也会很好。"孩子们为什么总是打架呢？父母应该如何做，才能既不让孩子受到伤害，又能有效制止他们的冲突呢？

出于独享父母疼爱的愿望

和大人想当然的看法不同，同胞兄弟姐妹之间的手足情并不会因为有着相同的血脉就能自然产生。有两个孩子的家庭大都一样，庆模和静模小时候也是一天不打架就不痛快。而且因为都是男孩子，有时还会打得很凶。个别情况下，我给孩子们劝架，劝着劝着我自己都受不了，只好撒手不管，随他们去。

庆模无论做什么都不肯谦让弟弟，静模却是不管怎样都要和哥哥保持同等待遇，于是他们总是因为一丁点儿小的事情就"大打出手"。我虽然理解他们的心情，但他们打得不可开交的时候，还真想把他们都轰出去。但望着打得精疲力竭熟睡的静模，我经常会感到心痛。因为静模比较好带，和哥哥相比，静模的确没有得到妈妈更多的关心，他认为只有处处压倒哥哥，才会有更多的机会得到妈妈的爱。而在我关心静模的时候，庆模一定会通过闯祸来吸引我的注意力。

慢慢地，静模逐渐出现了问题，开始对哥哥的东西下手了。无论庆模发脾气，还是我好言相劝，静模还是会偷偷拿走或故意弄坏哥哥的东西。兄弟俩开始打架，当然，打架通常是以哥哥的胜利告终，在身体较量中，体格小的弟弟只有吃亏的份儿。

但是，兄弟姐妹间的冲突并非只给孩子带来负面的影响。通过冲突，孩子们会掌握妥协与协商的能力。当然，这是指冲突以和平方式解决的时候。为了和平解决孩子们的冲突，父母需要在正确判断冲突原因后，妥善地进行处理。

了解孩子们冲突的原因

一位上班族妈妈有两个女儿，一个6岁，一个5岁。一天，妈妈下班后回家了。但是两个孩子好像没看到妈妈回来似的，继续为抢一个橘子打得不可开交。

"你们俩这是怎么了？"

一开始，并不了解情况的妈妈语气和蔼地问。但是，孩子们就像没听见似的打个不停，妈妈忍不住要发火。突然间，妈妈提高了音量，对孩子喊道：

"妈妈不是告诉你们，要一起好好玩吗？！"

妈妈一发火，孩子们都委屈地哭了起来……

遇到这种情况应该怎么办呢？

我向来医院咨询的妈妈们提出这个问题，得到的答案五花八门。

"应该先把导致冲突的橘子拿走，让孩子们自己解决问题，和解以后再把橘子给她们。"

"因为只有一个橘子才打起来的吧？把橘子平分给两个孩子不就可以了？还能让她们知道分享的方法。"

"不如给我吃了算了！"

很遗憾，这些处理方法都不太妥当。比较好的办法是父母一定先要问清孩子打架的原因。从前文的例子中可以看出，两个孩子是为了"抢橘子"而打架的，目的不是"吃"，而是"得到"。这种情况下，首先要做的就是听她们讲自己需要"得到"橘子的原因。老大是想吃橘子，老二是想用橘子皮做手工，所以都想得到橘子。从父母的角度看，两个孩子似乎是为了吃橘子才发生争执，但事实上，只要把橘子剥开，让她们得到各自想要的部分，就可以和平化解争端。

大部分父母在劝架的时候，会站在"亲兄弟间绝不能打架"的高度上，对打架行为本身感到气愤。老大把老二打哭了的时候，会不分青红皂白地处罚老大。相反的情况下，也会一样地责怪老二怎么能对老大动手。要尽量避免这种不问原因只看结果的判断方式。

同胞兄弟姐妹之间发生争执的时候，首先要找到原因。孩子们打架其实都是从一些不起眼的小事并始的，就好像上文中"抢橘子"的例子那样。但是，父母不能因为"这是不起眼的小事"就真的不放在心上。从孩子的立场上看这些可都不是小事，就是因为"这是很重要的事情"才会打架。因此，即使父母认为是微不足道的小事，也要准确判断原因后再处理，这是非常重要的。

和孩子们一起讨论解决办法

找到原因后就需要适当的解决过程。此时，父母仅仅根据自己的判断，要求孩子这样或那样的做法是不可取的。大人之间出现大问题的时候会到法院求得正确评判，而法官通过仔细审理后会做出判决。但是，判决结果让被告和原告都满意的情况是非常少见的。听到判决内容后，有时双方都会认为"明显是对方做了手脚，我们还是吃亏了。""如果我们表现得更强势一些，结果就会对我们更有利。"因此判决后还是怨言不断。所以，一般情况下，针对民事纠纷案件都会首先进行"当事人间的调解"。

孩子们的情况也是一样的。之前不调解，父母直接做"判决"的话，无论是怎样公正的判断，从孩子们的立场上看，他也会觉得"对姐姐更有利""更让弟弟喜欢"等等，从而产生不满。此外，很多情况下，不论谁对谁错，父母会倾向于责备老大，说："你是姐姐应该让着妹妹！""当哥哥的要学会忍让！"但这只会让大孩子对小孩子产生负面的情感。

在听了孩子们打架的理由之后，也要让他们说说怎样解决才好。此时，孩子们可能会找不出合适的解决办法。这个时候，父母就可以提出自己的意见。

"你们都抢玩具玩，那就先定好每人玩的时间怎么样？"

孩子听到父母的方法后，会说出自己的意见，比如一个孩子说想现在就玩布娃娃，另一个孩子也想现在就玩。于是父母就要问其中一个："这次你能不能让妹妹先玩呀？她玩的时候你玩那个小熊也很好啊。下一次你想玩布娃娃时就让你先玩。"就这样，通过交谈让孩子相互妥协和协商。当然，这种做法会很费时间，并且孩子也不见得因此就不再打架。但是，尽管很麻烦，这种做法最终还是会产生良好效果的。孩子们能因此掌握协商解决矛盾的方法，今后在外面发生意见冲突时，也就知道如何做必要的谦让和妥协了。

孩子打架的时候，有些父母不去劝架，觉得"他们早晚会停的。""打着打着就会停下来一起玩的。"从而采取袖手旁观的做法，这是非常危险的。兄弟姐妹间从出生起就是竞争关系，如果不想办法调节这种关系，反而作壁上观的话，他们的争斗会更加激烈。同时，身体冲突程度严重的时候，还可能会伤害到彼此，激烈的言语冲突也会给彼此内心造成伤害。因此，为了让孩子们的关系不继续恶化，父母必须适当介入。

深爱每一个孩子

兄弟姐妹间的冲突大多出于希望争得父母更多的疼爱，如果父母给予孩子充分的爱，让他们得到满足，也会减少孩子间的冲突。一段时间内一个孩子不在，只有一个孩子在父母身边的时候，保证有充分的时间与孩子增进感情是父母必须坚持的原则。

静模5岁的时候，迎来了一个可以独享母爱的机会。上小学的庆模放假去了爷爷家。庆模走后的第二天，我和静模高高兴兴地玩了一整天。我上午带着他去游乐园，下午看电影，晚上去舅舅家串门。静模一整天都是在没有哥哥的情况下，在妈妈和舅舅充分的疼爱中度过的。

那天傍晚，静模带着枕头来找我，说要和我一起睡。平时他都是一个人自己睡的。我答应了他，把他搂在怀里一起睡着了。第二天早上，他一睁开眼睛就一脸满足地对我说："妈妈，我以后再也不碰哥哥的东西了，

预防孩子之间发生冲突的方法

● 大小有别

要在孩子面前明确区分大孩子和小孩子各自的作用。当孩子之间有些年龄差距时，要对大孩子说："你比弟弟（妹妹）个子高、力气大，因此要保护好弟弟（妹妹）。"对小孩子说："哥哥（姐姐）会保护你，所以你要好好听哥哥（姐姐）的话、跟紧哥哥（姐姐）哦。"兄弟姐妹间明确了各自的年龄长幼，就能减少争端。

● 让大孩子当小孩子的老师

让大孩子把自己学到的东西教给弟弟或者妹妹。帮妈妈做事情的时候，要以大孩子为主导来完成。例如，收拾玩具的时候，对老大说："哥哥呀，你带着弟弟把客厅里的玩具都收拾好吧！"以大孩子为主导，让两个孩子一起做事情。

● 一起睡觉

一起睡的话，两个人会更团结。夜里一起睡觉的孩子白天也能一起好好玩。

我只玩自己的玩具。"挨哥哥打都没改掉的毛病，就这么过了一天，他自己就说要改了。我当时感觉有些意外，但对孩子来说，得到了充分疼爱、自己的愿望得到了满足后，这就是很自然的反应。庆模回来以后，静模再也没动过哥哥的东西，兄弟间的冲突也少了很多。

不仅如此，静模会自己把换下后的衣服放进洗衣筒了，吃完饭还会主动把饭碗放进洗碗池里去，主动做出很多父母并未要求的乖巧举动。看到孩子的表现，我既心满意足，又觉得心疼。小家伙是多么渴望得到妈妈的爱啊！仅仅是和妈妈单独相处了一天，就变得这么乖了！

所以，孩子在充分得到他所渴望的父母的疼爱以后，一定会变成温顺的小绵羊。虽然和孩子相处时的质量也很重要，但是也要保证基本的时间。如果孩子间的冲突非常严重，就需要保证和每个孩子单独相处的时间足够长。

自信心＆社会性

被小朋友欺负时一声不吭

　　有的孩子性格软弱，在比自己强壮的孩子面前不管什么情况都选择退让，即使被小朋友欺负也一声不吭。看到这种情况，妈妈着急上火。在我们小时候，听话、温顺的孩子都会被人夸奖，但也许是现在社会竞争激烈的原因吧，很多听话的孩子会被人看做是"傻"。而且，现在很多孩子一过3岁，就被送到各种各样的教育机构，如托儿所、幼儿园、特长培训班等，在这些地方，性格柔弱的孩子很容易被其他孩子欺负，受到伤害。

胆小的孩子

　　有些孩子想和小朋友玩，却因为胆小不敢说出来。对这些孩子来说，大致有两种原因会造成他们的胆小，下面分别对其进行说明。

　　有的孩子天生就非常敏感，并且容易感到焦虑。这样的孩子在吃奶的时候就容易被惊吓，认生情况很严重。儿童发育研究结果表明，一部分孩子会特别害怕新环境。这些孩子很害羞，在陌生的环境中会表现得很畏缩。同时，受到一点惊吓就会出现心脏跳动加快、自主神经系统紊乱等身体异常现象。这样的孩子长大以后如果自身调节的能力不好，那么患上分离性焦虑障碍、抑郁症、社交恐惧症等病症的概率很高。

　　如果孩子从小就表现出这种个性，父母就要承认孩子的这种性格特点，并在陌生环境中保护好孩子。在孩子具备和小朋友和谐相处的充分能力之前，最好不要把孩子送到教育机构。在一定时期内，不要让孩子去陌生环境中，不要接触陌生人。

庆模曾经也是很敏感的孩子。自己稍微感觉陌生的事物就绝不接近；由于太过敏感，到自己没去过的地方经常会立刻返回。他也不喜欢新衣服。买了新衣服后，我们不得不把新衣服挂在他看得见的地方，一直到他熟悉为止。即便这样，庆模有时仍会拒绝穿新衣服，我们只好故意把衣服弄皱，变得像旧衣服一样才能给他穿上。对于庆模，我的育儿方法只有一条：尽可能创造让他感觉熟悉的环境。

有些孩子胆小，父母就会以培养孩子社会性为名，把孩子送到托儿所、幼儿园或者兴趣辅导班，刻意让孩子参加集体生活。这不仅会让孩子的问题更加严重，还会使孩子丧失已具备的正常适应能力。

不良的环境也会造成胆小的性格

如果孩子没有正面的自我意识，也可能变成胆小的孩子。比如，一个家庭里有两个孩子，而父母明显地偏向一个孩子；父母经常在孩子面前吵架，或者孩子长时间离开父母，这些不良的成长环境都可能使孩子变得胆小。如果这些情况持续存在，孩子会觉得"我是个没用的孩子，每天只会挨骂"，从而无法培养自信心，时间长了就会变得胆小。此外，孩子还很小的时候，父母就强迫并督促他学习，也是让孩子丧失自信并变得胆小的原因。

对于这样的孩子，质问他"为什么想和小朋友玩却不敢吭声呢？"并冲他发火，或者为了"培养"孩子积极的性格，让他去学跆拳道等格斗活动的做法都是不可取的。如果这样做，可能会让孩子变得更加胆怯。此时，先要让孩子恢复自信，经常称赞他，并尽量不对他发火。这样的话，孩子会慢慢地对自己产生积极的认识。

重新树立自信心以后，孩子有时也会过分坚持自己的主张，这是自信心回归过程中暂时出现的现象，对此不必太在意。当孩子把长时间被压抑的情感表达出来时，可能会控制不好强度，因而会出现得有些过激。父母对此应该予以认同，同时提醒孩子稍加注意，孩子就能够做到自我控制。有些父母觉得这种过激的表现是没有礼貌的行为，会对孩子进行管教。其实，在孩子找回自信以后，再教育他讲礼貌也不迟。先把重点放在如何让孩子恢复自信上。

告诉孩子如何保护自己

事实上，天性软弱的孩子树立自信心的时间会很漫长，但是家长不能什么也不做，一味地等下去。在孩子没学习到如何与陌生环境和陌生人打交道的时候，他或多或少地会被小朋友欺负。出现这种情况的时候，要告诉孩子如何保护自己。

● **第一步**：让孩子说出被小朋友欺负时的心情

问问他："被小朋友欺负了，你心里是什么感觉呀？难受吗？"

● **第二步**：告诉孩子表达自己意见和情绪的方法

具体告诉他如何跟小朋友对话："如果你没有告诉小朋友你不高兴，他们就不知道。所以，别的孩子欺负你的时候，要看着他说：'你这样做我很不高兴！不要这样！'"

● **第三步**：帮助孩子在小朋友面前表达自己的情绪

和孩子约好，孩子要在欺负自己的小朋友面前直接说出："你这样做我很不高兴！不要这样！"此时，为了孩子能够自信地表达，父母应和孩子保持一段距离，并关注孩子的一举一动。

● **第四步**：让孩子通过小朋友们的反应树立自信心

鼓励孩子："你对小朋友说'你这样做我很不高兴！不要这样！'小朋友就会向你道歉的。你做得很好！以后小朋友们再欺负你，也要这样做！"

不要对欺负孩子的小朋友发脾气

孩子被小朋友欺负、哭着跑回家的时候，父母千万不能生气，甚至去找到对方，替孩子"出气"。要教育自己的孩子在小朋友面前理直气壮地说出："你这样做我很不高兴！不要欺负我！"如果父母替孩子出头，那么孩子以后再遇到同样情况时，还是不会自己处理，只会寻求父母的帮助。对于那些受了欺负只会找父母哭鼻子的孩子，其他小朋友只会变本加厉地欺负他。要成为优秀的父母，就要不断努力并耐心等待，让孩子实现自我转变、自我成长。

什么事都说"我不会"

有的孩子会对任何新鲜事物都感到害怕。比如，在幼儿园里，老师带着小朋友们做手工或绘画的时候，他总是躲在后面，自己不动手，看着别的孩子玩。在家里也是父母让做什么，都说"我不会"。很多父母都担心这样的孩子缺乏自信。还有的孩子只肯做某一方面的事情，而对于其他领域，连尝试一下都不愿意。比如让他画画他肯画，让他去捏橡皮泥，就怎么都不愿意了。这成了一个困扰父母的新问题。

自信心不足造成"我不会"

那些在自信心上受到严重打击、失去自信的孩子时常会出现上文中所说的情况。孩子幼年时期的自信心相当程度上受到和父母关系的影响。如果父母平时只在乎孩子做得好的事情，而对孩子做得不好的事情总是严厉地责备，孩子会自然地产生强迫性的认识，认为自己无论做什么都一定要做好才行。因此，他对做不好的事情就会失去尝试的勇气，并总是说"我不会"。

如果父母只关心孩子的功课，孩子就只愿意学习，而对别的事情不愿意尝试。因为孩子觉得只有通过成绩单才能得到家长的肯定。这种情况下，父母应该首先判断，自己是否只关注孩子的学习情况。

如果父母能意识到这一点，即便孩子很好地完成了学习任务，父母也可以稍微表现出无所谓的态度。但是，在孩子做其他事情的时候，要表扬孩子说"干得好""不错"，让孩子拓展自己的兴趣范围。另外，即使孩子还是经常说"我不会"，也要耐心安抚孩子，如果发脾气或指责孩子，只会让父母和孩子的关系更加恶化。

鼓励孩子不怕失败、勇于尝试

对总说"我不会"的孩子，无论他去尝试什么，不论结果怎样，都要表扬孩子敢于尝试的勇气。孩子在缺乏自信心的时候，即使尝试新的事物，其结果往往无法令人满意，在对孩子抱有过高期待的父母眼中更是如此。但是，如果孩子连试都不去试，又怎么会知道结果是好是坏呢？因此，对于孩子"试一试"的行为本身，应该积极予以肯定和表扬。孩子也许会因为结果不完美而垂头丧气，此时，就要这样激励他：

"在刚开始的时候，无论谁都很难做好的。但是，重要的是你为此努力过了。即使看上去很吃力、很困难的事情，通过几次练习也可以很容易掌握，你一定会做得很好的。"

表扬的时候要非常具体。含糊其辞的表扬对鼓励孩子勇于尝试不会有太大帮助。比如当对绘画没自信的孩子画了一幅画的时候，与其敷衍地说"画得真不错"，不如告诉他："这个汽车有点怪怪的，但这棵树比上次画得好多了！以后多画几次，汽车一定会画得很好的。我们再画一下汽车怎么样？"

即使失误也没关系

有些妈妈似乎从来就容不下孩子的一点失误和过错。如果看到孩子做错了什么，必须立即指出心里才会舒服。坦率地说，我内心深处其实也是这样的。但是，如果妈妈对待孩子总是一副不能容忍小错误、小毛病的态度，缺乏自信心的孩子会因为害怕做错或达不到妈妈的期望值，在做之前就说"我不会"。

孩子的小错误并非"立刻纠正"就可以解决的，有时置之不理反而会有预想不到的效果。例如，孩子用不好筷子的时候，如果家长怎么教都没有长进，那只得就此罢手。但是，后来孩子通过积极练习反而自己学会了使用筷子。这就是通过失败最后获得的成功。通过反复失败找到最正确的方法，对孩子来说效果特别明显。

在日常生活中，即使孩子有些失误也不要发脾气，而要告诉他无论谁都可能会犯错。同时，把爸爸、妈妈的挫折经历告诉孩子也是个好方法。

"妈妈小时候玩不好拼图，可伤心了。但是，妈妈练习好多次以后，就知道该怎么玩了，最后，再难的拼图都能完成。"

告诉孩子"失败乃成功之母"。在抚养庆模和静模的过程中，我同样经历了无数失败。孩子小时候把汽车画成了土豆我也不介意，上学时要准备好的东西突然找不到了我也不管。现在看来，对于孩子经常性的小失误，睁一只眼闭一只眼似乎是最正确的处理方法。

故意忽略孩子的失误，不仅能让孩子心情放松，还可以成为孩子解决问题的动力。孩子今后遇到相同的情况时，也会自信地处理好。因此，不要纠缠于孩子微不足道的失误，要给孩子留出必要的空间来培养自信心。

鼓励孩子树立信心的话

- 爸爸、妈妈一直都相信你。
- 爸爸、妈妈相信你一定能做到。
- 你说自己能做到，真是太棒了！
- 看到你的努力，我感到非常骄傲。
- 一看到你就很高兴。
- 别担心，爸爸、妈妈支持你。
- 试几次就会觉得容易的。
- 你先做做看，需要帮助时告诉妈妈。
- 不要难过，谁都有可能做不好的。

孩子太害羞

如果孩子无论到哪儿都能礼貌待人，跟第一次见到的人也能自如地交谈，那真是太好了。反之，如果孩子一遇到不熟悉的人就躲在妈妈身后，谁问都不吱声，还有经常把手伸进嘴里或者挠头的习惯，真让父母觉得又生气又着急。孩子在众人面前表现得太害羞的话，大部分父母虽然当时会压住怒气，但一回到家就会对孩子发泄自己的不满：

"你怎么连这个都答不上来呢？"

"你都多大了，怎么还躲在妈妈背后呀？"

但是，这样的做法对于孩子态度的转变没有丝毫作用，反而会让孩子更加害羞。

先天遗传的害羞

害羞可以看做是孩子出生后到 24 个月之前认生现象①的延续。虽然认生持续到出生后 24 个月前后属于自然现象，但是如果孩子过了 36 个月还不能说出自己的名字或年龄，并且认生现象很严重，就需要父母付出积极的努力。害羞的孩子缺乏自信，过分敏感，经常依赖父母。特别是孩子在幼儿园参加集体活动的时候，这种因为害羞而不愿意与人交往的倾向更加明显，容易被小朋友们孤立。

害羞的孩子大致可分为两种类型：第一种是见到陌生人或者到了陌生的场所，会不自觉地感到不安，因此说不出话来。这样的孩子总觉得别人在盯着自己，无法充分地进行自我表达。另一种是对他人不感兴趣，讨厌外出，喜欢自己一个人玩。这样的孩子大都讨厌抛头露面，在众人面前会脸红。

婴儿期认生情况严重的孩子，长大后也会有类似的表现，父母如果很

---

① 24 个月之前的认生现象，请详见本书第 118 页 Chapter 1 "认生 & 分离焦虑" 一节。

害羞，孩子的性格也有可能会和父母一样。也就是说，害羞有可能和先天遗传有关系。此外，在众人面前受到严厉训斥等后天因素也会造成孩子的害羞。

如果孩子非常害羞，父母可能会感到很焦急。但在这世界上那么多形形色色的人中，有人大方，有人害羞，这都是很正常的。应该把孩子当成普通的个体来看待，认可孩子天生的性格特点，积极对待，帮助他逐渐改正缺点发挥优点，这才是父母最应该做好的事情。

给孩子提供思考的时间

对于害羞的孩子，在他讲话的时候不停地催促他，或者让他感觉到大家都在关注他，孩子就更想往后躲了。因此，在向孩子提问后，与其让他马上就开始回答，不如给孩子提供充分的时间，让他能聆听别人的讲话并整理自己的想法，这点非常重要。把孩子的性格特点告诉幼儿园的老师，拜托老师不要让自己的孩子先发言，让他充分听取其他小朋友的发言内容后再发表意见。

给孩子充分的时间，让他思考后再发言。刚开始，孩子的声音可能像蚊子声音一样小，可即使这样，父母也要注意聆听，并做出回应。有了回应，孩子的声音会慢慢大起来。然后，父母要更加积极地回应，并继续认真聆听孩子的讲话。

跟孩子多交流也会有帮助。如果孩子白天和小朋友发生了冲突，不要教训他，而要好好地和他沟通：为什么和小朋友闹不愉快了？事情是怎样发生的？当时你的心情怎么样等类似问题，听完孩子的诉说，父母也要说出自己的想法。如果孩子在父母面前能够很好地表达自己的想法，那么慢慢地在其他人面前也能做到。

经常与他人亲近，害羞会有所好转

让害羞的孩子经常和别人见面，以此来消除孩子的戒备。但也不能

你的孩子害羞吗?

- 与熟悉的人在一起也有焦虑的行为。
- 在众人面前很少讲话,表达能力较差。
- 简单地表达自己的想法也感到吃力。
- 害怕说出自己的内心感受。
- 和大家在一起的时候缺乏灵活性,很难与他人相处。

※如果孩子在日常生活中表现出上述行为,甚至达到类似智障的严重程度,就应该向专科医生进行咨询。

因此就把孩子丢在陌生的环境里。父母先要和别人表现出良好的关系,然后孩子才会和这些人亲近。去附近超市的时候,要让孩子看到父母与收银员或者社区其他居民热情问候的样子。当孩子熟悉了这些人的相貌之后,可以让孩子先问候对方。家里来客人时,可以让孩子招待客人并和客人一起做游戏,也可以多带孩子一起去别人家做客,这些做法对孩子都很有帮助。

此外,也要提前和身边的人打好招呼:"我的孩子很害羞,当孩子跟您打招呼或者在路边看见他的时候,请和他说句话!"当父母这样拜托时,很少有人会拒绝。就这样,当孩子和身边人的关系变得亲密后,即使孩子是那种天生见到陌生人就害羞的类型,也会逐渐有所变化。

当孩子对陌生人的戒备减少到一定程度后,可以培养他掌握值得骄傲的一技之长。比如唱歌、跳舞,或搭很漂亮的积木城堡等等。孩子有了特长,性格也会变得大方起来。但是,也没必要为此把孩子送进那些特长辅导班去。孩子还小,即使掌握的是很简单的"小本事",也可以将其作为孩子的特长,再慢慢地往那方面培养。比如,有些孩子捏橡皮泥捏得挺好,那就要多多夸奖他,孩子就会更加用心努力,逐渐地就会越捏越好,最后变成真正的特长。

父母&孩子

孩子越来越不听话

孩子长到2岁以后，妈妈虽然在体力上轻松了一些，但精神上却更加吃力了。因为孩子变得越来越不听话，开始发小脾气了。老话说"7岁的孩子讨人嫌"，意思是孩子长到7岁时就会不听父母的话，开始自行其是。可现在"讨人嫌"的岁数越来越小，甚至变成"3岁的孩子讨人嫌"了。"不行！不要！""讨厌妈妈！"这样的话几乎家家户户都可以听到。

探索世界的本能

所有父母都希望自己的孩子能听话，而且大多数人都认为听话的孩子更可爱。特别是现在的家庭大多只有一个小孩，因此父母对孩子的期望值更高，当孩子做出违背自己意愿的举动时，就感到很失望。

我在小儿精神科见过许多孩子，我的感受是"孩子就像一颗四处乱弹的皮球"。尤其是3~4岁的孩子，强烈坚持自己主张，总是和爸爸、妈妈对着干，把人气得不行，简直就像是一个"超级皮球"。

但是，这样的行为其实是孩子成长过程中非常自然的现象。举个孩子感冒的例子来说吧！成长期的孩子，无论父母如何精心照顾都会感冒，因为孩子的许多免疫器官和身体机能尚未发育成熟，免疫力尚不足以抵抗疾病的侵袭。但通过得感冒、痊愈、再感冒、再痊愈的过程，孩子们才会逐渐变得健康。这是孩子健康成长的必然过程。

和感冒一样，孩子的心理发育也是一个逐渐发展完善的过程。他们不断尝试按自己的意愿行事，试探着被否定或被肯定，在慢慢积累经验的过程中形成自己的认知。能够自由行动并初步表达思想的孩子就这样开始积累自己的处世经验。按照自己的意愿去探索这个世界，这完全是孩子的本能。遗憾的是，这种本能行为很少能和父母想法保持一致，而大多是背道而驰。

这个阶段，最让父母恼火的就是越不让做的事，孩子却偏要做。无论父母怎样循循善诱，自我意识不断增强的孩子只要自己不愿意，对父母的意见就不予理睬。不让他碰爸爸的手机，却偏偏要抓着不停地玩；不让爬上餐桌，却偏要爬上去。妈妈会想，"这也太没记性了啊！"于是不断地重复"不可以！"可孩子就是为了一时的自我满足，而不断地尝试。想像爸爸一样酷酷地用手机，所以才一定要抓着玩；想看看自己有没有爬上餐桌的本事，所以才会不断地往上爬。他不会因为爸爸、妈妈斥责，就停止这种本能的行为。

本能无法阻止，父母要学会适应

某天，一个28个月大的调皮"小绅士"来到了我的诊室。他看上去好奇心很强，一进门就开始到处乱摸乱动。而他妈妈却神经兮兮地为阻止孩子忙得不可开交。

"你就不能老实点？妈妈刚刚说过要乖乖听话的。"

无论妈妈怎样去抓孩子的小手并大声呵斥，孩子还是没有停止左摸摸右碰碰的举动，即使坐在椅子上，也是手脚不停地乱动。

"哎，我的小祖宗，能不能听回妈妈的话呀！"

用这位妈妈的话说，这个孩子你让他往东他偏要往西，不让干什么偏要干，一刻不留神就到处惹是生非，绝对是个"小捣蛋"。妈妈希望我检查一下，孩子是不是性格上存在问题。

安抚好这对母子的情绪后，我请他们进入游戏室，并开始观察他们各自的举动。一进游戏室，孩子就拿起枪在地上敲敲打打，与此同时，妈妈也开始了大声斥责："放下，你给我放下！"

孩子在游戏室里那么玩，其实没有什么问题。可我发现，妈妈却有点开始生气了。她对孩子的正常行为过分敏感，既不许孩子这样又不许孩子那样，对孩子管束过严，就像从白雪公主故事中走出的继母一样。

再次回到诊室，妈妈和孩子的情绪真是大相径庭。妈妈好像还在气头上，仍然唠叨个不停，而孩子却兴高采烈的。在做了各种检查后，我对妈妈说："换一种态度对待孩子吧！他应该没什么大问题，您不妨调整一下自己的情绪。"

可是这位妈妈对我的话却不以为然："我是觉得孩子有问题才来的，医生为什么不看看孩子有什么问题，却说我大人如何如何呢？"她甩下这样的话，转身就带着孩子走了。

孩子的行为总是和大人的意愿相反，因此父母就会很不高兴。让大人为难是孩子的错吗？孩子只是没有按照大人的意愿行动而已。与其说孩子

顺从病（Pathological Compliance）

你是不是希望孩子无条件地听大人的话？你可能不知道，没有自己的思想、无条件顺从父母的孩子患"顺从病"的概率会更高。"顺从病"是一种无视自身意愿、只会按家长意愿行事、无意识地进行自我压抑的心理疾病。

孩子因为怕妈妈生气、失望，想说的话不敢说，想做的事不敢做，可内心深处对父母的不满在不断地累积。时间长了，很多孩子会因此出现不良行为，经常说谎或是突然表现出暴力倾向。

我们常常对孩子说："千万要听话啊！"这里的"话"其实是父母订下的规则。父母反复说："到时候了，你该去换衣服了！（或是做功课、睡觉、吃饭、收拾屋子）"可孩子们只知道，这些事情妨碍了他们去做有趣的游戏。因为妈妈一句话就老老实实地做这些琐事的孩子哪里会有呢？

存在问题，不如说孩子只是没有满足父母的期待罢了。大人磨破嘴皮，孩子却连眼都不眨，这实在是些让人气得发疯、却又无可奈何的淘气鬼！

以前因为对儿童心理发展不了解，孩子不听话的时候，我也经常发火，对孩子哄过也打过。但是，就算软硬兼施，还是什么也改变不了，甚至只会让妈妈和孩子的关系出现隔阂。3岁孩子做出令人讨厌的事，这只是孩子的一种本能。对于这个阶段的孩子，父母要认识到这是孩子的本能行为，唯一能做的就是密切关注他们的一举一动。

什么可以做？什么不能做？

除了玩具，孩子还总是对生活中出现的具体事物感兴趣。父母担心孩子乱动乱摸，就把抽屉锁上，把橱柜门关好，只给孩子玩安全的玩具。这种做法让孩子们失去了许多满足好奇心的机会。其实，只要收拾好那些的确是孩子不能碰的危险东西，其他的还是不要管了吧！

但这并不是要纵容孩子做任何事情。过分的自由会让这个阶段的孩子越来越以自我为中心，变得越来越固执。应该明确地告诉他们什么可以做，什么不能做。适度的控制有助于儿童社会性的发展。

暂离孩子的世界，放松自己的心情

孩子不是可以遥控的玩具汽车，不是父母想怎样摆布他就怎样听话的木头人偶，他们都是有自己个性的独立个体。孩子想的和父母想的并不一样，父母喜欢的，有时就是孩子讨厌的。能认识到孩子也是独立的人，这并非一件容易的事情。

平常我在家休息的时候，任性的庆模总是一刻不停地缠着我要这要那，有时我会觉得很烦。我会问自己："难道孩子生来就是为了折磨妈妈的吗？"

可是，一回到医院上班，对庆模的厌烦情绪就不那么强烈了。我会回想周末对待庆模的一些做法，也会为自己设定一些改进的计划。通过这种方式，可以慢慢放松因为孩子而变得紧张的心情。

所以，我经常建议妈妈们，烦躁的时候不妨暂离孩子的世界，还自己一个独处的空间。这并不是说，一生孩子的气就丢下孩子，去公园散步、逛商场，我的意思是要走出"孩子的迷局"，从育儿带来的不良情绪中转移注意力，找寻自己的人生。那是一个自己所热爱、所追求的世界。上班的妈妈可以投身工作，全职妈妈则不妨写写随笔、做做家务。

无论如何，暂时放下孩子，去寻找一些能够激发自身生命活力的事情吧！久而久之，孩子带来的烦恼会逐渐减少，微笑会重回你的脸上，那时再看看孩子，一定会多一份好心情。

可以动手打不听话的孩子吗？

　　不了解孩子心理发育过程的父母，因为没办法跟孩子讲清道理就生气发火，有时还会动手打孩子。有些父母认为，跟孩子好好讲他却不听，就只有打骂才能使他"印象深刻"。但是，孩子在挨打后短时间内似乎有所触动，变得听话了，可没过几天，就又像没事人似的继续"干坏事"。看到孩子这个样，父母不禁感叹"连打都没用，这孩子可怎么得了？"但是，如果父母知道了孩子是怎样学习说话的，就会明白即使不惩罚也可以让孩子听话。

孩子通过几千遍的重复学会说话

　　为了让孩子听懂大人说话的意思，要不断反复地让孩子做语言联系实际的练习。为了让孩子说出"水"，就要让孩子几千次重复地看到妈妈拿着水杯对孩子说"水"的样子。同理，某些情况下，妈妈板着脸、声音低沉并摇着头对孩子说"不行，危险"这样的话，孩子会把妈妈的表情和声音，以及周围的情景联系在一起，从而明白"原来这样做是不可以的，应该停下来了"。

　　在遇到相同情况再次出现的时候，即使妈妈是用温和的语调对孩子说："不行，危险！"从某一时刻起，孩子也会照原样地跟着妈妈说"危险！"这就是孩子学习说话和交谈的过程，也是孩子学会听话的过程。

　　通过这样的过程，孩子不仅明白了这句话本身是什么意思，还学到了更重要的东西：那就是自己是受父母尊重的、有用的人，社会是非常值得信任的好地方。一旦产生对父母和社会的信任，即使偶尔被妈妈严厉地责备，孩子内心也不会受到很大伤害，反而会把妈妈的话很好地听进去。因为孩子会想，是妈妈给我饭吃、拥抱我、陪我玩耍，妈妈是值得信任的，如果妈妈对我发火，那就一定是有理由的。就这样，孩子无意识地、慢慢地有了这种想法，从而树立起积极的价值观和人生观。

孩子不是一打就听话的小狗

在我带着庆模和静模去美国的时候，庆模已经到了入学的年龄，但由于他还很难适应新环境，所以为了是否该送他去上学，我感到非常苦恼。思来想去，我还是决定送他上学。然而，我的担心变成了现实。他几乎每天都闯祸，我随时都可能接到老师让我去学校的电话。

庆模在课间休息的时候，会四仰八叉地躺在教室的地上，上课时会从座位上站起来，慢慢悠悠地到处溜达，对老师说的话就像耳边风一样，不听管教，自己想干什么就干什么。有一次，孩子爸爸也看到了这种情况，他亲眼看到儿子躺在教室的地上，受到的打击难以言表。

他一回家就嚷嚷着"这样的孩子就该揍他，要好好扳扳他的不良习惯了！"说完就拿起网球拍，一把把孩子拉进屋里，把门反锁上了。过了一会儿，屋里就传来了孩子的哭喊声和抽打孩子的声音。我敲门说："行了吧，别打了！"庆模爸爸却没有停止的意思。

结果，庆模的屁股挨了差不多20几下，才从房间里出来。紧跟着出来的庆模爸爸很自信地说：

"他向我保证以后再也不会这样了，总算改好了。"

我对此心里半信半疑，但丈夫却坚持"即使打孩子不太对，但能让他听话也是好的。"

但是，庆模却没有丝毫的改变。甚至第二天就做出更加过分的举动，以至于老师问我昨天家里出了什么事。庆模开始躲避爸爸了，他既不和爸爸目光对视，也不愿意和爸爸讲话。我丈夫到此时才明白问题并没有解决。

"我这么发火，怎么孩子还敢那样做呢？"

"因为你打了他，所以他就更不听话了吧？孩子要真是一挨打就能改过自新的话，世界上就没有问题儿童了。"

"看来棍棒真是不起作用啊！"

从这以后，庆模爸爸就不再打孩子了。如果一揍就听话，教育孩子也太容易了。也许有的家长认为，只要定下规矩，孩子不越界不打，一越界就打，问题不就解决了吗？但是，事实并非如此。孩子会思考，并且有着独立的人格。具体分析体罚问题的时候，应主要包括以下几点：

● 经常被体罚的孩子容易形成暴力性格

如果孩子做错了事就经常体罚，在类似情况下，他自己就会用同样的方式对待别人。比如老大装模作样地一边大声说着"我不是说不让你这样做吗？"一边打弟弟，父母看到这种情景都会吓一跳。父母的暴力引发了孩子的暴力。被体罚的孩子容易形成暴力性格，对此要多加注意。

● 不明白自己到底哪儿做错了

孩子挨打后只会感觉非常疼，对挨打时的情景也会感到很恐怖，却想不起自己到底做错了什么。也就是说，孩子不能反省自己的错误，只是记住了挨打后糟糕的心情，还有当时对父母的憎恶。这样的话，打孩子就毫

必须要打孩子的时候应该这样做

虽然体罚有副作用，但有时也不得不用。孩子的行为千变万化，看起来一样的行为也可能有不同的原因，对此父母要细心判断。不得不打孩子时，要注意以下几点：

第一，怒气平息后再打。怒气未消的时候打孩子可能会打得过多，注意力都集中在体罚上了，反而忽视了指出孩子的错误。

第二，事先警告孩子："下次再犯的话，要挨双倍打！"即使出现不得不打孩子的情况，也要在固定的场所，用跟孩子约定好的方式体罚他。没有标准、不分场合，手里抓起什么就拿什么打孩子的做法是不可取的，抬手就打也是不对的。

第三，打完后一定要抱抱他，并抚慰他。告诉他爸爸、妈妈并不是因为讨厌他才打他，而是因为他做错了，还要问他挨打时的感受，以消除他的不良情绪。

无效果，只会让父母和孩子的关系更加疏远。

● 体罚的强度会越来越大

如果通过打孩子来教育他，结果必然是越打越重才有效果。刚开始，孩子挨打后因为疼痛会听父母的话，随着忍耐性的增强，一般的体罚已经不能让孩子改变自己的劣行。相反，如果通过劝说让他自己明白错误，孩子会通过自我判断而努力悔改。这种情况被称为"道德内化"[1]，而体罚是通过外部力量来管教孩子，会妨碍这个过程。

● 自我意识恶化

经常挨打的孩子会觉得"我是个坏孩子"，因而不想改变自己的行为，认为"反正我也好不了了"，破罐子破摔，并由此丧失自信心。

———————————

[1] 道德内化：指的是吸收学习社会道德准则，使之成为个人内在的道德品质的过程。

老人带大的孩子会和妈妈疏远

现在夫妻双方都忙于工作，把孩子托付给家里老人的情况越来越多了。父母白天上班忙个不停，到了晚上才能和孩子见面，甚至很多家庭干脆平时把就孩子寄养在奶奶或外婆家，到了周末才和孩子在一起。但是这样做的话，孩子有时候与作为主要抚养人的老人更加亲近，对妈妈却变得疏远了。此时，就要关注妈妈和孩子之间的依恋关系了。

3岁以后的孩子还和妈妈疏远属于依恋障碍

2岁以前是孩子和主要抚养人形成依恋关系的时期。因此，如果妈妈没有抚养孩子，而是奶奶或外婆抚养孩子，那么和妈妈相比，孩子自然更喜欢并愿意跟着老人。这根本不是什么问题，妈妈反而要感谢精心照顾孩子的老人家。把孩子放在农村的婆家，妈妈很长时间后才去看他，照理说孩子突然见到母亲后应该是陌生感大于亲近感，但如果孩子见到妈妈时却表现得异常兴奋，这就说明现在的抚养人的抚养方式存在问题。同时，考虑到在今后母子依恋关系形成方面也会出现问题，最好尽快带着孩子去医院诊治。

出生30个月后的孩子才能对妈妈有正确认识。在这之前，他会管所有照顾他的人都叫"妈妈"。但是，从30个月开始，他就能明确区分谁才是"真妈妈"了。因此，就算这个时候妈妈让别人来照顾孩子，但孩子还是会更喜欢妈妈。不管妈妈是早出晚归，还是间隔很久才和孩子见次面，孩子看到妈妈时都会很高兴，并愿意跟着妈妈。分别的时候，因为不想让妈妈走，孩子还会哭。

但是，如果孩子到了3岁以后还和妈妈疏远，就意味着母子的依恋关系出了问题。此外，如果妈妈是主要抚养人，孩子却更喜欢别人，这同样也是依赖障碍。当然，如果爸爸跟孩子更亲，和妈妈相比，孩子可能会更愿意跟着爸爸。此时，孩子和妈妈的依恋关系的情况，只要观察孩子感到困难和疼痛时哭着去找谁就可以知道。孩子在3岁以后会明白妈妈是照顾自己的，而爸爸是陪自己玩的。因此在正常情况下，他在想玩的时候就找爸爸，肚子饿或不舒服的时候就找妈妈。

"好"奶奶和"坏"妈妈

奶奶和妈妈在对待孩子态度上的差异也可能成为孩子疏远妈妈的理由。仔细观察一下照顾孩子的奶奶吧！奶奶很少对孩子说"不可以"，更多的是"行、行"，只要在安全上没有大问题，孩子干什么都行。但是，妈妈就不会这样。例如，孩子吃糖的时候，妈妈会附加上各种条件：

"吃太多的话牙齿会坏的，只能吃一颗！"

"吃完后一定要漱漱口！"

与此相反，奶奶看到孩子吃糖的样子会感到心满意足，甚至想再给他一颗。虽然从口腔健康上看，妈妈的态度是正确的，但是孩子却一定会更喜欢让自己随心所欲的奶奶，孩子好像跟奶奶更亲。但奶奶不在场的时候，如果孩子也能高高兴兴地和妈妈玩，就没有什么大问题。

妈妈也可能是问题的原因

有一位妈妈，因为自己4岁的女儿太内向害羞，难以自我表达而来找我。更让妈妈担心的是，孩子和妈妈一点都不亲。这位妈妈说，她工作很忙，所以把孩子交给婆婆照顾，只在周末才跟孩子相处。我告诉她，这样做可能会对孩子产生消极影响。孩子小的时候虽然不明白，但随着年龄的增长，她会变得讨厌妈妈。所以，在周末妈妈想带孩子一起回家的时候，孩子会一头扎进奶奶的怀里并说自己不想走。目睹这种情形，妈妈该多伤心啊！

幸运的是，经过检查，孩子心理上并没有什么大问题，只要妈妈对孩子多关心、多花些时间和她相处，孩子可能很快就会好起来。

"现在把孩子接回来吧！只要每天能看到妈妈，孩子就会改变的。"

"我本来也打算在这次公司升职考试之后把她接回来的，可是……"

犹豫片刻后，这位妈妈向我倾诉了她的隐衷，原来她害怕把孩子接回家。虽然不能永远都把孩子托付给婆婆，早晚还得自己带，但她对自己能不能带好孩子感到非常担心。

这位妈妈说，刚开始，孩子和爸爸、妈妈一分开就哭闹个不停，但随着时间的流逝，孩子就像疏远陌生人一样疏远妈妈了，她因此感到非常痛心。因此，她也曾想过要"快点把孩子接回来"，但接着又会想"等我到了更轻松的岗位再说吧。""等孩子不用尿布后再说吧。""等搬到更大些的房子后再说吧。"就这样，她把接孩子回来的时间推迟了两年。孩子和妈妈见面少，和妈妈的关系就逐渐疏远了。对于这位妈妈，当务之急就是要恢复自己作为母亲的自信。

无条件的爱是解决办法

无论是因为孩子和奶奶依恋关系更强烈而疏远妈妈，还是因为妈妈对带孩子没有信心而被孩子疏远，解决方法只有一个，那就是对孩子付出无条件的爱。如果妈妈没有付出比奶奶更多的对孩子的关爱，已经疏远妈妈的孩子是不会重回到妈妈身边的。

要用更多的时间和孩子玩耍，要更多地满足孩子的愿望，要让孩子看到妈妈因为他而感到幸福的样子。此时，孩子无论多么无理取闹也要让他遂心所愿。对于缺少妈妈疼爱的孩子，如果过分强调规矩，只会让孩子更加疏远妈妈。只有在给予孩子充分的疼爱，使孩子建立对妈妈的信赖以后，再教育孩子遵守规矩，才能让孩子相信并非常听从妈妈的话。

即使因为父母是双职工而把孩子托付给奶奶，也最好在孩子长到一定程度后就把孩子接回来。父母和孩子之间需要在每天的相处中不断增进感情。我对前文中那个孩子和自己不亲的妈妈说，不要因为带孩子的压力而有顾虑，把孩子先接回来再说。对于育儿，基本上所有的妈妈在心里都会想着必须要这么做，必须要那么做，但是无论怎么想象，实际上也不可能全部如愿以偿的。当妈妈和孩子一起时，会根据情况逐渐找到最佳的育儿方法，在实践探索中得到最适合妈妈和孩子的方法。

其实，相比妈妈来说，疏远妈妈的孩子可能会比妈妈还迫切地希望能和妈妈亲近。只有妈妈付出无条件的爱，以及表达妈妈这份爱的时间足够充足，这个问题才能得到解决。

和孩子无法沟通是父母的问题吗？

3~4岁的孩子已经可以用语言来说出自己的想法，话也越说越多，有时难免同父母发生意见冲突。此时，有的父母会觉得"这个小家伙已经不听爸爸、妈妈的话了！"还会忽视孩子的意见。这样的话，孩子的思维能力或者表达能力就得不到培养和提高。为了能和咿咿呀呀、说话越来越多的孩子好好地交流，父母首先要学会符合孩子水平的沟通方法。

迎合孩子的情绪是首要任务

孩子说话说得好并不意味着他就能很好地表达自己的情绪。父母要坚持不懈地观察孩子的状态，并对他的情绪做出合适的反应。例如，当孩子说"我自己做"的时候，父母如果严厉制止，孩子就会感到不痛快和不高兴。如果孩子觉得不自在，并且这种状况一直持续，孩子就会出现很多问题行为，比如表现出攻击性、变得抑郁，或者一刻也不愿意离开妈妈等等。

因此，在孩子生气的时候，父母一定要问清楚理由，并要帮他化解这种情绪；在孩子感到害怕或受惊吓的时候，父母要提供充分的保护；在孩子抑郁的时候，要帮他转换心情等等，这些做法对孩子都有益。如果有可能，最好不要让孩子产生坏心情。孩子会因为父母的一句话而放心，并能在快乐中不断成长。

孩子表达情绪时不要问他"为什么"

孩子长大的过程中，通过各种各样的经历，语言能力会飞速地提高。因此，孩子不仅能慢慢准确地说出自己的想法，也知道了该怎样表达各种各样的感受。孩子此时能够细致地区分生气、恐惧、愉快、悲伤等情感。情绪发育较好的孩子到了3岁的时候，能用语言表达"我很难过""伤心""妈妈讨厌"等情绪。

此时，重要的是孩子表达内心感受时，不要问孩子"为什么"。特别是孩子说他情绪不佳的时候，更不要这么问。父母的一句"为什么"会让孩子觉得表达自己情感还必须要想出理由才能说出来，实在是一种负担。同时，父母问"为什么"会让孩子觉得自己的情感是不正确的。

孩子在表达自己情感的时候，父母要对他说："的确是呢！你把自己的想法说出来，真棒！"鼓励他表达自己的情感。比起老问自己"为什么"的人来，孩子更愿意和接受自己的情感，说"的确是呢"的人进行沟通。不要忘记，对于这个时期的孩子，产生情感共鸣是非常重要的。

用"直播"的谈话方式促进孩子的情绪发育

情绪丰富的孩子都很善于表达。为了促进孩子的情绪发育，有些事情父母必须知道，那就是即使孩子能够叽叽喳喳地与人交谈，但他目前还不知道自己的心情怎样、自己的想法是什么。因此，父母和孩子交谈的时候，最好用"直播"的方式，做"现场解说"，告诉孩子在几种情形下，正常人会产生的想法和心情。

例如，在路上看见某个孩子跑着跑着摔倒了的时候，父母要说"哎哟！那个孩子摔下去的时候一定很害怕！多疼呀！"通过类似的教育，孩子就能知道"害怕""抱歉""吃惊""丢脸"等语句和情绪，并同时了解产生这些情感的相应情形，从而说出符合类似情形的语句。

让孩子具备丰富感情的难度超乎想象。特别是在父母本身的感情并不丰富的情形下，让孩子自己实现情绪发育不是件容易的事情。但是，如果父母采用这种替孩子说出想法和情绪"直播"的方式，父母的情绪也会得到发育。

不要动不动就对孩子发号施令

"和长辈说话要用'您'！"

"规规矩矩地坐着吃饭！"

"要让着小朋友啊！"

大部分父母经常这样和孩子说话。但是，每次遇到这样的父母，我都感到非常郁闷。原因在于，这种命令式的语气和冲孩子发脾气没什么两样，对孩子没有任何好处。

不告诉孩子为什么要用敬语、为什么要行为举止有礼貌、为什么要谦让，而只用这种命令式的语气和孩子说话，孩子的自尊心会受到伤害。他会认为"我是个什么都不会做的孩子！"

告诉孩子不要这样做、应该怎样做的时候，应该用让孩子很容易听懂并接受的"对话"方式而不是命令式来说。对话就是孩子先听听父母的想法，并说出自己的想法，然后才按父母要求去做的过程。经过这样的对话过程而做出的决定，由于是孩子自己决定的事情，因而能够得到很好的执行。

此外，在告诉孩子要怎么做的时候，父母自己首先要做出榜样。如果一边跟孩子说"规规矩矩地坐着吃饭"，一边自己吃饭时摇晃着腿，孩子对父母的话就不会信服。因此，父母想要教育3~4岁的孩子应该做什么时，应该让他直接看到该怎么做，言传身教的效果比命令式地告诉他如何如何做强上百倍。

对孩子的问题要诚实回答

一开始说话就被冠以"话唠"之名的静模，过了3岁时，一旦开口就是问问题。他对周围所有看得见的东西都感兴趣，一个接一个地用"妈妈，这是什么？""为什么会这样？"之类的问题来问我。

静模第一次看到汽水时，看着水里升起的气泡，他感到很新鲜，于是就问我"妈妈，这是什么呀？"刚开始，我回答他"这种饮料叫汽水，汽水就有气泡。"但他好像对这个答案并不满意，仍然没完没了地问我。

　　"这种饮料在糖水里放入了二氧化碳，这些一个一个升起的气泡就是二氧化碳。"我又和静模解释了对他来说很陌生的"二氧化碳"，静模好像明白了似的边点头边注视着汽水。

　　没过多久，听到静模跟小朋友解释什么是汽水时，我差点笑岔了气。

　　"你们知道水里升起来的是什么吗？那就是'二羊化碳'，两只羊变成了碳，多奇怪！"

　　像这样，这个时期的孩子总有着无比强烈的好奇心。在3岁以前，孩子只会简单地问"这是什么？"不管能不能听懂，只要有回答就会感到满足。但当孩子快4岁的时候，了解基本原理的愿望就会变得非常强烈。此

让孩子改掉说话哼哼唧唧的毛病

　　这个时期的孩子自控能力还没有发育好，稍有不满或感到困难的时候，讲话就会拖长音节，变得哼哼唧唧的，像是故意撒娇似的。但是如果经常用这种方式说话，即使同龄的小朋友也会觉得他很幼稚，容易被人欺负。此外，这样的说话方式还可能导致孩子的表达能力出现问题，因此必须及时予以纠正。此时，如果妈妈跟孩子说"好吧，好吧，妈妈都帮你做"，并在孩子说出自己的意思之前就告诉他该怎么办，就无法改掉孩子说话哼哼唧唧的毛病。

　　孩子不能好好说出自己想说的话、而是说话哼哼唧唧时，丈夫就会把孩子叫过去，让他坐在自己面前，跟他郑重其事地谈话："无论有什么事，都不要这样哼哼唧唧地说话，而要好好讲。如果说话哼哼唧唧，爸爸、妈妈连一句都听不清楚，就不明白你想要的是什么。"

　　这样的情况反复几次，孩子就不会说话哼哼唧唧，而会努力做到准确表达自己的想法。

时，父母如果敷衍了事地回答孩子的问题是绝对不可以的，要跟孩子实话实说"妈妈也不太清楚，咱们一起找找答案吧！"然后通过翻书本、上网搜索，跟孩子一起寻找答案满足孩子的好奇心。通过父母的表现，孩子就会学到有疑问时应该找答案的方法。

过了一定时期后，孩子就不会再问父母"这是什么"了。因此，当孩子提问时，不要放弃这个机会，要亲切地回答孩子。这样做不仅会让父母同孩子的关系更加亲近，还能同时告诉孩子学习的方法，一举两得。

Chapter 4

5～6岁
（49～72个月）

学习问题

明智的教育

正确的性教育

良好的习惯

自我表达

幼儿园生活

读书

入学准备

父母的心

5～6岁孩子特点须知
稳定的自我意识是走向社会的基础

幼儿的自我意识从2岁左右开始形成，而到5岁的时候已经基本定型。在孩子5～6岁的阶段，无论男孩女孩，对自我的认识都趋向稳定，不会轻易出现动摇。为了进一步巩固自己对自我性别角色的认识，他们会去做一些性别区分明显的游戏。不用任何人教，男孩就会对玩具汽车和机器人感兴趣，玩和刀枪相关的游戏；而女孩会把自己当做小公主，喜欢穿粉红色的衣服、裙子，不知疲倦地玩公主游戏。

理性地调整情绪

5～6岁的孩子已经非常聪明了。当自己的愿望不能实现的时候，他们不会全靠发脾气或者耍赖"解决问题"，而是开始试图给大人做说服工作了。这说明孩子已经具备了理性调整情绪的能力。孩子在2岁的时候还无法控制自己的情绪，会无缘无故地发火；3～4岁的时候，情绪控制时好时坏，情绪不稳定的时候偏多。直到5～6岁，他们才可以完全控制自身的情绪。

孩子通过对自己情绪的控制，还可以调节自己的身体状态。3～4岁的时候，便意来了必须立刻解决，而现在则可以忍耐，知道在找到卫生间以前应该憋尿了。有时候，孩子为了体会自己掌握的能力，在小便的时候会一边数"1、2、3、4"，一边有意地进行身体控制。

孩子从5岁起可以按要求进行学习了。3～4岁的孩子也有学习的能力，但是情绪并不稳定，逻辑思考能力不成熟，所以学习的效果并不明显。3～4岁孩子在学习的时候，一旦被指出错误，马上会变得垂头丧气，甚至会产生奇怪念头，诸如"我长大不和妈妈结婚了""看来我的魅力不够大啊！"等等。这个阶段的孩子自我意识还不完善，所以被别人指出错误的时候，总是会联想到自身性别的一些根本问题。3~4岁的孩子很容易失去自信，所以最好不要强迫他们进行学习。

但是，5~6岁的时候，即使被指出学习中的错误，孩子的自我认识也不会动摇。孩子能够清楚地认识到，做错事情与自己是男是女完全是两个不同的问题。

不知疲倦玩公主游戏、打仗游戏的孩子们

3~4岁的孩子们已经明确地知道自己是男是女，到了5~6岁，他们则会通过游戏进一步确认自己的性别。女孩会成天念叨"公主"的话题，男孩会从睡梦中醒来玩机器人玩具。3~4岁的孩子开始形成和同性父母的竞争意识，进而决定效仿，通过重复的游戏努力树立自己作为男性或女性的性别角色。

5~6岁的时候，如果给女孩穿哥哥的衣服，她会不高兴；而给男孩穿的衣服上哪怕有一点粉红色，他都会大声说"我不是女孩！"来表示抗议。甚至，现在连孩子都懂得要打扮得"性感"了，小女孩在大冬天都想穿着漂亮的短裙往外跑。出现这种情况家长也不要阻止，在短裙的外面再套上大衣就可以了。至于男孩，则会成天到晚舞刀弄枪、打打杀杀。小男孩最关注的是力量，他通过打仗游戏充分表现自己的实力，而被人打败的时候，则会像天塌下来似的哭鼻子。

尽可能满足孩子的愿望是最好的育儿方法

这个时期的父母经常会在心里嘀咕："这孩子怎么总让我买公主裙呢？""天天拿着机器人打打杀杀的，不会产生暴力倾向吧？"有的妈妈甚

至会把成天想着玩机器人的孩子带到我这儿来检查。这种担心是完全没必要的。让孩子尽情地去玩想玩的游戏，孩子得到满足后，自然会去寻找新的关注点。"让孩子充分体验后自行终止"是发育的基本原则。

当然，如果小男孩玩打仗游戏过头的话，则要适时制止。例如，如果他用玩具枪正面瞄准他人，或者用玩具刀砍小动物，就应该予以制止。只顾自己玩得高兴，拿枪瞄准妈妈的时候，也要断然制止。这样做，孩子会认识到自己的行为是错误的，以后就不会再犯了。另外，如果行为没有得到有趣的反馈，孩子立刻会觉得没意思，不再继续。

因此，当孩子的游戏在正常范围内时，没必要强行制止。应该明确告诉他玩的时候"不能伤害他人、也不能影响到他人的情绪"，并引导孩子在遵守原则的前提下进行游戏，而不是阻止他游戏。在这个阶段没有充分进行类似游戏的孩子，会失去准确认识自己性别的机会。

和小朋友共同游戏很重要

孩子在2岁之前，和母亲或父亲形成的是一对一的关系。3~4岁时此关系发展为"妈妈——爸爸——我"的三者关系。这种三者关系逐渐稳定后，"朋友"的概念被引入，形成新的关系。之前，朋友不过是自己身边的一个小孩，而5~6岁时，朋友才真正成为能够和自己分享快乐的个体。由于对自我的认识趋于稳定，孩子开始产生和其他孩子建立关系的愿望。反之，自我认识不足、缺乏自信的孩子还是感觉很难和其他小朋友建立友谊。如果在这种情况下把孩子送到幼儿园或其他教育机构，就会出现诸多问题。

和母亲相比，这时的孩子更愿意和其他小朋友一起游戏、玩耍。他们渴望和小朋友一起分享玩具，希望一起观看电视或者动画片。如果爸爸买一个蜘蛛侠的面具做礼物，3~4岁的孩子戴上面具后，只会给父母或其他亲人看，而5~6岁的孩子会拿上面具跑出去找小朋友，想和朋友分享。

当然，孩子们一起游戏的时候也会发生争执。由于还缺乏站在对方立场上进行思考的能力，意见不一致的时候会发生激烈争执，仿佛以后不再来往似的。但他们并不会像大人一样让友谊从此产生裂痕。到了第二天，似乎一切都没有发生，昨天刚吵过架的孩子又在一起开心地玩起来了。与小朋友一起快乐地游戏是这个阶段非常重要的内容。

3~4岁的时候，平时一起玩的邻居家的小朋友搬走了，孩子也觉得无所谓；可现在如果要和小朋友分开，孩子就会感到难过，在一段时间内都会想念离开的小伙伴。通过和小朋友建立关系，孩子可以学到很多东西，所以要为孩子多创造接触同龄人的机会。

正常情况下更愿意和同性伙伴一起玩

孩子通过游戏体验性别差异，所以和异性伙伴相比，总是更喜欢和同性伙伴一起玩，并通过这种方式强化自己的性别认同。

有的父母会担心孩子如果只和同性交往，以后进入社会是否会对接触异性不适应；也有的父母认为，孩子的同性和异性朋友的数量应大致相同。其实，这些都是不了解幼儿发育过程的想法。

这个阶段的孩子，充分培养其性别意识，长大以后才能充分发挥自己的性别特点。拿女孩来说，在社会交往中，能够充分展现自己性别魅力的女孩获得成功的概率会更高。也就是说，成功女性并不一定像男性一样的豪放和富于攻击性。

因此，孩子乐于和同性朋友交往的时候，父母没有必要太担心。反倒是如果男孩就只喜欢和女孩玩，或者女孩就只喜欢和男孩玩，才有可能是不太正常的现象。

乐于制订并遵守规则

5~6岁的孩子认为父母的话就是"圣旨"。和父母保持稳定依恋关系的孩子，无论父母要求他做什么，都会努力争取做到，并以此为乐趣。同时，他们总是希望自己的行为得到肯定。因此，当孩子的行为达到父母要求的时候，要给予表扬，能给予象征性的鼓励则效果更好。比如，做了好事，可以奖励给他一个"小红旗"。

孩子这时已经可以进行逻辑思维，所以不要无条件地要求他顺从，最好是讲清楚道理，告诉他为什么要求他这么做，更容易让孩子接受。例如，洗手的时候告诉他"手不洗干净很容易生病的"，孩子肯定能够理解妈妈的话，乖乖地洗手。所以，希望孩子在这个时期养成良好的习惯，不但需要告诉他要求，还需要耐心地说明理由。

由于喜欢遵守规则，有时候孩子也会显得过于执拗。孩子还不理解各种规矩会因情况不同而发生变化，他们只认同规矩的普遍适用性，而缺乏灵活性。比如，出去旅行的时候，会固执地坚持要像在家一样使用自己的餐具，而不肯就地简化一下。这时候，也应该和孩子讲明白为什么不行的理由。父母在孩子面前必须注意遵守公共道德。"红灯停，为什么还过马路呢？"稍不注意，就得尴尬地面对孩子的问题。

最大限度地树立孩子的自尊心

这个阶段的孩子，会经常无意识地提出关于自己的如下问题：

"我是好小孩吗？""我是小帅哥吗？"

这是孩子确认自我形象的一种方式。他们经常会为大人看来微不足道的事情而感到骄傲自满。

"我的鞋子漂亮吧？"

"我是能帮妈妈做事的乖孩子，是吧？"

孩子总是一副自认为很了不起的样子，提出让妈妈哭笑不得的问题。但是，必须充分肯定孩子的行为。孩子要通过自我表现并被肯定的过程逐渐树立起自信，发自内心地承认自己、肯定自己，深信自己真的是一个好孩子。和过去相比，这个时期的孩子已经聪明了很多，妈妈可以通过和他玩简单的棋盘类游戏来体会育儿的乐趣。可是，孩子争强好胜，一心想赢又成了新的难题。让着孩子吧，怕惯得没规矩；凭实力赢他吧，又怕影响孩子的情绪。

孩子在自我肯定的过程中，胜利就意味着"我的确是个好孩子"，而失败则代表"我什么都做不好"。所以，孩子会为了成为"好孩子"而竭尽全力争取获胜，输了会因为受到挫折而发脾气。要理解孩子的心情，哪怕是故意谦让，最好也要输给孩子。

"可是，没了规矩怎么行呢？""眼里只有自己也不好吧？"其实父母不必有这样的担心。此时父母不用向孩子强调他做得好不好，上了幼儿园或小学，遇到了同伴后，孩子自然会形成对自我的正确认识。

比如，有的孩子从小就在奶奶"你真是最可爱的宝宝"的赞扬声中长大。当然，客观上来看也许他并不十分可爱，但孩子却百分之百的相信这是事实。可上了幼儿园以后，他却发现很多小朋友看上去比自己更可爱，信心自然被打破了。孩子回家后会一边哭着，一边问奶奶："您为什么要骗我呢？"

如此看来，即使不去有意打击孩子的自信心，参与集体生活以后，孩子对自己也会逐渐了解。上学以后，和父母的评价相比，孩子更在乎的是老师如何看待自己。因此，在家里应该最大限度地树立孩子的自尊心，这将会成为孩子勇敢走向复杂社会的重要力量。

学习问题

一说学习孩子扭头就跑

在韩国，孩子开始接受教育的时候，首先需要面对的就是练习册①。做练习册以周为时间单位，老师会定期检查孩子完成的情况，因为让孩子做练习册比课外辅导节省费用，所以通过练习册来让孩子开始学习是很多妈妈都提倡的幼儿学习方法，对它所能达成的教育效果期待也很高。但是，真实情况和父母的期待却有很大差距。也许，孩子能够解答一些问题，似乎显得学习很有成绩，可这决不代表学习的能力。因为，这个阶段孩子的大脑发育还没有达到进行学习的水平。

和学习相关的脑组织在6岁以后开始发育

许多父母都认为孩子在6岁前应该独立完成练习册，并认为这种方式对孩子的学习有所帮助。但是，大脑发育达到知识性学习的水平是在6岁以后。虽说现在孩子接受教育的年龄越来越小，妈妈如果不做点什么，内心会非常不安，但如果妈妈真正了解大脑的发育过程，就知道没有必要过于担心，甚至会认识到不进行学习的优点。

在大脑没有得到充分发育的情况下让孩子学习，起初孩子会出于好奇

---

① 译注：韩国学前教育常用的一种学习知识的手册。

做几道题，但失去兴趣以后会感到吃力，就仿佛穿上了一件不合身的衣服一样。特别是要求他们"今天必须完成多少"的时候，孩子会表示拒绝。

生性胆小、不善自我表达的孩子大多会屈从于父母的意志，长期下去就可能出现"练习册综合症"，一看到练习册就会很害怕。当然，这并不是一种真正的疾病，只能说明练习册给孩子带来了过大的压力。

每个孩子的发育水平都各不相同

孩子的大脑发育速度有快有慢，所以6岁孩子具备的学习能力也是各不一样的。我不太愿意回答的一个问题就是"应该在什么时候学习什么内容？"因为我根本不知道这个问题的答案。每个孩子的性格特点和发育程度都是不同的，就算是同胞兄弟、甚至是同日同时生的双胞胎也是不一样的。所以，必须针对每个孩子实施不同的教育方法。邻居家孩子已经取得效果的好方法，对我们自己的孩子来说也许是错误的。

因此，我经常向妈妈们强调："考虑孩子应该学习什么之前，首先要了解孩子的性格特点和发育程度。"如果孩子准备上幼儿园，那么要先了解孩子是否能够掌握在那里学到的内容，是主动地学习还是被动地学习。如果现在强制性地让孩子进行学习，那么孩子会对学习本身失去兴趣，在上小学以后有可能出现厌学的情况。

如果孩子具备一定的学习能力，能够跟上幼儿园的教学进度，但拒绝完成练习册，也没必要强迫。

明确让孩子学习的目的

不久前，我曾经问过来医院的妈妈们，给孩子安排学习练习册的情况如何。 所有的妈妈都说要求孩子定时定量完成。问到布置练习册的理由，大部分妈妈的回答是："做些作业总比玩好吧！"其实，她们不过是看到别人家的孩子在做，盲从而已。

"别人在做，所以我也要做"的想法实在是要不得的。难道有人跳火坑了，我们也要跟着跳吗？每次看到父母凡事都干涉孩子，对教育问题过分关注的时候，我都会这样想。

给孩子布置练习册等学习任务之前，妈妈应该问问自己这样做的目的究竟是什么。也就是说，应该清醒地认识到，希望孩子通过完成学习任务得到些什么？是希望孩子能够流畅地讲小故事吗？是希望孩子遇到困难时能够有独立解决问题的信心吗？还是希望提高对事物或情况的理解判断能力吗？只有目的明确，当孩子不能顺利完成学习任务的时候，才能做出正确的判断——暂时终止、鼓励继续或采用其他的办法。

根据孩子性格特点选择不同的学习方法

孩子有学习的愿望，父母也希望孩子接受认知方面的教育，那么就可以在游戏的同时，适量完成一些学习任务。这时候，如能根据孩子的性格特点选择相应的学习方法，则可以减小失败的概率。

● **害羞的孩子**

害羞的孩子接触陌生的特长辅导班老师会容易认生，从而产生学习压力，最好可以由妈妈自己通过学习以后亲自辅导孩子。

● **性格活泼的孩子**

性格活泼的孩子更喜欢和小伙伴一起学习、彼此竞争的学习环境。创造和小朋友共同学习的机会，能够取得更好的效果。

● **注意力不集中的孩子**

对于注意力不集中的孩子，对老师的选择胜过对内容本身的选择。事先应针对孩子的特点和老师充分沟通。

● **和妈妈形影不离的孩子**

对于只愿意和妈妈在一起的孩子，应该选择不需要老师就可学习的学习内容，妈妈和孩子在共同游戏中进行学习。

把学习变成和妈妈一起做游戏

如果完成练习册只是一个解答问题的过程，十之八九的孩子都会觉得无聊。如果妈妈不去强迫他完成，而是生动地给孩子讲解内容，就会大大降低孩子拒绝完成的几率。生动的说明、做对了有适当奖励，可以让孩子感受到学习有着游戏般的快乐。如果在学习过程中和妈妈建立了良好关系，即便回答问题本身很无聊，孩子也会因为觉得和妈妈在一起很有趣而保持学习兴趣。

强迫孩子做他不喜欢的事情，孩子失去的永远比得到的多。如果妈妈没有信心把学习变成有趣的游戏，就要果断放弃当前的学习方式。对于这一时期的孩子来说，游戏和智力发育密切相关，支持孩子充分地做自己喜欢的事情才是正确的。

教育孩子需要耐心

孩子过了 5 岁以后，需要教给孩子的东西越来越多，父母们开始着急了。社会上的普遍认识是"母爱＝教育"，只有不负责任和无知的妈妈才会忽视幼儿教育。可问题在于，无论妈妈怎么教孩子，孩子似乎都听不进去。面对不论如何启发都达不到父母期望效果的孩子，父母心里肯定会很着急。

不被父母认同的孩子不听话

儿童乐园里有两个孩子正在玩耍。这时忽然有一只鸽子飞过来停在阶梯上。孩子们为了追逐这只鸽子爬上了阶梯，可是不小心摔下来了，于是开始大哭起来。他们的妈妈听到哭声后立刻跑过来，其中一个妈妈一把抓过孩子，一边打孩子屁股，一边大声呵斥："摔了吧！不是告诉你不许爬高的吗？"可挨了打的孩子还是哭个不停。

"不许哭了！听见没有？"妈妈继续发脾气，被吓到的孩子逐渐忍住了哭声。

另外一位妈妈的做法却完全不同。

"摔疼了吧？没关系，是想摸摸小鸽子吗？可鸽子是会飞的啊！你看那里，不是又飞过来了？"

妈妈主动讲出了孩子哭的理由，并迅速转移了孩子的注意力。孩子不知不觉地停止了哭泣，并对妈妈说："妈妈，我们一起去看小鸽子吧！"

两位妈妈的差别是什么呢？在不让孩子继续哭的目的上，两个人是一致的。但是，一位的做法是告诉孩子"不许哭"并强行制止，而另一位则是体会孩子的感受并进行安慰。虽说两个孩子都不再哭了，但他们的反应却截然不同。被责怪的孩子深感挫折而垂头丧气，得到安慰的孩子却忽闪着大眼睛再去寻找鸽子了。

这两个孩子当中哪个孩子的心理状态会更健康呢？当然是那个感受能够被妈妈认同的孩子会更健康。不仅是孩子，两位妈妈的心理状态也体现出差异。训斥孩子的那位，当孩子不听自己话的时候，会感到厌烦和失望；而安抚孩子的那位，很快地终止了孩子的哭泣，自然心情愉快。妈妈以这样的情绪面对孩子，就会更加地温柔和蔼。

类似的抚养态度的差异在孩子的学习问题上也会有所体现。在孩子发现自己的行为不被父母认可的时候，无论妈妈如何强调学习的重要性，孩子也不会信，反而会流露出厌烦的情绪，只是在大人的强迫下才勉强进行学习。

相反，如果孩子的情绪被父母认同，那么无论妈妈教什么都愿意去尝试，因为孩子认为，这是"肯定自己能力"的妈妈希望他去做的事情。所以，这样的孩子能够在趣味学习的过程中，迅速提高自己的能力。

孩子没按父母要求做事的时候，首先要考虑妈妈是否和孩子在情感方面有充分的交流。父母和孩子如能建立良好的关系，教育自然会成为水到渠成的事情，不用太费心。

母爱≠教育，母爱＝共鸣

妈妈的潜意识中，总是存在应该教育孩子或为孩子做出表率的观念。因此，往往忽视从孩子的视角去理解他们的各种行为。但是，真正的母爱不是教育孩子，而是和孩子有共鸣。体验孩子的内心、分享孩子的情感是第一位的，之后才能提到教育和习惯养成。

妈妈如果无论孩子做的事情是多么渺小，都给予表扬，孩子就会受到鼓励，并不断努力追求尝试新事物；而如果妈妈总是对孩子小小的成果表示不屑一顾，孩子就会失去向上的动力。妈妈和孩子有没有共鸣会在育儿的过程中产生差异巨大的结果。

孩子兴致勃勃地玩沙子的时候，不要对他说："积木不是比沙子更干净、更好吗？"而要鼓励他说："哇！堆沙子真好玩啊！"无论孩子的智力水平高低，都要从孩子的实际情况出发和他共鸣，这才是妈妈们应该具备的能力。

当然，我能够理解妈妈们，无论什么她们都希望更快地教会自己的孩子。但是，绝不能给孩子留下学习无聊又令人讨厌的印象。人生中没有比学习更有趣的事情了，应该帮助孩子认识到学习的乐趣所在。

放弃当孩子老师的做法

父母不是老师。父母之外，很多人都可以教育孩子。但是，只有父母才能完全站在孩子的立场给予理解和共鸣。也只有父母，无论孩子存在什么不足，都能充分自信地告诉他"在这个世界上你是最棒的！"父母刻意地去做孩子的老师，对孩子指指点点，只会造成孩子的情绪缺失，孩子的自我意识被伤害，会认为自己"什么都做不好"。

事实上，孩子即使到小学二三年级的时候都会更在意老师和同学的评价，而不是自己父母的想法。也就是说，会有父母以外的很多人给予孩子更客观的评价。所以，实在是没有必要抱着必须教育孩子的观念，非要客观地评价孩子，伤害他的感情。即便孩子做得不好，也应该积极鼓励，帮助孩子树立自信心。请为了孩子能够按照父母愿望健康成长而努力吧！

　　一定要放弃"教导"孩子的想法。当孩子发现新事物的时候，当孩子靠自己的力量堆起沙堆的时候，去分享孩子的喜悦和乐趣吧！因为，你是孩子在这个世界上独一无二的妈妈！

孩子似乎不明白数字的实际意义

"100＋100是多少呢？"

"两个100！"

"这时候要说200哦！再来一次！100＋100是多少？"

"嗯……是两个100啊！"

很多妈妈都主观地希望孩子掌握数的概念。

可是，数的概念并不是通过对数字的熟悉就能形成的，必须在生活中加深对数的理解，才能形成数的概念。没有基础、机械地记忆数字，是没有任何意义的。数学的学习应该从生活中开始。

脱离日常生活的学习方法

　　一般情况下，孩子5岁以后通过日常生活开始形成数的概念。就算不会数数，也能够通过钟表或者日历，知道什么是数字，了解数字在生活中发挥的作用。

　　这个时期，让孩子像鹦鹉学舌般地从1数到100并无意义，哪怕孩子现在只能数到10，也要先让他明白数字的含义。有的孩子不会从1数到100，但是吃糖的时候，也能数出吃了1颗糖、2颗糖、3颗糖……这说明他明白数字代表的实际意义；可有些孩子虽然能够流利地从1数到100，却一点也不知道数字在生活中代表什么意思。父母首先要了解自己的孩子在生活中对数字的掌握程度。比如，吃糖的时候如果孩子不明白"你1

孩子具备数学能力的特征

1. 喜欢和数字相关的联想；
2. 喜欢或讨厌特定的数字；
3. 觉得数数很有趣；
4. 能够进行数学逻辑推理；
5. 记忆力强；
6. 对没有解决的问题表现执着；
7. 喜欢刨根问底。

颗、我1颗"这样的"1"在实际生活中代表什么意思，那么他在数学学习方面肯定会存在困难。

如果孩子尚无对数的认知，只是出于妈妈主观的迫切愿望对数字强写强记的话，只会成为背诵"1，2，3，4"的学舌鹦鹉，而不会理解数字的含义。

进行有助于理解数字意义的游戏

多做一些帮助理解数字意义的游戏效果会很不错，孩子能够在游戏中自然理解数的概念。比如，我经常会和静模玩一个很有意思的纸牌游戏"UNO"①。在游戏的过程中，需要进行数数和加减计算，孩子不知不觉地了解了顺序的概念，并能够进行简单的演算。对于胜负感很强的静模而言，没有比这个更适合的游戏和学习了。我也很愿意在游戏中教会他数数。

如果妈妈教育得当，孩子不仅能够正确理解数字，还能认识简单的运算符号。所以，应该多考虑帮助孩子自然理解数学概念的具体方法。比如，如果孩子喜欢拼图游戏，自然会掌握部分和整体的概念，在将卡片和其他东西按用途分类的过程中了解到分类和集合的概念。测量过身高和体重以后，告诉孩子他有多少厘米高、多少公斤重，他们就会知道所有事物是通过数学计量标准来测定的，并掌握和测量相关的数学用语。

一起外出买东西时，选好东西以后可以让孩子自己交钱找零，了解加减法和货币的单位。布置餐桌的时候，让孩子按顺序摆放碗筷，孩子就可以了解事物的规律性和模式。

做球类游戏的时候，在球的传递过程中，通过一个一个数数也可以帮

---

① UNO在西班牙语和意大利语里都是"1"的意思，是一种纸牌游戏，当玩者手上只余下一张牌时，必须喊出"uno"，游戏因而得名。

助理解数字。告诉孩子你扔了几次、爸爸扔了几次、两个人一共扔了几次等内容，这种游戏有利于培养孩子的计算能力。

培养数学能力的好方法

● **对孩子不要期望过高**

数数、加减法对妈妈来说很简单，但是对孩子而言，却是需要推理和概念理解的复杂事情。所以对于数学学习不可急于求成。

● **用游戏的方式**

多想一想选择什么样的游戏方式来培养孩子的数学能力。如果找不到有意思的教材或教具，哪怕使用纽扣、棋子、滚珠等触手可及的生活用品也是可以的。

● **眼和手的协调使用**

多帮助孩子通过视觉方式理解数字的意义，可以从观察、触摸身边的物品开始做起。

● **不要死记硬背**

数学并不等同于对1，2，3等数字的熟记，还包括了比较、分类等丰富的概念。因此，应该在生活中加深孩子对数的理解。

● **记住用途，而不是词汇**

告诉孩子"圆"的时候，形象地描述车轮是圆形要比记住"圆"这个词更重要。启发孩子认识到，车轮是圆形所以能向前方滚动，孩子不但记住了"圆"的形态，还能掌握"圆"的特点。

● **使用准确的语言**

数学也是通过语言来体现。因此，与其灌输许多深奥的概念，不如用简单的语言准确地传递基本概念。比如，讲解图形的时候，用"三角形有3个尖尖"、"四边形有4个尖尖"的说法，孩子就更易理解。

孩子无论学什么，都很轻易地放弃

学钢琴没有多久就不想练了，画图也是做了没几天就不爱画了。也告诉自己，既然孩子没有兴趣，不必强迫，耐心等待他主动学习，可是却看不到孩子进一步的行动。突然有一天，孩子又看到小朋友学跆拳道，就缠着大人自己也要去学。可无论学什么，孩子都是浅尝即止，轻易放弃。面对这样的孩子，家长应该怎么办呢？

兴趣和厌烦交织的时期

这个阶段，孩子的一个特点就是对新生事物既容易产生兴趣，又轻易感到厌烦。看到别的孩子学钢琴，他就吵着也要学。可真的送去学琴，没几天就不想练了；看到哥哥穿着专业服装练跆拳道自己也要练，可同样也练不了多长时间。其实这都不能怪孩子，而是父母没有考虑孩子特点，只要孩子说"想学"就无条件给予满足的必然结果。

钢琴、美术、跆拳道……孩子接触到的大部分学习内容都需要反复练习，必须通过枯燥乏味的重复才能提高能力。因此，虽然开始时孩子出于好奇愿意尝试，在深入学习的过程中很容易感到无聊。小学生多少还可以忍耐，可5~6岁的孩子还不完全具备控制自己欲望的能力。

轻易放弃还希望得到表扬的孩子

不久前，曾经接到一个6岁孩子妈妈的咨询电话。她告诉我说，她的孩子说喜欢美术，但学了5个月就不想学了；学钢琴，又只坚持了1个月；之后学过几次别的，同样学不了多久。即便如此，孩子还是希望从父母或者老师那里得到表扬。无论学什么，开始的时候孩子都很自豪，并渴望得到表扬，可只要一夸奖"做得真不错啊！"他马上就会放弃。告诉他坚持下去会得到更多奖励，也不起任何作用。

如果孩子学任何东西都很快放弃并仍然希望得到表扬的话，应该了解孩子内心的真实想法。我希望那位妈妈去观察一下，孩子是喜欢学习本身呢，还是喜欢通过学习得到肯定呢？如果孩子并非是因为好奇心驱使才希望尝试各种新事物，只是想通过学习新事物来得到表扬，那么他可能存在心理方面的问题。孩子在某些方面没有被满足的时候，总是希望通过别人的表扬来获得心理上的补偿。

应该具体分析孩子存在哪些不足，如果这些问题解决后情况仍未好转，有必要阻止在学习过程中轻易放弃的行为。如果孩子对学习本身并无兴趣，却总是为了得到表扬而学习，孩子自然的学习能力发育会受到很大的影响。

是父母的期望值过高了吗？

孩子是很神奇的，他们通过父母的表情和语气就能够判断大人对待自己的内心态度。如果父母一味地要求孩子通过学习做到最好，孩子会产生心理负担。所以，在开始学习后，如果并没有达到父母的期望值，就很容易产生放弃的想法。

当然，如果孩子什么都不学，妈妈又会不安，所以会不停地安排孩子学这学那。而孩子心里明白妈妈的期望，只得不情愿地接受安排。但是，如果这些安排并不适合孩子的特点或孩子并无兴趣，就很容易出现学什么都很快放弃的恶性循环。

这种情况下，需要父母有果断放弃的智慧。与其让孩子经历过多失败的体验，还不如干脆什么都不学。

有了动力才能持之以恒

孩子不能坚持做一件事也可能是因为没有找到学习的动力。延世大学社会学系赵韩惠蜓教授说过："如果父母在孩子不具备学习动力之前不断提出要求，孩子会因为自身没有愿望和目标，所以做任何事情都长不了。"

因此，千万不能盲目地要求孩子学这学那，要注意观察孩子的兴趣所在，再着手安排。孩子总是被勉强的话，必然出现"学什么都长不了"的结果。要先鼓励孩子学自己感兴趣的东西，有所收获后再逐渐扩展到其他领域。

帮助孩子渡过难关

孩子对自己喜欢并在能力范围内的事情，是很容易做到的。但是，超过这个范围以外，就容易失去兴趣，并最终放弃。比如，孩子学钢琴的时候，很容易做到单手弹简单的练习曲，可一旦需要双手配合演奏、难度增加的时候，就会产生放弃的想法。这个时候，如果顺应孩子的意愿让他就此放弃，那么今后他稍微遇到一点困难，还是会选择放弃来逃避。

孩子本来做得很好的事情，因为有困难打算放弃的时候，父母不要立刻答应孩子的要求，应该帮助他克服困难。在继续鼓励的同时，可以让他放慢进度，适当休息，并给予细心的爱护。克服困难的经验会成为孩子勇于面对任何挑战的有力武器。

明智的教育

一定要进行早期教育吗？

现在，几乎没有父母可以抵御早期教育的诱惑。虽说一两岁的孩子最要紧的是健健康康的，但随着孩子慢慢长大，父母对教育的考虑也越来越多。主张早教是最好的教育方式、不停灌输学不宜迟理论的人怎么就这么多呢？早期教育究竟有多大效果呢？

早教有可能把正常孩子变成问题孩子

不久前，我接到一位 5 岁孩子妈妈发来的电子邮件。这位妈妈对早教持否定的态度，只是在孩子 5 岁的时候才开始安排了带家访的练习册。可能是第一次做练习册的缘故，孩子非常喜欢老师。妈妈认为这样做已经达到了目的，所以对进度和作业完成情况并未过多的关注。

但是，老师却认为孩子的学习进度慢、接受程度也偏低，建议家长带孩子去做专业的心理咨询，并危言耸听地说孩子可能有认知障碍（congnitive disorder）。这位妈妈本来认为孩子没什么问题，孩子虽然不识字，却很喜欢听大人读童话故事，有了疑问会立刻提出，幽默感也很强。可听了老师的话，却不得不认真考虑是否需要带孩子接受专业检查，并因为对孩子的教育过于放松而深深地自责。

经过检查，我发现其实孩子没有任何问题。这位妈妈也能够充分考虑到孩子成长发育的特点。如果只要能持之以恒的话，这个孩子将来一定能够掌握各方面的能力。

但是，错误的早教观念居然认定如此优秀的孩子是问题儿童。不知道是谁定下的标准，孩子符合标准就是天才，不符合就是有问题。在成人的粗暴干涉下，受到最大伤害的正是孩子。

和早期教育有关的荒谬理论

认为学龄前的孩子应该学习很多知识的观点，大多出自一些早教理论主张，这些理论现在非常流行，就好像常识一样在社会上传播。其实，父母有必要认真了解早期教育的真实情况。

● "人类大脑发育在3岁前完成"

这是那些儿童益智玩具公司给刚刚学说话的孩子的家长推荐产品时，最有代表性的一种说法。人类的大脑是非常神秘、复杂的组织，它的变化和发展通过何种方式进行至今仍无定论。但根据科学资料表明，"大脑发育在3岁前完成"的理论是错误的，大脑的变化和发展直至青春期仍在进行。

另一个事实是，幼儿期大脑的发育过程中，视觉、听觉、触觉等感觉体验特别重要。但是，视觉或听觉障碍的孩子虽然在感知世界的感觉器官方面存在障碍，但他们成长到了一定时期，仍然会对外部世界产生内心感受。这说明，即便在不具备视听刺激的条件下，幼儿仍然可以认识世界。因此，很多学者都推测，人类大脑即使不接受来自外部的刺激，自身也具备发育的功能。

● "应该从幼儿期开始开发孩子的潜能"

根据目前进行中的大脑发育相关研究，可以得到以下结论：
"大脑如何发育、大脑的开发可否人为干预至今还没有准确的答案。"

那些我们至今仍无法了解的大脑能力才是潜能。如果像儿童益智玩具公司说的那样，孩子的潜能可以通过他们的产品得到开发，那也就不是什么"潜能"了。顾名思义，"潜能"是隐性的，何时出现不可预知。

过度的早期教育会造成发育障碍

造成幼儿发育障碍的原因很多，但近来早期教育带来的压力逐渐成为主要诱因。事实上，因为早期教育导致儿童社会性和情绪发育异常来医院看病的孩子的数量在急剧增加。孩子的注意力和智力水平都有限，家长过分专注于智力教育，必然造成孩子社会性和情绪发育的迟缓。

细菌学研究的先驱巴斯德在20岁的时候仍然认为自己应该成为画家。而且，他大学时的化学成绩在全班20名学生中排倒数第5位。如此看来，潜能是不可知的，那些认为潜能可以开发的宣传实在令我无言以对。

● "应该从婴儿期就进行学习刺激"

早期教育的拥护者们还主张，从婴儿期就应该对孩子进行各种学习刺激。但是，幼儿心理学家却认为，幼儿期过度的刺激不但有碍大脑正常发育，还会影响到孩子未来的潜能。

幼儿期大脑发育并非通过外部刺激实现，而是根据自我需要在不断寻求刺激的过程中进行的。孩子四处乱跑，摸摸这儿，看看那儿，正是孩子在根据自己的需要寻求刺激的行为体现。因此，对孩子的这些行为父母不要干涉，给予充分的自由就可以了。因为至今还不能完全揭示大脑发育的全过程，所以最好还是不要去妨碍大脑自然发育的过程。

● "如果不如别的孩子，就应该进行教育"

发明之王爱迪生才上了3个月小学就退学了。老师的判断是他的智力还无法达到接受学校教育的水平。如果爱迪生的母亲也认为他不如别的孩子，就更应该进行全方位教育的话，还能有后来的"发明之王"爱迪生吗？

我的判断是否定的。支持爱迪生一生不断进行发明创造的原动力，并非是他的聪明才智，而是一直保护、激励、耐心等待爱迪生的母爱。从母亲那里，爱迪生得到了对社会的信心和自信，并以此为基础，全身心地投入到发明研究之中。因此，千万不要把自己孩子和其他孩子进行比较，并据此进行过度的早期教育。

另外，研究结果表明，过度的压力会造成大脑中负责记忆的组成部分萎缩。因此，早期教育必须慎重地进行。

能力较晚发挥的"大器晚成者"

世界著名的物理学家爱因斯坦、发现 X 光的伦琴、英国伟大的政治家丘吉尔、细菌学的先驱巴斯德、发明之王爱迪生……这些伟人的共同点是什么呢？他们在小时候学习成绩都不好，都被怀疑是智力发育迟缓、有学习障碍，但后来却都成为了各个领域最杰出的人才。

他们都被认为是"弱智儿"恐怕并非偶然。这些人有一些显而易见的共同点——他们小时候都是发育不足的孩子，是任何人都不抱有希望的孩子，但是，忽然间又会表现出超乎常人的能力。

这种情况有一个非常科学性的解释，就是所谓"大器晚成者（late bloomer）"，即少年时期很平常，却突然间表现出特殊才能的人。据统计，大器晚成者的人数大大多于一般意义上的天才。但是，早期教育对这些"大器晚成者"的影响却是致命的，因为父母和教育机构不可能等待他们自然地开花结果。他们会因为孩子不如别人而对其进行"教育"，大器晚成者的痛苦就从此开始了。

这些搞早期教育的人越是急功近利，孩子的能力越是发挥不出来，非但不能成大器，反而连萌芽也会被扼杀掉。保护孩子不受到社会偏见和早期教育风潮的干扰是父母必须履行的职责。不用担心孩子掉队，所有孩子都有可能是"大器晚成者"，激励和培养他们是父母的责任和乐趣。

要给孩子消化知识留余地

在学习新知识的过程中，为了将学到的内容变成自己的东西，并通过实践不断发展，需要在时间和精神上给孩子留有余地。学了数学又开始学英语，英语结束了又是跆拳道，再又是钢琴……如此紧张的日程安排剥夺了孩子自己学习知识、感受快乐的机会。

孩子的能力再强，能接受的外部刺激和能消化吸收的知识量也是有限的。孩子超过了限量后，无论再教什么，也是"竹篮打水一场空"。父母觉得孩子的学习稍微欠缺一点的时候，其实是最适合的程度。只有留有余地，孩子才能对学到的东西继续思考，并通过生活实践变成自己的能力。

很多妈妈都有过类似的经历，比如孩子在马路上走着走着，会突然念出商店的招牌，让人大吃一惊。妈妈还没教过孩子那个字应该怎么念，孩子却会问："招牌上那个字是'大'字吗？"这正是孩子进行自我思考的结果。曾经在哪本书上看到后记住了，不经意间就会在生活中加以使用，这正是孩子的特点。所以，让孩子集中精力学习一件事，并提供适当消化吸收的时间远比同时学习几样东西更重要。

上兴趣辅导班应该学些什么呢？

很多孩子除了要在幼儿园学习基础课程外，还要学钢琴、围棋、芭蕾等一共七八门课程。孩子能够跟上进度就够让人惊奇的了，而把这么多课程安排得井井有条的父母也让我觉得不可思议。但更令人吃惊的是，在我们身边，这样的孩子比想象中的还要多。这么多东西真要是学了就会的话，恐怕教育就不存在任何疑难问题了。在发育的最佳时期，父母要做的实际上应该是选择最适合孩子的教育内容。

只让孩子学自己喜欢的

大多数5~6岁孩子的父母都会问："课后应该让孩子学些什么呢？"可能是一边想着"英语是必须要学的，可上学以后就没时间学习艺术和体育项目了，现在能学也最好多学一点儿"，一边希望专业人士能多给选几项可学的东西。

其实，每个孩子的性格特点不同，大脑发育速度也不一样，怎么会有统一的标准呢？

如果想知道自己的孩子现在应该学什么，其实有一个很简单的方法，那就是让孩子学他自己喜欢的东西。没必要考虑性格或者大脑发育情况，问题并不复杂，就是让孩子学希望做、喜欢做的内容就可以了。

孩子喜欢什么说明在孩子的头脑中已经做好了接受这方面学习的准备，出现了和孩子天性相符的学习领域。顺其自然不但可以促进大脑发育，还能使孩子在学习中取得更好的效果。

弄清楚孩子讨厌什么

有孩子喜欢做的，就一定有孩子讨厌做的。了解孩子讨厌什么、为什么会讨厌是非常重要的。大部分父母都很清楚孩子喜欢什么，但是对孩子讨厌什么却不太关心，也不去想孩子为什么会讨厌，不去考虑孩子的讨厌是暂时的，还是因为其他严重问题有意回避。

此时能了解孩子讨厌学什么对他们今后的学业有很大帮助。正式上学以后，课程基本上都是统一的，孩子不可能根据自己的爱好自由地选择课程。所以，必须事先了解他讨厌某种事物的原因，这样才可以在上学前予以纠正或因势利导。这对于端正孩子的学习态度和了解孩子的性格特点都很重要。

孩子讨厌什么一定有他的理由。可能是性格的原因，可能是接受能力不足，也可能是缺乏学习的动力。无论如何，孩子讨厌特定的学习内容，这表明他遇到了困难。所以，父母必须找到这些困难并和孩子一起去解决。

曾经有一位妈妈告诉我，她送孩子去上双语幼儿园。突然有一天，孩子说不想去了。之前没有入园之前，妈妈给他读英文的童话和童谣，他都很喜欢，所以才决定选择双语幼儿园来加强英语能力的培养，可孩子现在却说讨厌英语了。

在我的询问下，我们终于发现孩子讨厌双语幼儿园的原因。原来，孩子非常害怕幼儿园的美国老师。孩子天生很害羞，从小就害怕大鼻子的西方人。而妈妈不了解这个情况，还以为孩子是讨厌英语或是学习能力方面存在问题。

我给这位妈妈的建议是让她多陪陪孩子，建立更加紧密的母子依恋关系。孩子遇到困难的时候，如果连他身边最亲近的妈妈都不知道准确的原因，那么类似问题今后一定会再次发生。

我又告诉这位妈妈："如果不清楚原因，那么在找到原因以前，一切最好暂停。"

有时候，即使父母和孩子的关系再紧密，父母再努力地去了解孩子为什么讨厌学习某项内容，也可能一时间找不到答案。这种情况下，就不要让孩子继续学下去，先暂停。孩子在不情愿的情况下，不可能取得大人期待的任何学习效果。

最佳的学习时机是孩子有兴趣并且准备好了的时候

庆模对新的事物一贯排斥，小学二年级暑假时，他才第一次接触美术。身边的人都对我说美术方面的能力对小学生很重要，应该早点让孩子学习。但是，我了解庆模，他在自己动心之前不可能去做任何新的事情，所以并未强迫他。弟弟静模在幼儿园美术大会上都拿了多次奖了，可庆模却还是一副事不关己、无所谓的样子。

可到了二年级，庆模自己说要学美术了。这说明，他开始对学习美术产生了兴趣。此时，我要确认庆模是否准备好了学习新事物。庆模的动手能力不如同龄的孩子，写字、上色等需要动手的事情，他的速度总要慢些。为了训练他的手部力量与技巧，我从一年级开始就经常带他做一些手工游戏。到了二年级，他的手部力量得到很大提高，写写画画都已经很熟练了。这等于说他已经做好了正式学习美术的准备。此后，庆模开始正式学习美术了，他觉得学习美术是非常有趣的事情。

如果孩子的兴趣和准备都不足就开始学习，会出现什么反应呢？孩子肯定会选择回避。他也许会嘟囔着说学东西太难了，然后为了停止学习不惜说谎；或是就算去学了也表现出一副不情愿的样子。也有可能为了不让父母生气，死记硬背、敷衍了事。

从小儿精神科大夫的角度来看，死记硬背的孩子比那些不愿意学习的孩子更让我担心。机械记忆会让大脑的某一个特定方面得到发展。看过一遍图画书就能记住一页上的内容、一动不动坐着进行很复杂的运算都可能是自闭症的典型症状。因此，在让孩子学习的时候，必须注意孩子的兴趣程度和准备的情况。

课外辅导时应该考虑的几点

● 考虑午睡的时间
最好保证5岁以前的孩子每天能睡午觉，即使是短时间的午休也是非常必要的。如果在本该午睡的时间安排学习课程，会让孩子的身体和精神都很疲劳。

● 保证有充足的时间和小朋友一起游戏
在托儿所或幼儿园的有限时间里，孩子难以和其他小朋友形成亲密关系。5~6岁正是通过游戏培养社会性的阶段，应该保证除去在幼儿园里的时间，孩子也有别的时间和小朋友一起游戏。

● 了解孩子的准备情况
要注意了解孩子是否为接受教育做好了身体、心理等各方面的准备。

● 明确学习目的
例如，学钢琴是为了掌握钢琴演奏技巧还是为了培养孩子对音乐的兴趣？父母只有明确了学习目的，才能保持一个良好的育儿心态。

● 帮助孩子持之以恒
学习任何东西，一开始都是容易且有趣的，但慢慢的就会遇到困难。如果一遇到困难就想放弃，孩子就会一事无成。父母应该鼓励孩子克服学习困难，持之以恒。

如何培养孩子的创造力？

一直以来，培养孩子的创造力都是幼儿教育的一个热门话题。也不知道是不是就因为很重视，所以担心自己的孩子缺乏创造力而来医院咨询的家长特别多。无论那些号称能够提高幼儿创造力的玩具或教具多贵，很多父母都会毫不犹豫地掏钱购买。那么，什么是创造力呢？到底应该如何培养孩子的创造力呢？

创造力强的特征

简单地说，创造力就是用和其他人不同的视角看待问题的能力。孩子有时会做出许多奇怪举动，经常会被认为这就是富有创造力的表现，但也并非完全如此。综合众多学者关于创造力的研究成果，可以归结出创造力强的孩子多具备以下特征：

- 成就感、自律性、攻击性强，渴望变化；
- 拒绝随波逐流，不按常规行事；
- 喜欢探求新的、复杂的、困难的问题；
- 兴趣爱好偏女性化；
- 性格热情；
- 具有很强的、积极的独立意识和冒险精神；
- 好奇心极强，甚至达到令人厌烦的程度，充满理想主义；
- 艺术欣赏和审美能力强；
- 观察力强，经常采用"如果……将会……"的思维方式；
- 思考方式很灵活；
- 想法和行动创新性强，但有时健忘。

不要因为自己的孩子不具备以上特征而失望。在父母的育儿态度的影响下，孩子创造的萌芽才会得到进一步发展。

创造力不可能通过人为教育获得

了解了创造力强的孩子所具备的特征，就会发现创造力不可能通过刻意的教育培养而成。它并不是通过学习，而是通过自我开发获得的。很多人都提到，我们现在的教育制度和教育方法不利于培养孩子的创造力。但其实，创造力不足的根本原因是家庭环境和父母的育儿态度，往往说着要培养孩子的创造力，却不断强调纪律和规矩，人为的教育才是扼杀创造力的罪魁祸首。

举例来说，父母希望通过练习写作来提高孩子的创造力，让孩子写东西，而孩子会认为这样做的目的就是"一切都是为了写作"。并且，通过写作来提高创造力本身就会给孩子造成负担，这样下去，孩子对创造力本身就会产生反感。为了培养创造力而强迫孩子读许多书也是同样的道理。被动学到的知识不会对提高创造力有任何帮助。当然，通过读书写作可以获得很多学习成果，但这必须建立在孩子自愿的基础上。孩子如果没有兴趣还让孩子去学，不但无法取得期待的效果，而且结果会和培养孩子创造力的初衷背道而驰。

让孩子做有兴趣且愿意做的事情，成长会更快

为培养创造力，要给孩子提供更多的思考时间。孩子什么情况下更愿意思考呢？自然是做自己感兴趣事情的时候。喜欢拼图的孩子，即使别人不说，也会集中精力，一边思考，一边拼出正确图案。

有时候孩子为了完成一副拼图，旁边放着自己喜欢的零食都顾不上吃。在完成拼图或绘画的过程中，创造力肯定得到了提高。

因此，为了提高孩子的创造力，当孩子希望做什么事情的时候，一定要积极给予支持。静模非常喜欢模型飞机，别的都无所谓，但只要和模型飞机相关的事情，我都会支持他。他想去参加比赛就去，航模出了新型

号，我都会想方设法给他买到，并让他集中精力去组装好。父母不喜欢的可能正是孩子感兴趣的，尊重孩子的选择，努力成为他的支持者吧!

通过直接体验强化感官刺激

曾经有一段时间，妈妈们都很喜欢一种制作精巧、甚至难以分辨是图画还是照片的儿童画册。那时候来医院的孩子几乎人手一册。很多人都问我是否看过，出于好奇我到书店去看了下这种画册，发现它里面画的那些东西的确是惟妙惟肖。

一位妈妈这样问我："这种画册画得这么逼真，是不是更有利于孩子认识事物呢?"

这位妈妈给我看的那本书上画着一只可爱的小狗。画得的确很好，甚至能感觉到画中的小狗的毛是柔软的。

但惊叹只是一瞬间，我问这位妈妈："您家里养狗吗?"

"没有。住楼房，不让养的。"

我告诉她，让孩子看10遍画着狗的画册也不如让他有一次实际接触狗的机会。并补充说，只有通过实际的接触，孩子才能真正理解"狗"是什么，长什么样，行动特点是什么。

孩子没有实际看到、听到、触摸到，任何知识都不能真正停留在记忆中。通过间接经验获取的知识在大脑中只能停留片刻，然后就会消失。

创造力也是一样的。3~5岁是孩子一生中创造力形成的最佳时期。在这一阶段，增进创造力最有效的方法不是大脑中的想象，而是直接的观察、触摸和感受。看着书告诉孩子"这是大海"就不如把孩子领到海边，体验什么是海风、什么是海的气味、海水是什么味道。只有通过直接体验，才能促进大脑发育，创造力才会获得更快提高。

在生活中培养创造力的窍门

1. 创造自由自在的家庭氛围

有的父母只要自己的孩子不学点儿什么，就觉得不安。这样的父母只想让孩子学习，却不知道给孩子留出独立思考的自由时间。要想让孩子成为有创意的孩子，必须让孩子拥有能够在自由环境中独立思考、自主行动的大量时间。

2. 对孩子的话要重视

很多父母都会以忙为理由，不理会孩子的"奇谈怪论"。这是因为父母本身缺乏创造性，所以也不理解孩子创造性的提问。即便孩子的一些话看似毫无意义，也要关注。这样能促进他们思维能力的发展，让其创造力自然得到提高。

3. 发散式的提问

对孩子的问题，不要总使用"是""不是""这个"等简单的回答，要多提问，引导孩子说出自己的想法。"那么，你高兴还是不高兴呢？"就不如"你感觉如何？"也可以引导孩子换个角度思考问题，比如"如果……那么应该怎么做呢？"

4. 孩子集中精力的时候不要打扰

孩子集中精力做某事的时候，大人不要觉得这事情不重要而去打扰他。当孩子完全沉浸在自己的思想和行为之中时，如果妈妈用"该学习了"或者"该写作业了"这样的话打扰孩子，只会造成孩子的创造力缺乏，注意力难以集中。

5. 在大自然中游戏

玩具或教具做得再好，也不如大自然更适合培养孩子的创造力。在自然界中，没有两块完全一样的石头，各种花草树木在四季中生长枯荣，这些才是培养创造力的最好工具。任何最具创意的建筑或艺术品都是来源于大自然的。让孩子在大自然中游戏是培养创造力的基础。

6. 多和同龄人游戏

和同龄人和睦相处对孩子的社会性和创造性的发展都很重要。孩子和父母在一起的时候，父母可以满足孩子的一切要求，而小朋友们则不然。在和小朋友发生冲突的过程中，孩子懂得了换位思考，会自己找到解决问题的方法，这样也能培养创造力。

经常引出关于死亡的话题

家里养的乌龟再也不会动了。精心喂养的小乌龟死后，孩子感到非常空虚和悲伤。不仅如此，还引出孩子一连串的问题。"妈妈和爸爸也会死吗？""死了会怎样呢？""为什么要死呢？""我以后也会像小乌龟一样死掉吗？"孩子关于死亡的问题和关于性的问题一样，经常让大人不知所措。关于性的问题必须正确回答，孩子才能形成正确的性意识。同样，对于死亡的问题，只有正视孩子的疑惑，给出正确答案，才能消除孩子人生中第一次面对死亡的恐惧。

回避问题会加重孩子的恐惧

大部分父母面对孩子关于性的提问时显得手足无措，不知如何是好。[1]"怎么这么早就开始关心起'性'来了呢？"这时候，父母不要打断孩子的提问或含糊其词，而要根据事实和孩子的理解能力简单明了地答复。只有这样，孩子才能很自然地认识到，性也是生活中的一部分。

死亡的问题也是一样。否定死亡本身或顾左右而言他都不是好办法。如果因为害怕"告诉他父母也会死，孩子受不了这个刺激"而回避问题，孩子会觉得"死亡"是非常不好、非常令人恐惧的事情，就算死了一个小动物，都会受到很大的打击。父母应该用孩子可以理解的语言，告诉孩子这个事实。

美国圣约翰大学心理学系副教授爱丽莎·布朗曾经说过："孩子关于死亡的提问不过是对死亡的好奇而已。"也就是说，由于孩子对自己生活的世界充满了好奇心，所以他很自然地提出了关于死亡的问题。

孩子提出关于死亡的话题并非像大人想象得那么恐怖，真正恐惧死亡的其实是大人自身。孩子最早也要到10岁以后才会产生死亡的概念，像

---

[1] 5~6岁孩子性教育相关内容详见本章第392页"正确的性教育"一节。

面对宠物死亡，妈妈可以这样做

1．事先要让孩子有心理准备

宠物病重临死的时候，事先要告诉孩子，如果宠物的病好不了，它就会死掉。

2．安排一个小型葬礼

宠物死后，可以安排一个小型葬礼，和孩子一起简单地追悼。通过这样的仪式缓解孩子悲伤的情绪，告诉他离别的方式。

3．大人要一起感受悲伤

告诉孩子，看到宠物死亡以后感到悲伤是很正常的事情，妈妈也很难过。

4．告诉孩子，痛苦过后会留下回忆

让孩子感受到死亡固然痛苦，但是和宠物在一起时快乐、幸福的瞬间会成为永恒的回忆。

大人一样对死感到恐惧。所以，孩子这时引出死亡的话题，大人完全没必要太紧张。

说明实际情况是最好的做法

当孩子提出关于死亡的问题时，最好的做法就是用孩子可以理解的语言简单地回答。孩子如果问："什么是死呢？"此时把直观的现象告诉他就可以了。比如告诉他说："死就是心脏不跳了，身体也不听话了，不呼吸也不会动了。"

这个阶段的孩子的抽象思维能力还不完善，所以"精神和肉体分离了"或者"离开这个世界了"这样的说法并不是最好的回答。

还可以顺便给他讲讲人的一生："所有孩子出生后，都会上小学、中学、大学，然后成为大人。长大了就能像爸爸、妈妈一样结婚、生孩子。等做了爷爷、奶奶，年纪大了，就会死的。所有的动物和植物也是一样的。"

父母这样解释的话，孩子很容易接受死亡的概念。这个年龄的孩子都会一个接一个不停地提问题，不要打断他的问题或是回避问题，最好的办法是认真回答，充分满足孩子的好奇心。

告诉孩子，父母会一直陪伴他

如果孩子对死亡感到不安，说明他在担心如果爸爸、妈妈死了，就不能再照顾自己了。这种情况下，如果父母不假思索地对孩子说："妈妈生病了也会死的"或是"你怎么会问这样的问题呢？"会加深孩子的恐惧和不安。不妨这样讲：

"爸爸、妈妈不会比你先死的，我们会一直陪着你长大。"

电视里经常会报道和死亡有关的新闻，这时候要尽可能让孩子回避令人恐惧的场面。如果孩子偶然看到了关于死人、战争、自然灾害的画面，受到惊吓或心里难受的话，要通过对话的方式消除孩子的不安情绪。比如可以告诉他，这样的情况不会在自己家发生。

当然，谁也保证不了这种事情百分之百地不会发生在自己身边。但这些问题应该由成年人来考虑和解决，并不是孩子应该担心的事情。所以，在孩子思想成熟以前，最好不要讲。也可以向孩子说明实际情况，告诉他虽然这个世界上会发生很多不好的事情，但是有很多大人，比如警察叔叔、消防员叔叔、医生叔叔都可以去解决。

正确的性教育

孩子不分场合地摸小鸡鸡

不久前来医院看病的几个小男孩，在幼儿园里会出于好奇偷看女孩小便，甚至去摸女孩的性器官。父母和老师都说，不知道为什么孩子对性的好奇心这么强，也不知道遇到这种情况应该如何是好，因此向我咨询如何进行正确的性教育。

性本能强烈、控制力却不足的幼儿期

任何人都是从小就知道性快感，都有以传宗接代为目的的性本能。也许有的父母会反感地认为"小孩子懂什么性快感呢？"但孩子的性快感是有科学依据的事实。研究结果表明，2岁前的孩子就可以通过刺激性器官感到愉悦。妈妈换尿布或洗澡的时候碰到性器官，孩子不分男女，都会产生快感。虽然不好说这种性快感是否和成人的性兴奋类似，但孩子可以通过刺激性器官产生快感却是不争的事实。

孩子再大一点以后就开始调皮地抚摩或者有意暴露性器官了。有的小男孩玩着玩着，生殖器还会勃起，把自己和大人都吓一跳。其实，刺激小男孩的性器官致其勃起也是完全可能的。

这个阶段的男孩喜欢的游戏之一就是，脱了裤子露着小鸡鸡到处乱跑。我也曾经呵斥过在家里洗完澡光着身子乱跑的孩子。我让孩子用毛巾擦干净后穿好衣服，可两个孩子仿佛约好了似的，把毛巾往肩膀上一搭，一边喊着"我是超人"，一边跑开了。我只能放弃自己的命令，无奈地看着他们光着身子到处乱跑的样子。

和以上情况类似，男孩还会掀开小女孩的裙子，或在女孩面前抚摸、暴露自己的性器官。这说明孩子的性本能虽然很强，但理性控制本能的能力还很薄弱。女孩也是一样，对性的好奇心同样很重，只是男孩的动作更大、更冲动、更容易被发现而已。

形成性别角色认同的过程

孩子在4岁以后就形成明确的性别角色认同。这个时期，孩子希望了解自己和异性在生理上的区别，经常提出关于性的问题，目的都是为了确认自己的性别角色。这是一个正常的发育过程。

尽管如此，当孩子表现出对性的欲望时，保守的父母仍然会对孩子大发脾气。这个阶段性意识被强烈压抑的孩子，长大以后也难以有健康幸福的性生活。因此，父母必须积极引导孩子的性意识。在孩子上了小学之后，随着理性控制本能的能力逐渐增强、发现更多有趣的事情以后，不用父母干涉，他们几乎不会再进行和性相关的游戏了。

因此，在孩子做出和性相关的一些有问题的行为的时候，在阻止他那么做的同时，应该和孩子说明理由，帮助孩子理解。

"知道游泳的时候为什么不能光着身体而要穿泳衣吗？是为了盖住我们身体最重要的地方。这些地方是不能摸也不能让别人看到的，闹着玩的时候也不能这样做啊！"

这样讲，既不会伤害孩子，也能纠正他们的错误行为。

孩子性游戏的时候是进行性教育的好机会

为了孩子能够自我控制经常出现的性本能，最好在问题变得严重以前开始性教育。5~6岁的孩子还是以自我为中心，对性会产生丰富的想象，直接进行性知识的教育是有难度的。告诉他们复杂的性知识，不如让他们知道性是美好的东西。

从成人的角度看，觉得向孩子解释性知识的时候，客观全面地讲述会更有效，但不论大人如何讲述，孩子都会按自己的方式解读。因此，很多情况下，孩子理解后接受的都是歪曲的事实。例如，告诉孩子说，爸爸的种子是精子，妈妈的种子是卵子，孩子听到关于精子和卵子的说明后，在看电视剧的时候听到有人说"金子"，就会联想到因为男人有"金子"，所以一般家里爸爸会更有钱。

另外，在涉及"性侵犯"①话题的时候，如果用"陌生的叔叔碰你的身体，你要这样做"的教育方式，孩子会更加不安，所以一定要加以谨慎对待。在幼儿园接受过预防性侵犯教育的孩子，偶尔会出现因为紧张害怕，一次穿多件内衣。这说明，关于性侵犯的预防教育反而引发了孩子的内心不安。

因此，我告诉那些妈妈，与其盲目地教育孩子小心预防陌生人的性侵犯、增加孩子的恐惧，还不如什么都不做更好。如果在孩子还没有形成正确的性观念的这个阶段给孩子留下了错误的认识，长大以后也会对性持否定的态度。最好的方法是，在家中，让孩子通过父母的态度自然地完成性别角色认同，获得常识性的性知识。

---

① 孩子遇到性侵犯后如何处理请详见本节后文第398页。

遇到尴尬问题可以这样回答

孩子慢慢长大，对性的好奇心愈发强烈，经常会突然提出让大人不知如何作答的问题。当孩子开始表现出对性的关心时，父母就应该对孩子的提问有所准备，在之前就练习好如何回答可能遇到的性的问题，这样才会被孩子问到了也不会语塞或者尴尬。很多父母没有任何准备，当问题出现时，就只能用"小孩子不用知道这个！""这个不能告诉你！"的方式来搪塞。而孩子通过父母的否定反应，会认为性是"偷偷摸摸""应该回避的"。

"小孩是怎样生出来的呢？"

遇到这个问题，告诉孩子说从"天上掉下来的"或者"长大了就会知道"恐怕是不行的。难以令人信服的回答满足不了孩子的好奇心，只能让他更加执拗，更想知道真正的答案。其实，不需要用晦涩的生理术语来回答这个问题，只使用孩子可以理解的简单词汇，照实说明生命是如何创造出来的就可以了。

"爸爸、妈妈的身体里都有制造宝宝的种子。两个种子遇到以后，宝宝就生出来了。"这样的回答是可以被孩子接受的。为了培养正确的性观念，还可以告诉他："你长大了以后也会有这样的种子，所以，你一定要保护好长种子的地方。"

"爸爸和妈妈的种子是怎么遇到的呢？"

"爸爸的种子是从鸡鸡里游出来的，妈妈的种子在肚脐后面一个叫子宫的地方，子宫还连着一条叫'阴道'的路。爸爸的种子在阴道里游啊游，一直游到子宫，就和妈妈的种子遇到了。"

这样讲的话，大部分的孩子就算不能完全理解，也会对父母认真的回答感到满意。如果孩子还想知道更详细的内容，可以用更加肯定的语气告诉孩子说："只要父母相爱，两颗种子就一定会遇到的"。如果父母完全回避性行为，做法孩子对性产生负面认识，所以父母一定要保持坦然的态度。

"女孩为什么没有小鸡鸡？"

遇到孩子问这种问题时，最重要的是告诉他男孩和女孩的差别。

可以这样讲："因为男孩的小鸡鸡喜欢凉快，所以露在外边；女孩的子宫喜欢暖和，所以藏在肚子里。"然后对他说："你不是也有一个小鸡鸡吗？"这样，就可以让他明白男女的差异。

"为什么不能摸小鸡鸡呢？"

小孩子抚摩小鸡鸡会有快感，所以会习惯性地触摸。如果父母阻止的话，孩子就会问为什么。如果吓唬他"再摸会掉的""会长小虫虫的"，或者直接阻止他的行为，孩子会更隐蔽地去做。正确的做法是告诉孩子原因："小鸡鸡是很重要的地方，应该保护好它。总摸的话小鸡鸡会长细菌，会生病的！"

孩子出现自慰行为，是心理方面的问题吗？

对性刺激敏感、性好奇强烈的孩子常会做出让父母惊慌失措的行为，比如暴露性器官或者在大庭广众之下进行自慰。但是，孩子的性行为和成人有本质的区别。不要大声呵斥或惊吓，应该用柔和的语言说明正确的行为规范。孩子对性的关心是正常的发育过程，过了这个阶段，这种行为会自然消失，不用过分地担心。

和父母、朋友游戏的时候，出现身体接触

孩子在和父母、朋友玩游戏的过程中出现身体接触时，不要中断游戏本身。如果不仅仅是拥抱或亲嘴，还出现了暴露或抚摩性器官的行为，不

要过于吃惊，把它当做孩子的无意行为，稍做告诫即可。比如，可以间接地引导孩子说："想脱了裤子玩打针的话，可以和洋娃娃一起玩啊！"

如果玩的时候父母并不在场，那么大人应该首先了解游戏是如何进行的，并给予合适的引导，但注意不要刨根问底。男孩和女孩想一起玩的时候，可以把门拉开一条缝，或者保持一段距离，在不被孩子发现的前提下，注意观察游戏的过程。

想触摸异性小朋友性器官的时候

受到好奇心的驱使，有的孩子总想摸异性小朋友的性器官。这时候，需要明确地告诉孩子这样的行为是错的，还有为什么是错的。可以这么告诉孩子："这是你以后长种子的地方，可不能随便碰的！"并且启发他："如果别的小朋友摸你的这个地方，一定要告诉他，这个地方很重要，是不能摸的！"

模仿电视画面的时候

现在，越来越多和性相关的画面在电视上出现，小孩子经常会模仿露出肩膀或者接吻的镜头。这些都会导致孩子形成错误的性观念。因此，要尽量保护孩子远离电视画面中出现的性场面。过早地进入成人世界、无意义的早熟会让孩子失去对动画、童谣的兴趣。如果不小心让孩子看到了电视中的一些少儿不宜的内容，要及时询问孩子的感受，仔细说明，耐心帮助孩子树立正确的性观念。这个阶段孩子性观念的形成是通过和父母的对话打下基础的。

自慰的时候

医院里偶尔会来一些自慰行为严重的孩子。父母会很难为情的问我："孩子怎么总是通过摩擦性器官来感受性兴奋呢？"

其实，自慰行为同样是性发育的自然行为。但是，过度的自慰行为会成为对其他兴趣刺激不足和心理不安的诱因，应该注意全面观察孩子的抚养环境。弟弟、妹妹出生后，大孩子担心失去母爱，为了缓解紧张的情绪，有时就会出现自慰行为。对于沉溺于自慰行为的孩子，帮助他们寻找比性快感更有趣的刺激，消除他们的紧张情绪，就一定会取得很好的效果。

孩子遭到性侵犯

社会复杂，针对儿童的性犯罪频频发生，很多父母看到报道后都非常不安。尤其是女孩的父母会更加担心，经常会告诉孩子"要是有陌生人碰你的身体就大声喊！"或者"不要跟陌生人走！"之类的话。但不论如何多加防范，这种事情还是有可能在自己孩子的身上发生。因此，父母应该对一切可能出现的情况有所准备。

因受到性侵犯来医院的孩子

一位妈妈领着 5 岁的女儿来医院找我。妈妈告诉我，孩子一直很听话，有一天却忽然怎么都不肯去幼儿园了。开始认为孩子是在胡闹，妈妈就严厉地责备了孩子。可情况一直没有好转，孩子不但小便出血，还出现了扭断洋娃娃脖子的奇怪举动。出于担心，妈妈带孩子做了妇科检查，结果表明孩子受到了性侵犯。于是把孩子带到了我这里接收心理治疗。

妈妈和我讲述的时候，已经是欲哭无泪、非常悲伤了。作为妈妈，没能保护好孩子，对孩子的情况也不了解，还继续为难孩子，让她去上幼儿园。深深的自责甚至让妈妈显得有些情绪失常了。

妈妈和孩子同时接受了治疗。在治疗过程中，妈妈在孩子面前一直努力掩盖已发生的事实。并不是因为感到羞耻，而是担心被别人知道的话，孩子内心会受到更大的伤害。治疗在 9 个月以后结束，看起来一切又都恢复了正常。忽然有一天，那位妈妈找到我说：

"如果我不去揭露，其他的孩子可能还会遇到这个事情。所以，绝对不能放过罪犯。我要让孩子知道，这不是她的错误。只有这样，孩子才能真正抬起头，继续她的生活。您一定要帮帮我！"

同样作为母亲，我一直在关注她如何才能抚平自己内心的伤口。她的话的确让我惊讶，因为我从未预料到在她内心深处蕴藏着如此惊人的勇气。诚然，心灵的创伤必须直接面对才能够愈合。但是，作为受到伤害的妈妈和孩子，能够公开自己的痛苦，勇于抗争，所需要的的确不是一般的勇气。

用努力和勇气消除性侵犯的伤害

抗争开始后，就不会轻易结束。有人责备这个妈妈说："自己的女儿都保护不了！"还有"你不要再闹大了！""搞清楚了，吃亏的还是你啊！"这样看似有理的告诫。可所有这些言论对于这位妈妈的抗争的评价都是负面的。

但是，这位妈妈并未退缩，反而坚定了自己的信念。不但四处搜集法律证据，还努力帮助其他遭受到性侵犯的孩子的家庭。

她的努力没有白费。媒体开始关注儿童性侵犯的现实情况，争相报道；历来夸夸其谈、不切实际的政府机关也开始努力了解"什么是儿童性侵犯"了。令人惊讶的事情还在后面。这位妈妈还组织了杜绝儿童性犯罪的集会，公开自己的真实姓名，分享自己的经验，并宣布要通过自己的努力杜绝在韩国何时何地都可能发生的、针对儿童性侵犯的丑恶行为。

莎翁说："女人，你的名字是弱者。"但母亲，你的名字是强者！从这位母亲身上，我再次感受到母爱的伟大。儿童性侵犯的发生并不是孩子或妈妈的错误。当自己孩子遭到性侵犯的时候，不要忍气吞声，不要试图掩盖，必须积极勇敢地面对。只有这样，孩子才不会留下创伤，才能继续健康成长。

孩子遭到性侵犯后应该注意的几件事

1. 安慰孩子，平静对待

不能因为觉得"孩子还小，不会出大问题"而置之不理，也不应该过分担心、四处询问甚至闹得沸沸扬扬。要耐心地安慰孩子，不要把事情复杂化。

2. 正确处理已发生的事情

和蔼地询问孩子发生了什么事情，并告诉他两个事实：一是他自己没有任何错误，二是错误在于伤害孩子的人。

3. 告诉孩子今后应该如何处理

遭到性侵犯的孩子往往害怕所有的成人，拒绝外出，所以必须仔细地告诉孩子今后应该如何处理。可以和他说，不要被陌生的哥哥或叔叔带走，如果有人故意抚摸他的身体应该喊叫，在外面玩的时候应该选择人多的地方等等。

4. 父母感到棘手的时候，可以寻求医院或专业机构的协助

孩子身体遭受伤害或者父母不知如何面对的时候，应该请求小儿精神科或性侵犯专业咨询机构的帮助。以后如需进入法律程序，这些情况将成为重要的证据。

孩子看到了父母的性行为

父母间的性行为被孩子看到应该是抚养孩子过程中比较尴尬的事情了。在西方，孩子几个月大以后就独自睡觉，所以发生这种尴尬的几率小一些；可在我们东方，大部分家庭孩子小时候都还是和父母在一个房间睡觉的。虽然不好说育儿理念的优劣，但父母性行为被发现的几率较高的确是个问题。如果父母的性行为被孩子发现，应该如何面对孩子呢？

在孩子眼中的父母的性行为

父母来医院咨询的时候，都会说孩子没有看到过自己的性行为，但在治疗过程中，却经常发现孩子在模仿父母的类似行为。

3～4岁的孩子看到父母的性行为会感到吃惊。孩子并不会通过父母的行为联想到性，只会认为父母在吵架或者是做奇怪的事情，并因此感到不安。或者，因为孩子和自己的妈妈之间还存在比较强的依恋关系，认为爸爸让妈妈很痛苦，而对爸爸产生畏惧心理。

5～6岁的孩子开始意识到父母的行为和性有关，思维会产生混乱。因为他们会无意识地喜欢异性父母，并把同性父母假想成情敌。可以想象一下，希望长大以后和爸爸结婚的小女孩在看到父母性行为以后，心情会如何呢？一定是担心和迷茫的。有这方面体验的孩子会出现遗尿等退化行为，或者出现分离焦虑等反应。

甚至有些孩子在年幼时看到了父母的性行为，心理上受到的冲击没有得到及时疏导，长大以后在和异性交往和结婚生育过程中都会存在问题。当然，并不是说有类似经验的孩子都会出现问题，但孩子肯定会受到很大的刺激。因此，父母发生性行为时一定要尽量回避孩子，即便孩子已经睡了也要特别地注意。

告诉孩子父母正在分享爱情

如果夫妻间的性行为不小心被孩子看到，要尽力安抚惊慌失措的孩子。虽已经是"亡羊补牢"，但如果处理得当，也可以成为非常好的性教育机会。父母首先自己要保持镇静，然后再开始和孩子的对话。谈话要从理解孩子的角度开始。

"被爸爸、妈妈吓到了吗？"

如果孩子认同，应该继续倾听孩子的具体感受。然后告诉孩子，父母的性行为是爸爸、妈妈相爱的实际表现。

"爸爸和妈妈彼此相爱才结婚的。结婚的大人会通过身体分享他们的爱情，然后才会生出我们可爱的宝宝呀！"用这种方式可以很自然地告诉孩子，性行为并不是肮脏、奇怪的举动。

有时候，孩子出于好奇也会模仿大人的举动。如果这时候大人发脾气，孩子会对分享爱情的行为产生负面印象。应该告诉孩子，这样的行为只有在结婚后才可以进行，而且在对方不愿意的情况下是不可以的。

良好的习惯

孩子不爱吃饭

大清早，马上就到去幼儿园的时间了，可孩子却还坐在饭桌前磨磨蹭蹭。妈妈费尽心机想多喂一口，孩子却一点儿都不着急，怎么劝都只是摇头。不吃了吧，担心孩子会营养不良；继续哄吧，又实在是着急生气。这时候，妈妈首先要抛开强迫的念头，心里想：饿一两顿又能怎样呢？只要掌握了要领，其实吃饭问题是很好解决的。

有的孩子天生不爱吃饭

很多妈妈都在埋怨，不知道饭桌前的"战争"何时到头。在孩子多、食物少的年代，坐到饭桌前大家会抢着吃。可现在是物质极其丰富，越来越多的孩子就算有再多再好吃的东西放在面前，也不愿意好好吃。

给什么吃什么的孩子的确让人省心，而如果遇上不爱吃饭的孩子，妈妈就要吃苦头了。但是，也不必过于担心。妈妈不用因为孩子不爱吃饭而太着急，只要孩子身体发育正常，大部分孩子在成长方面不会出现任何问题。

一般来说，妈妈开始担心孩子的吃饭问题是从辅食阶段开始的。特别是天生敏感的孩子，会特别挑剔食物的颜色、口感和气味，拒绝接受辅食。如果妈妈担心孩子营养不良而强制他进食的话，孩子会更加坚决地反抗，"战争"就这样开始了。

孩子的这种厌食情况会一直延续到5~6岁。因为这个原因，我小时候也没少惹大人生气。弟弟、妹妹们无论蔬菜、鱼、肉什么都吃，我却闻到一点奇怪的气味就会作呕。有时候，吃到嘴里的东西也会趁妈妈不注意吐掉。因此我小时候经常感冒，偶尔还需要吃一些营养品。我的母亲现在提起来都感到无奈。就算这样，我在成长过程中也没出现什么大的问题，现在也很健康。

这说明，有些孩子的确是天生就对食物味道不适应而厌食的。强制这样的孩子进食，会使他们对吃饭本身产生厌烦。而且，父母和孩子的关系也会疏远。严重的话，孩子甚至会拿吃饭问题讲条件，比如"给我口香糖就吃"或者"让我打游戏才吃"等等。如果出现这种情况，孩子会养成很多的坏习惯。

用孩子喜欢的方式适当进食

就算为了和孩子保持良好的关系，也不能强迫孩子进食。孩子的身体是长壮实了，但同时，强迫进食会给孩子内心造成创伤。通过吃饭问题，其实可以反映出孩子不同的性格取向。有些孩子很容易适应新的食物，也有些孩子都需要通过很长时间才能适应一种食物。因此，不要因为"别人家的孩子吃得挺好的，我的孩子怎么就不行？"而着急，孩子的饮食习惯是可以根据饮食特点来培养的。

首先，要让孩子知道吃饭的乐趣。吃饭本身是很快乐的，为什么要剥夺孩子的乐趣呢？如果强迫孩子吃饭就不能让孩子享受这种乐趣了，

最重要的是父母在孩子进食的时候心态要放松。保持放松，以游戏的心态研究孩子喜欢吃的食品和能够接受的方式，你会带着惊喜发觉"原来孩子爱吃这个啊"。然后，逐渐增加孩子乐于接受食物的种类，让孩子体会吃饭的乐趣。此外，孩子拒绝吃饭的时候，尊重孩子意愿也是一个办法。吃饱饭固然重要，但让孩子情绪稳定，按自己意愿行事更重要。如此努力，孩子一定会把饭吃得干干净净的。

大运动量的活动有助进食

按照以上方法努力，孩子的饮食习惯却仍然没有任何改变的话，似乎让人束手无策了。厌食问题如果严重的话，真有可能造成营养不良或养成偏食的习惯。以下方法或许有所帮助。

为了把饭吃好，要严格区分正餐和加餐。在吃饭之前给孩子吃很多水果，到了吃正餐时孩子吃不下，因此就说孩子不好好吃饭是不对的。还可以适当延长户外活动的时间，让孩子的能量充分地消耗，玩得好的孩子必然吃得好。

养成良好饮食习惯的秘诀

1. 吃饭时不要看电视

有时候，父母会为了让孩子能吃进去饭而允许他在电视或电脑前边看边吃。目的是让孩子好好吃，却会养成更不良的习惯。

2. 错过吃饭时间可要饿肚子

明确告诉孩子饭菜已经准备好，爸爸、妈妈吃饭的时候你也可以吃，如果错过吃饭时间，就不能吃了。如果在大人吃完饭以后，孩子想吃，一定要坚决拒绝。

3. 不要追着喂饭

孩子不吃就追着喂的习惯不好。担心孩子饿肚子，开始拿着饭碗追来追去，会失去培养正确饮食习惯的机会。

4. 了解符合孩子口味的多种烹调方法

孩子不喜欢口感怪异、刺激性强的食物是正常的。如果孩子的饮食习惯的确不好，不妨先按孩子的口味进行烹调。使用孩子喜欢的形状、颜色的碗筷等餐具，吸引他的注意力也是一个办法。

5. 加大孩子的运动量

现在孩子的运动量大大少于从前。加大运动量，孩子自然会有饥饿感。

为了增加吃饭的乐趣，还可以和孩子一起制作食品。孩子自己动手的话，即使不喜欢的食物也会产生兴趣。也不要忘记，开饭前要和孩子一起摆好碗筷，并且要对孩子的劳动多多表扬。

沉迷于电子游戏

现在，几乎家家都存在"电子游戏"的问题。孩子一坐到电脑或者电视前就不愿意再站起来，大人要想方设法缩短孩子玩游戏的时间，有时不得不高声呵斥。孩子只要在家，就想坐到电脑旁边，到了外面也总想拿父母的手机玩游戏。只要开始玩游戏，一两个小时也停不下来，饭可以不吃，卫生间可以不去，完全沉醉在电子游戏之中。孩子正是活蹦乱跳的年龄，却如此沉迷电子游戏，这对他的成长不利，大人必须予以纠正。

从父母做起

在韩国，根据2006年韩国情报通信部①网络振兴院信息化现状调查结果表明，韩国6岁儿童的互联网使用率达到了64.3％。并且，韩国平均每两名儿童中就有一人每天都使用电脑，3~5岁儿童的互联网使用率为47.9％。而儿童首次接触互联网的平均年龄只有3.2岁。

孩子喜欢电子游戏的重要原因是父母的影响。现在，大部分家庭都具备孩子玩电子游戏上瘾的"最佳环境"。现代家庭很多都有上网的条件，同时，还有很多幼儿早教的软件。拒绝这些教育软件是很困难的，尤其是现在的父母受教育程度高，都认可孩子通过这些软件来进行学习。

问题在于，幼儿早教软件中采用游戏方式的实在太多了。虽然初衷是寓教于乐，但孩子却很自然地接触到了电子游戏。孩子慢慢会觉得单调的

---

① 译注：相当于中国的信息产业部。

教育游戏乏味，学会使用鼠标以后，就自己去找到一些游戏软件，饶有兴味地玩开了。到了这个程度，任凭父母百般阻挠，孩子还是一睁开眼睛，就要打开电脑玩游戏。

而且，在有小朋友的交往中，孩子很容易受到同龄人的影响，开始玩电脑游戏，或者捧着个游戏机玩。一部分父母还认为现在的孩子和同龄人交往必须会玩电子游戏，采取纵容的态度。所以说，孩子游戏中毒大部分是父母的责任。

电子游戏的"毒性"无法轻易缓解

电子游戏上瘾是电视无法比拟的。因为电子游戏的视觉刺激更强、吸引力更大，一旦开始很难罢手。而且，游戏中每次的操作都会带来游戏画面的变化，孩子的注意力很难转移。成人玩电子游戏上瘾的都很多，更何况是孩子呢？

电子游戏的弊端数不胜数。学龄前的孩子通过接触朋友、父母和老师来培养社会性，游戏中毒的孩子却整天待在家里，和他人接触机会减少，无法培养这方面的能力。不能正确形成社会性的后果是孩子变得自私自我，既不理解他人的想法，也不懂得正确表达自己的思想。

而且，如果孩子沉溺于暴力刺激的游戏之中，会形成暴力的性格取向。不久前有个小男孩来就诊，据说他3岁就开始玩电子游戏了，孩子的爸爸也是个游戏迷。孩子哭的时候，他爸爸一边抱着哄，一边还在玩游戏。其实刚开始爸爸并不会边带孩子边玩游戏，但有一次偶然发现孩子哭的时候，一看到电脑里的游戏场面，就不哭了，一副很关注的样子。所以，在妈妈做家务的时候，爸爸为了哄孩子容易些，就总是坐在电脑前。孩子3岁以后开始自己点击鼠标。父母也觉得很有趣，鼓励孩子"做得不错"。慢慢地，孩子开始会玩简单的电子游戏。玩得好的时候，父母都很

预防游戏上瘾的方法

1. 了解孩子游戏的内容

知道孩子喜欢玩的游戏的内容和问题，才便于管理。对游戏不能全盘否定，要用具体的理由说服孩子。如果是暴力游戏，可以告诉孩子"总玩这个，你会像在游戏里一样打别人，这是不对的。"这会有助于阻止孩子沉迷于电子游戏。

2. 不要让孩子每天都玩

通过对话，确定游戏的时间。通常的做法是，每天玩游戏的时间不得超过30分钟。但是，不论时间长短，养成每天玩游戏的习惯本身就是不好的。最好是规定每周玩三次，然后再逐渐减少次数。制定好的规矩以后，在任何情况下都要坚决执行。

3. 多进行户外活动

在家一看到电脑，就会很自然地想到玩游戏。为了不使孩子沉迷游戏，应该经常带着孩子外出旅行或去亲戚朋友家串串门。孩子在户外的时间增多，就会切身体会到的确有很多比电子游戏更有趣的活动。

高兴，觉得孩子"真是个天才！"

但是，孩子后来发展到每天都要玩暴力性的游戏，并在生活中表现出了暴力倾向，此时孩子的父母才真正意识到问题的严重性。孩子在自己不开心不如意的时候，会打父母，四处乱扔东西。于是，爸爸、妈妈忧心忡忡地领着孩子来到医院。

5~6岁孩子的模仿心理很强，在还没有判断出自己的行为是对是错之前就会盲目地模仿自己看到的行为。而且，区分现实和虚拟世界的能力薄弱，认为游戏中看到的内容在现实中同样会出现。

户外游戏比电子游戏更有趣

碰到孩子沉迷电子游戏的情况，首先要了解原因。是不是孩子希望出去玩，可是因为种种原因没有得到满足？乐于和妈妈一起游戏，或觉得和小朋友一起玩更幸福的孩子，是不会更多关注电子游戏的。就算玩电子游戏，持续时间也不会长，管理也很容易。

让孩子经常到户外感受大自然的变化，尽情地玩吧！孩子和大自然的距离越近，在户外玩得越开心，就越容易自然地忘掉电子游戏。而且，对于孩子来说，蹦蹦跳跳玩耍的过程就是学习的过程。孩子会在娱乐中学习、成长，所以玩得越开心越好。父母与其在家里和孩子在电脑前争得不可开交，还不如带上孩子爱吃的零食，和孩子一起去公园。这才是让孩子少玩电子游戏的捷径。

严格控制玩电子游戏的时间

事实上，如果不把家里的电脑或是游戏机彻底扔掉，是很难让孩子完全忘掉电子游戏的。在孩子成长到一定阶段，能够自主控制游戏时间以前，父母的严格控制是必要的。父母要和孩子商量好，确定每周玩游戏的次数和时间，并共同遵守。无论是因为家里来了客人，还是孩子生了病，都不能违反规定。

上班的妈妈们很容易忽视对孩子玩电子游戏时间的管理。在这一点上，我的做法是严格制订规则，如有违反坚决予以惩罚。比如，如果违反就不能做自己喜欢的事情等等。由于我在控制电子游戏上面表现出了和平时完全不同的坚决态度，所以当孩子想玩游戏的时候，会主动给我打电话获得许可。直到上了小学，他们还保持着这个习惯。因为孩子从小就明白，电子游戏的确对自己无益，妈妈才会严格控制。

虽说在教育上我们应该尊重孩子的意愿，但也有例外，电子游戏的问题就是这样的。简而言之，就是在这上面父母绝对不能让步。对这个问题的确难以通过协商和孩子取得共识，这是因为电子游戏的毒性太强了。孩子即使答应妈妈下决心不再玩了，也很难控制想玩的欲望。因此，必须从一开始就立下规矩、严格控制。

建立并遵从逻辑关系的最佳时期

建立并遵从类似"应该做""必须这样做"的规则和逻辑关系是5~6岁孩子非常重要的发育课题。有时候，孩子会认死理儿，不理解规则或逻辑关系也会随着情况的变化而发生变化。孩子在自己努力遵守规则的同时，也希望别人能够遵守自己制订的规则。所以，当父母的言辞和自己已知的规则相悖时，孩子就会进行反驳。

孩子顶嘴是头脑聪明的表现。孩子在自己愿望无法实现的时候，不哭也不闹，开始试图说服父母。父母不给自己买喜欢的东西时，会说"没有这个，小朋友们都不和我玩了！""我太喜欢了，过生日的时候给我买吧！"等符合自己逻辑的说法。而且，无论是大人的事情还是其他小朋友的事情，都会积极参与意见，用语言准确地表达出自己的情绪或想法。

这种情况下，父母发脾气或打断孩子都不利于孩子的正常发育。应该为孩子智力水平的提高感到高兴，并把孩子当做和自己平等的个体看待。

经常和孩子交流，询问孩子的想法，并对孩子的建议积极回应。

纠正孩子的无礼态度

孩子偶尔会有顶嘴现象，显得非常不礼貌。这时候，在理解孩子的同时，应该用适当的方式教育孩子。

● 完全不听父母的话

孩子有时会对父母的话表现出不以为然的态度。比如，父母在孩子吃饭时告诉他说："多吃饭才会长身体啊！"孩子却会回答说："哼，瞎说！乐乐比我吃得多，个子却和我一样高。"这时候父母可不能说"那是因为他不正常！"或者大喝一声："别瞎说！"强行打断孩子的话。最好的做法是从书中或网络上查找相关信息，并告诉孩子，妈妈的话是有科学依据的。孩子大多相信书和网络信息的正确性，这样做可以提高父母建议的可信度，也能培养孩子的好奇心。

● "不喜欢"成为口头语

可以装作难过的样子，试着问孩子："妈妈说什么你都不喜欢，你是不是讨厌妈妈呢？"然后听孩子说说不喜欢的原因，并寻找解决办法。

最重要的是引导孩子用肯定的方式表达自己的感情。比如告诉孩子"不要总说不喜欢，如果你能告诉妈妈说'妈妈，我想这么做'或者'妈妈，我喜欢如何做'，妈妈会很高兴的。"

让孩子彬彬有礼的十大原则

1. 对孩子少说"不行"，多使用"好"、"不错"等赞许的词语。
2. 要求孩子做某事的时候，使用"可以帮个忙吗？"等请求式的语气。
3. 孩子希望自己做某事的时候，不要干涉。
4. 正面理解孩子行为的动机，多加鼓励。
5. 明确区分应该表扬或批评的事情，并坚持一种标准严格地执行。
6. 孩子犯错误时，不能发脾气，但要对他严厉告诫。
7. 孩子对父母表示不满的时候，父母做的不妥之处要勇于承认。
8. 向孩子明确说明应该做的和不应该做的事情。
9. 告诉孩子父母心中期望的做法。
10. 耐心听孩子把话讲完。

● 跟妈妈发脾气，反问妈妈："怎么什么都不行啊？"

父母经常对孩子说的就是"不行"两个字。其实，在对孩子说"不行"的同时应该要说明原因。比如，孩子在寒冷的冬天想穿短袖出去的时候，应该告诉他："天气很冷，穿短袖出去会感冒。感冒了你身体会很难受，爸爸、妈妈也会心疼。"而且，父母尽量要用商量的语气跟孩子说话，这样做效果会更好。

● 对爷爷、奶奶说"连这个都不会啊？"

有的孩子会对不太会使用电脑或手机的爷爷、奶奶说"你连这个都不会啊？"这时候，应该让孩子去理解爷爷、奶奶的情况，告诉他们："奶奶小的时候还没有这些东西呢。要是奶奶小时候也见过这些东西，现在就一定会用的。"

如何纠正不良习惯？

经常听孩子父母讲到的一句话是："想改掉孩子的不良习惯，可怎么和他说也不见效，真愁人啊！"有位妈妈每天都告诉孩子"要整理好书桌"，却没见孩子做到过一次，所以她来向我咨询孩子是否不太正常。

这种情况下，原因并非孩子不正常，而是父母没有准确表达自己的意思。对孩子最有效的方法就是正确传递父母的想法。做不到这一点，孩子会觉得父母说的话全是"唠叨"，不予重视。

纠正庆模爱迟到的不良习惯

遇到和自己想法背道而驰的孩子，应不应该发脾气呢？这个问题也经常困扰我。每天早上面对缩在被窝里怎么叫也不起床的孩子，我无数次告诫自己千万不能发火。可一味迁就终归不是办法，忍无可忍的时候还是少不了发一次脾气。

　　有一次，庆模已经连续十天上学迟到了。庆模本来就是个爱睡懒觉的孩子，上幼儿园的时候就天天如此，上小学了也没有任何改变。即便如此，我也只是按时叫他起床，对于他迟到并未过多责备。我的想法是迟到了学校自会管教他，这也就足够了。

　　可是，一连十天，天天如此，毫无改进，我实在是看不下去了。难道庆模对学校的批评无所谓吗？我决定要告诉他遵守规则的重要性。那天晚上，我表情严肃地进入庆模的房间对他说：

　　"庆模啊，你每天早上都不愿意起床，这些妈妈也可以理解。你从小就爱赖床的嘛！有很多人是喜欢早起，也有很多人是喜欢晚起，对吧？"

　　"对。"

　　"但是，有些起码的规矩还是要遵守的。比如小学生不应该迟到。有了这个规矩，才能好好上学的啊！"

　　"是的。"

　　"那么我们一起努力，有困难也早一点起床，好吗？"

　　"好的！"

　　从这以后，庆模努力争取早起，迟到的次数也减少了。

不要让父母的话变成"唠叨"

　　庆模能够听进去我的话并付诸行动，是因为我说的话是正确的。这时，你也许要问，哪位父母说的话又能是错误的呢？但是，再正确的话如果反复重复，也就变成了唠叨。我平时说得并不多，所以庆模才能够真正听进去我想说的内容。

　　父母不能把自己的想法和感受全部讲给孩子听。要懂得省略那些对孩子帮助不大的内容。如果父母想到哪里就说到哪里，只会降低父母在孩子心目中的地位。千万不要让自己说出的话全部变为唠叨。

　　所以，为了把父母认为重要的信息传递给孩子，对于孩子平时无足轻重的错误可以适当放过。比如，"收拾好书桌"和"不要懒惰"哪个概念对孩子更重要呢？当然，不同的价值观会有不同的答案，但大部分父母都会认为即便不太会收拾，只要不懒惰就可以了。

所以，为了重点传递"不要懒惰"的概念，那就单单和孩子强调"懒惰不好"就可以了，应该忍住命令孩子"收拾好书桌"的要求。如果做不到有取舍而什么都说，那么"收拾书桌"和"不要懒惰"就都会变成唠叨。

因此，在开口前，一定要想好"这是应该说的话？还是可说可不说的话？""这是现在必须说的话？还是过后再讲也不迟的话？"这样才可以有效地传递给孩子必须知道的道理和规则，这是让父母的话不变成唠叨的好方法。

想说的话只讲一半

纠正孩子不良习惯的时候，为了传递重要的道理，父母还有另外一个问题需要考虑，那就是要尽可能地控制自己的情绪。如果我发着脾气对庆模说："庆模，过来！"那么孩子在知道"妈妈要和我谈一个严肃话题"之前，情绪上就会先受到打击，甚至会因为担心妈妈发脾气而浑身发抖。孩子一旦情绪化，对妈妈的话就不可能集中精力地去听了。

所以，我在纠正孩子不良习惯时，会用严肃而不严厉的表情，轻声地开始和孩子交谈。尽量在不影响孩子情绪的状态下，正确传递我的意图。

父母话太多，总会发展成唠叨，也会激化孩子的情绪。孩子有他自己能够接受的限度。所以，请注意做到想说的话只讲一半！这样做，孩子才会把大人的话记在心上。

自我表达

孩子说话含糊，表达不清

在襁褓中的孩子不哭不闹、安安静静的话，父母会觉得孩子温顺好带，感到欣慰。但是，当孩子长大一点儿，能说的话本该越来越多才对，但孩子却不能很好地表达自己的想法，父母不免着急上火，担心孩子是不是有问题。

孩子无法表达情绪和想法，意味着他不能和他人进行正常的沟通，也会导致社会性发育的问题。因为表达的问题，孩子与他人沟通的机会减少，从而无法掌握和他人共同生活的方法。所以，当孩子因不能正确表达自己的情绪和想法而显得困惑的时候，父母应当立即采取措施。

观察是否有让孩子害怕的事情

无法表达自己的想法和文静内向是两个概念。内向是孩子自身的性格，这样的孩子平时虽然话少，但该说的话还是说的。但是，表达能力差的孩子缺乏自信、胆小，会一直闭着嘴不讲话。

孩子不能自由表达情绪和想法的原因有很多。

是不是妈妈平时经常敷衍孩子，孩子说什么都不认真回应？是不是妈妈经常唠叨或责备孩子？是不是让孩子在别的小朋友面前没面子？总之，先要找到原因，才能解决问题。

经常听妈妈的唠叨或责备的孩子，会变得胆小、不善表达。如果孩

让孩子善于表达的小秘诀

● 家庭会议

每周举行一次家庭会议。如果能够固定时间，效果会更好。准备一些小吃，让孩子在平等的氛围中和父母对话，这样可以提高孩子的表达能力。

● 多和成年人谈话

孩子间的对话过于口语化，表达方式也不标准。如果让孩子和成年人常沟通，可以帮助孩子表达得更准确。

● 对孩子的提问要认真回答

孩子的话无论听起来多么不重要，父母都要认真倾听，并且对孩子的问题认真回答。这样，再不善表达的孩子都会越来越爱讲话。

● 经常朗诵儿歌

简短的儿歌中蕴涵着丰富的内容和道理，让孩子经常朗诵儿歌，不但可以帮助孩子丰富情感，还能提高表达能力和词汇的运用水平。

子平时不善交际，应该多请小朋友来家里做客，促进孩子和伙伴发展亲密的关系。在生活中有活力、大方的孩子更善于表达自己的情绪和思想。

而且，家长对孩子的话要一直给予关注，适时地随声附和，让孩子体会到对话的乐趣，觉得和人沟通是有意思的事情。孩子总是愿意为感兴趣的事情付出努力，慢慢就会找回自信心。

不知道正确的情感表达方式

有时候，孩子不能把握自己的思想和情感，不清楚表达方式，所以不爱讲话。比如，给孩子看一张类似蜘蛛的图画，并问他是什么。有的孩子会告诉大人"是蜘蛛"，再问为什么，他就不知道怎么回答了。而有的孩子会讲出自己的感受和想法，"像蜘蛛又像蝴蝶，好可怕啊！"如果孩子的反应是以上第一种回答，可以通过继续提问，帮助孩子掌握其他的表达方式。比如"除了蜘蛛，还像什么呢？"或者"你见过蜘蛛吗"等等。但要注意不能强迫孩子回答。引导孩子把握自己的情绪、自然地表达是非常重要的。

让孩子用多选一的方式回答问题

自我表达能力不足的孩子，经常会使用"是""不是""不清楚""不知道"等封闭式的回答。大人可以从孩子的角度出发把可能想到的情况都提出来，让孩子选择和自己想法一致的答案。比如，小朋友打了他一下就跑掉了，他想发脾气又不知道如何表达，如果大人问孩子情绪如何，孩子会说"不知道"。这时候，可以继续如下的提问。

"在发脾气、委屈、忍耐或者生气想要打一架这四个当中，你会选择哪一个呢？"通过这样的引导，孩子可以掌握用语言表达情感的方式，也明白了把自己的情绪表达出来并不是一件坏事情。而且，还能掌握控制情绪的方法。

如果对孩子不善表达内心想法和情感的问题听之任之，那么孩子长大了也会很怯懦，会出现被他人排斥、社会性不足等诸多严重问题，因此大人对此应该重视，及早采取预防措施。

不爱发言

在幼儿园上公开课时，老师提出问题后，小朋友都抢着举手回答。只有一个孩子头也不抬地缩在后面。老师问到他，他站起来还是低着头弯着腰，说话的声音小得听不清。如果不巧地这就是自己的孩子，应该怎么办呢？送去参加演讲训练班吗？是不是应该帮助孩子尽快改掉这个毛病呢？

关键在于自信

古语有云："沉默是金"。古代人认为善于听取别人的意见，不随便发表自己的观点是一种美德，但如今恰恰相反。在幼儿园经常发言的孩子会受到老师更多表扬，也会受到小朋友们的佩服。反之，知道答案也不愿讲的孩子会被孤立，同时他也会对自己产生负面认识，认为"自己一点儿都不聪明"。

平时就比较害羞的孩子一般不喜欢公开发言。对新情况适应速度慢、自我表达能力弱的孩子发言就更困难。而有些孩子和亲近的人在一起时说个不停，可站在陌生人面前却一句话也不敢讲，情绪也会很低落。

培养发言能力的 7 个提问

1. 为什么呢？
2. 那样做了会怎样呢？
3. 你怎么知道的呢？
4. 你说的是这个意思吗？
5. 你这么想的原因是什么呢？
6. 你这个想法能实现吗？
7. 有没有其他想法啊？

这样的孩子讲话没有重点、声音也很小，发言的时候心跳加快、满脸通红。大部分家长能够看到并加以纠正的大多是表面问题，比如孩子讲话声音小、站姿不正、表情不自信、眼神不坚定等等。但实际上最重要的是要培养孩子的自信心。

培养自信心的方法其实非常简单，那就是对孩子的一切行动和语言都做出积极回应，传达对孩子支持的信息。父母的期望值不要过高，要努力寻找孩子值得表扬的优点。

提问能够培养逻辑和说服能力

和灌输式的教育相比，现在的学校更多采用讨论发言的引导方式授课，入学考试中面试成绩也占很大的比重，所以现在比以前更加重视孩子的语言表达能力，培养语言表达能力的辅导班也很受欢迎。当然，通过专门的辅导，可以掌握正确的发声方法、肢体语言，甚至更有条理性的讲话方法，但对于提高孩子的语言表达能力是否有效，我对此仍存疑问。

语言表达能力是有条理地阐述自己的观点并说服对方的能力。这种能力似乎不是通过上辅导班就可以获得的，而是在平时有条理地把自己的想法、情绪和欲望告诉父母和朋友，并达到沟通目的的过程中形成的。因此，在日常生活中和父母对话才是培养语言表达能力最有效的方法。

父母在和孩子对话时，要多引导孩子，使他的发言更有说服力。5~6岁的孩子已经可以让大人听懂自己的想法和感受了，具备一定程度上的逻辑思维能力。

应该对孩子经常进行启发式的提问，帮助孩子在表达时建立逻辑关系，并提出解决办法。比如，"你为什么想那样做呢？""如果是这样，应该怎样做才好呢？""那样做了，会出现什么情况呢"等等。

在这样的谈话过程中，事先要想好当孩子提出问题时，父母应该如何回答，并确保自己的回答更有说服力，有助于培养孩子的逻辑思维能力。

和孩子对话的时候，不用诱导孩子说出规定的答案，重要的是应该耐心等待他自己形成逻辑。不要忘记孩子大脑的发育尚未成熟，有可能说到半截就忘了，也可能达不到父母期待的水平。这时候，不要流露出失望的神情，要用"你的想法真不错"等积极的回应去激励孩子。

打击孩子自信心的话

1. 邻居家的某某做得那么好，你怎么就不行呢？
2. 你都多大了啊！怎么还这样？
3. 你傻啊？
4. 哎，让你安静点儿！
5. 再这样一次，看我不收拾你！
6. 你再这样，我会叫警察叔叔把你带走。
7. 妈妈不是说不行了吗？
8. 等你长大了就可以，但现在是不行。
9. 你做事情怎么总是这样呢？
10. 又怎么了？快讲啊！

自以为是

有的孩子任何事情都抢着做，仿佛他什么都懂似的。虽说这样的孩子显得很有自信，但有时也会令人反感。这样的孩子在小朋友中也很容易被孤立。他们经常发表自己的意见，有种高人一等的优越感，小朋友们自然不喜欢他。这让父母感到非常棘手，不知该如何教育。其实，对于过分自信的孩子，只要父母正确引导，就会朝好的方向发展。

自以为是的情况最严重的时期

这个年龄的孩子开始离开妈妈，父母对他们的作用逐渐被弱化，他们遇到很多事情都想要自己解决。在0~4岁孩子的生活中，父母所占的比重达到90%，而到了5~6岁时，这一比重会下降到50%~60%。而且，伴随着智力的发展，孩子的好奇心也逐渐增强。知道的、能够做到的事情越多，孩子的自尊心也越强。孩子会经常问："我做得还不错吧？"孩子希望得到他人的肯定。得到确信的回答后，会在所有人面前流露出自豪。所以，自以为是的情况就会频繁出现。

孩子会想尽一切办法告诉别人自己知道什么，即使是本就应当做到的事情也希望获得他人的肯定，幼儿园的一点小奖励都会尽全力争取，这些都是很正常的。但是，虽说是正常现象，如果做过了头却会对人际关系等社会性发育造成不利影响，绝不能放手不管。父母应该引导孩子照顾他人的感受，比如可以告诉他："你做得很好，妈妈也很满意。如果能和其他小朋友一起完成，妈妈会更高兴。"或者说："下次要是能教弟弟一起做就更好了！"

谦虚谨慎是以后的事情

曾经有一个朋友跟我讲过她6岁儿子的一件事。有一次从她儿子的幼儿园发来一份"儿童发育情况"考评书，内容让她非常困惑。

考评意见是这样写的："该生遵守规范，能给其他小朋友做榜样。思维敏捷逻辑性强。能够团结其他小朋友。但竞争意识过强，游戏中争强好胜。容易自满，希望保持谦虚谨慎"。

"你看我的孩子是不是太骄傲了？是不是应该让他谦虚一点呢？"

我是这样答复忧心忡忡的朋友的："你要不要考虑换一家幼儿园呢？我看这个老师似乎不太了解6岁的孩子。"

孩子才6岁，就说他"容易自满"，并且要求他"保持谦虚谨慎"是不对的。当然，有的孩子的确自以为是，但要求孩子能懂得谦虚这样抽象的价值观还是太早了。孩子过于自以为是，其实是因为他的自信心不足，是不安的心理状态的一种过度反应。因此，应该先了解孩子的心理情况。等到孩子充分自信的时候，再教导他谦虚谨慎也不迟。

肯定孩子自以为是的行为可以培养自信心

肯定这个年龄孩子自以为是的行为也是很重要的。要是总是对他说"你这算什么啊?""哼,难道就你好吗!""你的话还不如不说",这些打击孩子的做法会让孩子失去本该拥有的自信心。

比如,看到妈妈把自己的枕头给弟弟,孩子会问:

"妈妈,你把我的枕头给弟弟了,不觉得对不起我吗?"

这虽是一句让人摸不着头脑的话,但如果妈妈很平静地告诉孩子:"是啊,对不起哦,谢谢你了!"孩子会觉得自己也能为弟弟做些事了,会因此感到自豪。而且,通过简短的对话满足了孩子争功心理,孩子不但增强了对母亲的信任,促进了母子间的感情交流,还确信"自己的确是个好孩子",从而获得了自信。

如果妈妈说:"你是哥哥,当然要让着弟弟了。"或者说"不就一个枕头吗?你怎么那么啰唆",孩子不但一无所获,自尊心还会受到伤害。

对孩子自以为是的行为要尽可能地多肯定。只有这样,当孩子走向社会遇到挫折的时候,才会记起妈妈对自己的积极肯定和鼓励,从而战胜困难,勇往直前。

幼儿园生活

总想欺负其他小朋友

有一个家庭经济条件很好的孩子，父母是所谓的"一流大学"的高材生，对子女教育非常重视。在妈妈的要求下，孩子从4岁开始就上了双语幼儿园，但没过多久就出问题了。孩子经常没有任何理由就欺负其他小朋友，这是对英语学习感到压力的一种体现。如果孩子出现这样的暴力倾向，首先要做的不是指责孩子的行为本身，而是了解孩子出现这些行为的心理原因。

强势的父母带出暴力的孩子

我在给这个孩子治疗的过程中，心里感到非常痛心。原本没有任何问题的孩子，在父母过分的要求和期望下却出现了暴力倾向。

孩子出现暴力行为的原因有很多。首先，父母的过分保护会导致孩子的暴力性格。在家里，孩子想做什么父母都尽量满足，但是到了外面就不一样了。所以，孩子会试图通过欺负小朋友填补这方面的需求。

其次，活泼、易冲动的孩子会出现更多攻击性行为也是事实。但是，即便天生性格使然，如果父母能适当地引导和监督，也不会发展成严重的问题。

此外，如果父母管教过于严厉，也容易诱发孩子的攻击性。对孩子的欲望过分压制，孩子就会通过攻击弱者来释放自己的压力。

看到过多的暴力场面

现在孩子喜欢看的动画片里会有很多暴力内容。特别是小男孩爱看的动画片里几乎都充斥着暴力镜头。就算没有直观的暴力展现，也会使用大量蔑视、嘲讽他人的台词。孩子都是模仿高手，经常接触这类内容，不经意间性格就会向暴力方向发展。

如果孩子出现暴力倾向，父母应该重新审视他平时收看的影视内容，并禁止观看孩子暴力性强的作品。而且，应该规定每天收看的时间，并严格执行。5~6岁的孩子每天看电视最好不要超过30~60分钟。更好的办法是通过和孩子一起游戏来防止孩子产生想看动画片的冲动。也可以在户外踢踢球，或者在家做做手工，将孩子的注意力转移到其他事情上面。

孩子出现暴力行为时怎么办？

孩子的问题行为当中，暴力行为对和同龄人建立友谊造成的影响最大。如果孩子因为暴力行为无法维持和小朋友们的良好关系，他在今后的人际交往中也会出现问题。因此，对暴力行为必须予以及时纠正。看到孩子出现暴力行为，不妨采用以下4种做法。

1. 及时制止

孩子和其他小朋友动手打架的时候，应及时制止，并带孩子远离人群，帮助孩子稳定情绪。父母绝对不能冲孩子发脾气，一定要保持冷静，要理解孩子"不过是不清楚如何正确地表达情绪"而已。

2. 理解孩子的心情

孩子情绪平复只需要1~2分钟。这时候，可以先问一问被打的孩子："疼吗？对不起了！阿姨会批评某某的，你先等一下哦！"然后再回到孩子身边。等孩子平静后再问他为什么要攻击别的小朋友。直接批评孩子打人的行为，比如责问他："为什么动手？妈妈不是说过不许打小朋友的吗"

是不合适的，即使孩子强词夺理，也要理解他此刻的心情。之后，要问问孩子现在情绪如何，挨打的孩子情绪又会如何，让孩子明白不能动手打人的道理。

3．寻找解决办法

听孩子讲完以后，可以问他："难道除了动手打人，就没有其他办法了吗？"如果孩子答不上来，可以做些提示。比如"不动手，问问小朋友'我用一下行不行？'你觉得怎么样？"告诉孩子打人、骂人、乱扔东西都是错误的行为，和孩子一起寻找其他解决办法。

4．赔礼道歉

找到了正确的解决办法以后，还应该向被打的孩子赔礼道歉。孩子真正认识到自己的错误以后，会主动和小朋友说"对不起"。如果对方对道歉的方式不满意，表示不接受，就应该问对方希望如何道歉，然后和孩子一起寻求协商解决问题的办法。

语言能力发育迟缓引发暴力行为

6岁的浩延在幼儿园欺负小朋友是出了名的。经常和小朋友动手，把别人惹哭，别的小朋友都不喜欢他，老师因此没少发脾气。可妈妈却觉得难以置信，因为在孩子5岁的时候，父母还在担心浩延的性格过于内向呢。

浩延的妈妈带孩子来到医院以后，才了解到孩子出现暴力行为是因为他无法正确表达自己的想法而导致的。大人虽然知道孩子语言能力发育迟缓，但认为会慢慢好起来，所以没有太在意。另外，浩延还认为3岁的弟弟夺走了母爱，表现出强烈的受委屈的情绪。所以，我在让孩子接受语言能力治疗的同时，还告诉他妈妈要关心、爱护孩子，多陪孩子游戏，让孩子充分感受到母爱。慢慢地，浩延再也不欺负别的小朋友了，脸上也洋溢出被关爱的幸福感。

争强好胜，拒绝失败

妈妈并没有对孩子做出特别的要求，但孩子不管学什么都拒绝失败，好胜心强烈。几年前，一位母亲找到我，她说自己6岁的女儿看到别人学什么，都会争着要学，而且还必须比所有人都学得好。这事放在其他母亲身上也许会觉得是好事，可这位妈妈却非常烦恼。她被孩子缠得不耐烦，比如幼儿园让孩子做手工作业，孩子熬夜也要做完，比别的小朋友差一点儿都不行。

渴望得到关心和爱护

这个孩子并非是单纯的欲望过高，而是存在情绪发育的问题。妈妈白天上班，没有太多时间照顾孩子，对孩子也缺乏关注。妈妈从不要求孩子做这做那，觉得这样孩子更轻松。可从孩子的角度看，却需要妈妈更多的关心和爱护。所以，为了达到自己的目的，会对学习特别地执著。如果这种情况继续发展，不但会阻碍孩子正常的情绪发育，孩子还会一直通过在和其他人的竞争中获胜来吸引妈妈的关注。

因此，孩子出现这样的行为时，妈妈首先要反省自己是否给孩子充分的关心和爱护，然后让孩子对失败不要有太多负担，告诉他"做不好也没关系""我们的女儿是最可爱的"，让孩子充分感受到父母的关爱。而且，平时要更加关心孩子，增加和孩子在一起的时间。

兄弟之间的竞争是另一种可能性

这还是小儿子静模上幼儿园时发生的事情。我并不知道静模去参加美术比赛，突然，静模拿出来一枚奖牌，对我说："妈妈，我还不错吧？"

"是啊，真的很不错！"

"还有呢？"

"还有什么？不是说很不错了吗？"

孩子的表情显得很失望。获了奖，本希望妈妈能把自己搂在怀里，好好表扬一番，可我却一句话带过了。我明知孩子会失望却这样做，是有原因的。

"静模啊！为什么去参加美术比赛呢？"

"我想得奖。"

和我想的一样。孩子觉得获奖很了不起，也知道会得到表扬。想通过这种方式获得他人肯定，证明自己比别人强。

但是，我却觉得静模的这种心态不利于今后的学习和发展。过于强调要比别人优秀，一旦遇到不如意，将会受到怎样的伤害呢？而且，如果认为在竞争中只能获胜不能失败，不懂得以放松的心态多思勤学，创造力就会受到影响。

静模总认为应该比别人强的意识来自于和哥哥之间的竞争。作为家中

行动敏捷、心比天高的志敏

6岁的志敏是一个凡事都喜欢争先的孩子。去游乐园玩的时候，像小松鼠似的跑得飞快，第一个去抢秋千；在幼儿园里总是第一个抢着发言，画图画也总是第一个完成。妈妈一直以为志敏行动敏捷也很爱学习。忽然有一天却接到了幼儿园老师要求面谈的通知，让妈妈觉得很惊讶。老师说，孩子什么都想做到最好，已经妨碍了幼儿园的正常教学。开始，妈妈认为孩子对自己要求高是好事，对老师的这种说法很不解。

志敏的妈妈和老师面谈以后，才客观地看到孩子的问题。志敏上课时总想发言，不爱听其他小朋友讲话。经常坚持自己的意见，和小朋友的关系也搞不好。而且，还要求老师给予更多的关注和爱护，让老师很为难。

志敏的妈妈头一次意识到，让自己为之欣慰的孩子强烈的学习欲望，也可能会变成一个缺点。老师猜测说，孩子有可能是非常喜欢妈妈，担心家里的小弟弟和自己争夺母爱。这以后，妈妈努力给予志敏更多的爱护，经常进行亲密的身体接触，尽可能表达关爱的感情。结果，志敏过高的欲望逐渐消失了，在幼儿园的表现也好多了。

的老二，静模从出生起就必须要和哥哥分享父母的爱，很容易形成这样的性格。所以父母应该注意，不要让孩子认为哥哥或姐姐是自己必须战胜的对象。

让孩子感受学习本身的乐趣

只要哥哥会的，静模都想学。他每次这样时，我都会劝他："你不学也可以啊！妈妈并不认为你必须要做好这个的。"

如果静模一想起要学什么就让他去学，那他就不会关注学习的乐趣，而只在意能否比哥哥学得更好了。

如果学习只是为了得到表扬或奖励，先不论短期内效果如何，肯定不是长久之策。为了真正让孩子取得学习成果，需要孩子对学习的内容真心喜欢、感兴趣。如果学习的目的是为了别的一些什么欲望，就要了解孩子是出于何种考虑，并根据实际情况适当地予以制止。

在一个幼儿园待了 3 年，是否该换个地方？

"4 岁送幼儿园，上学前一直在一个地方，孩子不会觉得厌烦吧？"有些父母会有类似的苦恼。刚开始是为选择最适合的教育机构而苦恼，而现在的问题则是孩子是否需要新的刺激点而烦恼。其实，环境的改变对于孩子和大人是不同的。对孩子来说，改变环境就等于改变了这个世界，是翻天覆地的变化。对于更换教育机构的问题，要充分了解孩子的性格、充分考虑孩子的想法，才能做出判断。

从托儿所到双语幼儿园

有一天，正在上双语幼儿园的柳京来到了医院。柳京的妈妈告诉我，柳京 6 岁以前一直上普通的托儿所，小朋友之间以游戏为主，学习进度也

搬家后首先要适应周边环境

搬家是一个非常大的变化，孩子容易产生极大的心理压力。大部分父母搬家后都会先找新的幼儿园，然后赶快把孩子送进去。搬家后选择幼儿园时要非常慎重，因为这会给孩子带来很大的变化。

应该让孩子先适应自己的新家，结识邻里的小朋友，在和邻里小朋友交往的过程中，慢慢熟悉周围的环境。也许家长觉得已经给孩子不少时间去适应了，但对孩子来说，还需要更多的时间。所以，要注意观察孩子的反应，预留出充分的时间。在孩子适应得比较充分之后再送去幼儿园也不算晚。还要了解能够减轻孩子压力的方法，适当地为他提供帮助。例如，选择和孩子关系比较好的那些小朋友就读的幼儿园，孩子去了有熟悉伙伴，会适应得快一些。只有对环境熟悉了，孩子才能乐于接受新的刺激，留下美好的回忆。

能跟上，孩子很开心。可是最近柳京的父母为了让孩子做好上小学的准备，决定让孩子多学习，就把柳京送到了双语幼儿园，但是换了地方以后，孩子变得越来越消极了。

"大夫啊，孩子怎么突然来了个180度大转弯呢？上公开课的时候，别的孩子不但英语儿歌背得很溜，还很有节奏，我的孩子却只是像木头似的站着不动。回家了也不说幼儿园的情况。每天早上起来都问'妈妈，我今天可以不去幼儿园吗？'我经常得哄着她去，孩子是不是有什么问题呀？"

我先让妈妈到外面去休息，然后问柳京觉得上幼儿园是否有意思。孩子犹豫了半天，一边摇头一边告诉我："真没意思。"

"那你在原来的托儿所的时候觉得有意思吗？"

"当然了。我可喜欢和小朋友们玩了。"

一提到原来的托儿所，孩子脸上立刻充满了勃勃生气。经过全面检查，我得出的结论是，环境的突然转变给孩子造成了压力。离开了自己熟悉的老师和小朋友，突然去了一个陌生的环境，又是外国老师上课，孩子自然不会觉得快乐。

像这样，在上学前更换教育机构的家庭还有很多。大部分父母都认为在一个地方时间待得太久，孩子会厌倦，也丧失了获得更多体验的机会，特别是希望孩子入学前多识点字或者会一点算术，所以会寻找那些专业指导学习的教育机构。孩子能够适应当然是好事，如若不然，就会像柳京一样，失去自信心，变得消极了。

环境的改变是翻天覆地的大变化

孩子对新环境的适应是非常困难的过程。成人适应新环境都会感到吃力，更何况孩子？稍微夸张地讲，对孩子来说，环境的改变是翻天覆地的大变化，父母一定要慎重对待。

父母总是提出种种理由，认为孩子需要改变环境。其实这不过是大人希望孩子多掌握新知识，把孩子当做满足自己意愿的一个工具罢了。其实，孩子在一个地方待多久也不乏接受新刺激的机会。随着孩子慢慢长大，即使是同一个幼儿园，它的教育内容、师资配置等也在不断发生变化。身处熟悉的环境，循序渐进的变化对孩子的学习更有利。

如果不得不换幼儿园，应该事先向孩子充分说明。有条件的话，换了新环境以后，父母可以和孩子一起去几天，帮助孩子适应。而且，不要期待孩子立即适应，多给他一些时间和空间，让孩子按自己的节奏逐渐地适应新环境。

没有朋友

孩子从幼儿园回来，书包一撂，头也不回地跑到小区游乐园去玩了。想着孩子可以好好玩，自己也能平静地享受一会儿好时光，心里正偷着乐呢，新的担心又出现了。"孩子能和其他小朋友玩到一块儿吗？"跟着孩子到小区游乐园一看，妈妈不禁吓了一跳。孩子和小朋友们离得远远的，一个人坐在角落里看着小朋友们发愣。

"你怎么一个人呢？为什么不和大家一起玩？"

妈妈一问，孩子的眼泪就像断了线的珠子一样落了下来。过了好一会儿，孩子才忍住眼泪，用像蚊子似的声音小声说道："他们都不和我玩。"

听了这话，妈妈也很心疼！这可是自己精心呵护的小宝贝呀！望着失落的孩子，妈妈却不知道如何安慰。

如果家庭关系出现问题，孩子的社会性发育也会有问题

孩子5岁以后，随着社会性发育，他会觉得和小朋友们一起玩要比和父母玩更快乐。孩子开始幼儿园的集体生活以后，朋友间的关系像终身大事一样，是一个重要的问题。因此，如果孩子和小朋友们合不来，父母甚至会愁得夜不能寐。

社会性意味着和他人和睦相处的能力。这个阶段形成的社会性会影响到一辈子。因此，如果孩子和小朋友合不来，家长却对此不管不顾，那孩子的性格一旦定型，有可能会形成困顿于自我世界的"天下惟我独尊"的观念，也有可能变成对人生中的任何事情都会丧失自信的人。

孩子通过和母亲的关系了解社会，因此，母子关系对于社会性起着重要的作用。父亲和兄弟姐妹也会影响社会性的形成。3岁以前的孩子如果和家庭成员，特别是和妈妈形成亲密的关系，那么他对他人、社会就会抱有肯定的期待。反之，则对朋友漠不关心或者欺负他人。而且，当有其他小朋友和自己闹着玩的时候，孩子不知道如何对待，非常困惑。

有些孩子的社会性不足，父母就想让他多交几个朋友，期待着情况有

所改变，于是就把孩子送到幼儿园。但是，在家中和父母以及其他家人都难以建立稳定关系的孩子，去了幼儿园也同样困难。如果此时孩子的心灵受到伤害，和外界交流的窗口就会完全关闭。

因此，先要集中精力提高家庭内部关系的亲密程度，帮助孩子形成正面的自我意识，多鼓励孩子，让孩子体会更多的快乐。一厢情愿地要求孩子勇敢、开朗，不负责任地把孩子送到跆拳道或者演讲辅导班，反而会有副作用。

帮助社会性不足的庆模

我的大儿子庆模在社会性发育方面就存在很多问题。庆模非常固执，总是停留在自我世界中。像庆模这种害怕接触社会的孩子，上了幼儿园以后会出现一连串的问题。庆模不愿意和小朋友交往，总是一个人玩小火车；别人都在堆沙堆的时候，他碰都不碰。而且，不管多热的天都要穿内衣。所以，小朋友们都离庆模远远的。庆幸的是，庆模似乎也不太在意小朋友是否和自己玩。有时候我看到他一个人玩，真想把他拽到小朋友们当中去。可我也知道这解决不了问题，只好忍住了。

首先我认识到了庆模这样是因为他的性格使然。庆模喜欢玩具火车，我就买来各种小火车和相关的书，陪他一起玩，一起读。尽可能努力满足孩子的要求，慢慢促进他发生些许变化。

原来不太关心育儿的爸爸也开始努力多留出陪伴庆模的时间。为了帮助庆模和更多的家庭成员培养良好关系，我还经常带他回外婆家。连续几年夏天的暑假，庆模都是在外婆家度过的。我还特意拜托了幼儿园老师，

帮助孩子社会性发育的秘诀

● **请小朋友来家里做客**

把愿意和孩子交往的小朋友请到家里来做客。在自己家玩，孩子没有心理负担。让孩子慢慢地感受到和朋友玩耍的乐趣，掌握相处的方法。

● **结交兴趣相投的小朋友**

孩子都有个性，有合得来的朋友，也有合不来的朋友。哪怕就有一个小朋友兴趣相投，其他小朋友都不和自己玩，孩子也不会难过。

● **大人之间要和睦相处**

父母们亲近，孩子们也很容易玩到一起，出现了问题也好解决。可以经常一起外出旅游或就餐。

即使孩子出现唐突行为，也要多加谅解。

这时，最困难的是妈妈要让自己焦急的心情尽量保持平静。遇到其他患儿和家属，看到他们的变化，我经常安慰自己："庆模也会慢慢好起来的，我一定要有信心，耐心等待！"

此时，不要设定半年、一年这样的固定期限来追求结果，而是继续努力，慢慢地这种努力会成为习惯。小儿精神科的治疗不同于身体疾病的治疗，得了病就吃药，病好了就可以不吃。心理问题有所好转时如果不坚持治疗，问题还会出现。

给庆模开出治疗方案成了我日常生活中的一部分。习惯成自然，我慢慢就分不清日常生活中的哪些事情是为了改变孩子才去做的，哪些是本来就应该那么做的。在庆模上小学后效果就开始出现了。上了小学的庆模开始与人交往，和好朋友建立了深厚的友谊。我的喜悦简直难以言表！庆模似乎在补偿我为他倾注的心血，现在认识了许多朋友，还能和他们一起快乐地学习。

纠正阻碍发展朋友关系的行为

在给予孩子爱护、和孩子充分形成情感依恋以后，还应该注意纠正孩子的问题行为。下面根据孩子不同的行为特点，分别介绍需要采取的相应具体措施。

● 常被欺负的孩子

如果孩子的行为举止总是软弱、畏缩，首先应该在行为习惯上予以纠正。比如，孩子总是佝偻着身体的话，可以在他的头顶放一本书，让他多进行走路练习，并要求孩子与人讲话时，必须正视对方的眼睛。孩子如果不能明确表示自己的喜恶态度时也容易被欺负。因此，要告诉孩子，如果有小朋友欺负自己，应该明确地告诉对方"我不喜欢你这样做"。此外，还要多关心、多鼓励孩子，帮助他树立自信心。

● 欺负人的孩子

这样的孩子也容易被他人排斥。最好的方法是告诉他为什么要善待其他小朋友。观察孩子的日常生活，发现孩子做出和小朋友友善亲近的举动时，不要吝惜表扬。孩子会模仿、学习父母的行为，父母温和友善地对待孩子，孩子自然会有所改变。"再这样就不让你吃饭了！"用这种威胁的方式去纠正孩子错误，会让孩子更具有攻击性，应该尽量避免。

● 害羞的孩子

这样的孩子需要先从和身边的人打招呼做起。如果孩子遇到他人不主动打招呼，总想躲到妈妈后面，特别羞怯的话，肯定会妨碍和小朋友的交往。这样的孩子难以同时和很多小朋友一起玩耍，可以帮助孩子和兴趣相投的一两个小朋友先建立深厚的友谊。

● 常发脾气的孩子

在家中被过度保护的孩子，当其他小朋友和自己开玩笑的时候，会误认为是有意欺负自己而发脾气。如果孩子常因为小朋友开玩笑而发脾气，父母应首先反省是否存在保护过度的问题。告诉孩子"小朋友们是想和你玩才那样做的"，帮助孩子理解他人的行为。如果孩子的确受到了心灵的伤害，可以引导他直接说出自己的意见，比如告诉别人"不要这样开我的玩笑，我很不喜欢。"

站在孩子的立场上分析原因

在庆模上幼儿园的时候，我经常会接到幼儿园老师的电话。

"我给您打电话是想说说庆模的事。"

尽管我已经尽量让自己心平气和了，可当听到电话那头传过来这句话，心里还是觉得不好受。每次听老师和我提到庆模，我都会立刻放下手上的工作，跑到幼儿园去仔细了解孩子是在什么情况下出现了哪些问题。而且，努力从庆模的角度去分析出现这些问题的原因。记忆中，老师的描述和我的想法大致如下：

幼儿园老师：庆模总是不合群，喜欢一个人玩玩具火车。

妈妈的想法：庆模对玩具火车很痴迷，大概是觉得火车比小朋友更可爱。

幼儿园老师：都一年了，孩子们玩沙堆游戏的时候，庆模一次都没参加过。

妈妈的想法：庆模天生气质敏感，他是觉得玩沙子不干净啊！

幼儿园老师：庆模上课的时候注意力不集中，总是干别的。

妈妈的想法：注意力不集中不一定都是孩子的问题，也可能是学习内容太枯燥。

像这样，每次听老师讲孩子的问题，我都会先站在孩子的立场去分析出现问题的原因，或者考虑一下老师或幼儿园的教育方式是否存在问题。要想做到这一点，父母必须真正了解自己的孩子。只有知道孩子行为、性格的特点，才能揣摩孩子的内心。因此，平时应该充分关心孩子、注意观察孩子的一举一动。

积极地保护孩子

了解了原因，就可以寻求解决办法了。如果是因为孩子天生的气质的原因出现的问题，首先要做的是安抚孩子因为被老师批评而受伤的内心。无论是自发的还是来自外部的，成长中的孩子的内心都是很容易受伤的。他们承受并战胜挫折的能力还很差。

"你觉得玩小火车比和小朋友们玩更有意思，是吗？"去理解孩子的内心感受只能解决问题的一半，更重要的是确认父母的判断和孩子的真实想法是否一致。如果得到孩子的认可，可以采取针对性的解决办法；如果不是，那么就继续引导孩子对自己的行为做出解释，然后再根据具体情况慢慢引导孩子。

我告诉老师，庆模玩小火车的时候注意力会很集中，拜托老师不必介意。如果我只听老师反映的情况而不让庆模再玩火车了，会让孩子的心灵受到伤害，更难适应幼儿园的生活。为了保护孩子，有时需要有要求老师"别管我家孩子"的勇气。如果是幼儿园老师或教育方式的问题，父母应该更积极地去解决。实在难以解决，也可以换一个新的幼儿园。

"等待"是最有力的武器

事实上，我选择以小儿精神科医生为职业就是因为庆模。我总是不经意地期待着，在治疗类似患儿、不断学习的过程中掌握到更新、更有效的治疗方法。回头看来，抚养庆模的过程的确是一段艰苦又紧张的岁月。因为庆模，我不知何时何地因何问题会接到幼儿园老师的电话，所以我手机从不离身。甚至知道我家孩子情况的其他患儿的母亲，因为自己孩子发愁的时候只要想到我，就会感到一丝安慰。当然，在一些特别疲惫的时候，我也想到过放弃，也会产生"连自己的孩子都带不好，还做什么小儿精神科医生"的想法。因为孩子选择的职业，同样因为孩子又打算放弃了。但是，就在我"不再对孩子抱有期待"的时候，庆模开始逐渐转变了。从小学四年级开始，他对学习产生了自发的兴趣，不用要求，他自己就会坐到书桌前。老师也不再因为他上课注意力不集中给我打电话，孩子在数学和科学方面也开始崭露头角。

我经常对其他患儿的父母说要相信孩子、耐心等待，可有的父母会表示不理解："难道一点都不要操心，什么都不用管吗?"其实，我这里说的等待并不是要对孩子的行为听之任之。而是说父母不要因为别人的意见和评论就强迫孩子改变，要最大限度地保护孩子不受伤害，积极发挥自己本来的气质特点。

等待是一个艰苦漫长的过程，为了孩子的将来，应该看得更远一些。等待的效果一定会超乎想象!

和幼儿园老师沟通的方法

很多父母都忌讳和幼儿园老师沟通，比如面谈。不知道在老师对孩子提出批评时如何应对，或者不知道是否应该给老师准备些礼物，往往忽视了沟通本身所具备的积极意义。不要忘记，和老师见面的目的是为了减少孩子受到更多的伤害，让孩子能更好地接受教育。为了取得最佳的谈话效果，不妨采取以下态度。

如果老师提到的是父母已经很清楚的问题，那么要多用心倾听老师对现象的具体描述。有可能会发现父母原本并不知道的新问题。

老师也可能对孩子的特点不是很清楚，如果确信是自己对孩子的判断更准确，也要反馈给老师，让老师了解情况，进行一些说服工作。如果说服不了老师，可以利用一些客观的评价内容。比如，去小儿精神科等专业机构进行咨询，获得诊断结果后再说服老师。这是减少老师因为不理解孩子而使孩子内心受到伤害的好办法。

读书

不喜欢读书

让孩子读书已经成为一种潮流，很多父母都热衷于这种教育方法。有些父母家里的书摆满了一面墙还觉得不够，还不知疲倦地到网站上寻找新的儿童学习的书籍。买书也会上瘾，买英语漫画的时候，看到了数学漫画会想买；买了数学的书，又想再看看科学漫画或者世界名著。可是这些精挑细选的书买回来以后孩子连看都不看一眼，妈妈不由得着急了。都说读书的习惯应该从小培养，可孩子和书却是渐行渐远，真让人发愁啊。

培养庆模读书的兴趣

为了让庆模多读书，我也曾费尽了心思。庆模的眼里只有玩具火车，从刚会玩小铃铛时候开始就是这样，兴趣越来越浓，甚至设想着长大以后自己去造一辆火车。

因为孩子非常排斥新事物，只有这么一个爱好，所以一开始我并没有干涉。孩子对一件事产生兴趣，并因此接受到积极刺激是件好事，但如果发展到过分的程度，会失去适时学习其他知识的机会。庆模就是因为喜欢玩具火车，而放弃了其他的学习刺激。其中最具代表性的就是读书。

为了让庆模读书，我选了一套图画书全集做礼物。庆模才翻了几页，就又旁若无人似地跑到玩具箱旁边拿出了小火车。再去买其他书也还是一

让孩子爱读书的方法

1. 选择和孩子兴趣有关系的书籍。
2. 父母要和孩子一起读。
3. 在一定时间内，孩子看完规定内容后，要给予奖励。
4. 孩子不喜欢看书的时候，采用讲故事的方式。
5. 可以想一个故事，和孩子一起做一本图画书。

样。开始还看一眼，后来是连看都不看了。这种情况让我非常生气，但是还是强忍住气，努力心平气和地对孩子说："庆模，你看这个小朋友多么可爱啊！"

可是，我还没读完一段话，庆模就开始大喊大叫表示抗议了。我只得把书重新放回书柜，只好无奈地看着庆模玩小火车不停地叹气。

第二天，我再次来到书店。我希望买到能够激发孩子兴趣的其他内容的图书。我买了一大堆各种各样的书，这些书不单是外观各异，而且设计都别出心裁。比如有可以撑开的立体图书，有能发出声音的图书。然后趁庆模睡觉的时候，我把小火车藏到他看不到的地方。和预想的一样，庆模醒来后看不到玩具火车，开始大哭大闹，比找不到妈妈还要委屈。我把昨天买的书拿出来想让他读一读，没想到他把书一把抓过来就扔掉了。无奈之下，我只好把火车找出来，还哄了庆模半天。第二次尝试就这样失败了。

连续的失败让我暂时放弃了让孩子读书的想法，独自苦闷了好久。有一天我下班回家，看到庆模竟然正在看报纸上的广告。虽然广告的内容已经不记得了，但庆模注视着广告中一辆火车飞到天上的专注样子却让我记忆犹新。

我重新来到书店，选了一本封面有火车图案的书。内容大概讲的是小火车很费力地在山道上爬啊爬，最后在妈妈的鼓励下终于达到目的地的故事。庆模一看到这本书，就睁大了眼睛表现出极大的兴趣。第一章还没读完，就急切地想知道后面的内容。连续捧着看了好几天，甚至可以背下很多内容。又过了几天，我下班回到家的时候，发现庆模已经拿着另一本之前没有丝毫兴趣的书在看了。解决读书问题的"钥匙"似乎非常普通，那就是要选择和孩子兴趣相投的书，吸引他的注意力。一直想方设法逃避读书的庆模现在成为了公认的"小书虫"。

从孩子感兴趣的书开始

如果孩子讨厌读书，应该仔细想一想，是不是妈妈太过性急，推荐的是和孩子兴趣全无关系的书呢？

和其他学习一样，读书也是需要动机的。先要了解孩子最大的兴趣是什么，最爱做的是什么，然后再选择适合的书籍吧！循序渐进，慢慢提高孩子对书籍的兴趣。

如果孩子仍然不喜欢读书，不妨给孩子一点时间，让孩子自己找到读书的乐趣。强迫只能让孩子越来越疏远书籍。孩子一旦心中排斥读书，那么再想改变就很难了。与其揠苗助长，不如耐心等待。

孩子讨厌读书的原因

1. 特别喜欢看电视或玩电脑
更喜欢电视或电脑带来的刺激，不喜欢安静地坐下来边读书边思考。

2. 课外辅导过多
各种各样的课外学习占据了孩子的生活，孩子根本没有坐下来好好读书的时间，自然不会喜欢读书。

3. 让孩子读书的目的是学习
如果把读书作为识字或者灌输数学概念等增长知识的手段，孩子会对读书产生厌倦。

4. 健康出现问题
孩子因为眼疾或者其他原因造成心理不安，也不能很好地读书。遇到这种情况，应该寻求专科医生的帮助。

和讨厌读书的孩子相反，还有只喜欢读书的孩子。早上一睁眼还没有洗漱就开始看书，吃饭的时候也会边吃边看。书看多了，不用教就认识许多字，逐渐更喜欢看文字多的书籍，以至完全沉浸在书籍之中。身边的人都夸奖"孩子真聪明"，可妈妈心里并不轻松。因为除了读书，孩子对其他事情都失去了兴趣。

缺乏社会性是原因

只喜欢读书的孩子往往缺乏社会性。因为社会性不足，才会比别人更喜欢读书。如果和妈妈没有形成正常的母子依恋关系，孩子也会试图通过读书来弥补心灵上的空缺。

此外，孩子如果在父母的养育过程中，没有感受到太多乐趣的话，也会只关注读书。比如在孩子1岁以前，只给他读书，没有提供其他刺激，这样的情况下，孩子当然只会对书产生兴趣。孩子因为没有找到其他乐趣，就会认为读书是世界上最有趣的事情。社会性不足造成了孩子只爱读书，反过来，只读书这一特点又会阻碍社会性发育。

过度读书导致的最典型问题就是社会性不足。沉溺于书中的孩子和沉溺于电视、游戏的孩子是一样的，都存在社会性问题。因为读书的时间多了，和父母、老师、朋友接触和互动的时间自然会减少。任何事都有一个度的问题。

来医院的患儿中有这么一个孩子。幼儿园上课的时候，老师正在讲月亮的故事。老师说到"月亮上的玉兔正在捣药呢。"

这个孩子却一撇嘴，冒出两个字："胡说！"

老师吃惊地问："你为什么这么说呢？"

孩子回答说："月亮上不可能有兔子，因为没有氧气。月亮上有很多火山口，所以从地球上看像是兔子捣药的样子。"

才6岁的孩子，却说出一番和年龄不相符、充满科学道理的话。小朋友们都很吃惊，老师也不知道如何是好了。这样的孩子会觉得幼儿园的教育很无趣，和那些比自己懂得少的小朋友也很难相处。我突然觉得那些为了培养爱读书的孩子，只给孩子灌输科学知识的父母是很残忍的。6岁正是充满丰富想象力和感受力的时期，孩子在这一时期只会用所谓"科学"的观点看待世界是多么令人惋惜的事情啊！

逐渐减少读书时间，享受其他游戏的乐趣

父母想让只喜欢读书的孩子体会到其他乐趣，就应该经常陪孩子外出或旅行，告诉他这个世界上还有很多的快乐。但是，不要急于求成，要有耐心。如果孩子原来读书的时间用数值表示是10，那么就按9、8、7、6的顺序逐渐减少。只有这样，孩子才会在不感到压力的情况下，渐渐顺应父母的意图，发生变化。另外还要减少书籍的数量，眼前看到的书越多，孩子就越想把它们都读完。

入学准备

上小学前应该进行哪些准备？

小学老师们认为孩子入学前应该知晓的准备内容包括：能够正确使用铅笔；能从1数到10；会写自己的名字等等。但是很多心急的父母听了却不放在心上，认为孩子应该认识并写出简单的词，会进行基本的加减法运算。近来听说英语也成为小学一年级的正式课程，又为上小学前的孩子增加英语学习。即便如此，父母仍不放心，成天想着孩子还有哪些不足。

最重要的是心理准备

我曾经给两个学龄前的小男孩进行过心理咨询。两个孩子注意力都很不集中，集中精力持续做一件事的时间很短，属于注意力障碍。但是，给两个孩子开的处方却截然不同。一个需要药物治疗结合学习治疗；另一个则需要6个月以上的父母心理咨询和游戏治疗。

前面一个孩子除了注意力不足，基本具备了上学的条件。注意力不足只是这个孩子大脑发育的一个特点而已。而后面这个孩子，在治疗注意力障碍之前，还需要解决另一个问题，就是培养社会性。这个孩子不知道如何用宽容、温和的心态去看待他人的想法和行为，与其说是注意力障碍，还不如说是不太懂事。要是不采取任何措施就让他去上学的话，很明显这个孩子将很难适应校园生活。

当然，如果入学前就会认一些字，会一些简单的算术，的确更容易适应学业。但是，更重要的是为适应"学校"这个环境做好心理准备。心理准备好的孩子，即便学校生活枯燥乏味，也会乐于适应。而如果孩子心理准备不足，就算比别的孩子知道再多的知识，也会因为校园生活无趣而厌烦，难以适应集体生活。

入学前应该具备的七种能力

如果担心孩子不能适应学校的学习和生活，在考虑学习能力之前，首先应判断孩子是否具备以下七种能力。

● 情绪调节能力

情绪调节能力是指将情绪自我调整到良好状态的能力。正玩得兴高采烈却需要停下来的时候，情绪调节能力强的孩子会立刻安静，虽然有些不开心，但不一会儿就又高兴了。调节能力不足的孩子则不能控制自己的不快情绪，生气了会大哭大叫，乱扔东西。

孩子的情绪调节能力如何，通过他的表情是可以猜出几分的。经常面带笑容、表情丰富的孩子调节能力较强。总是一副木讷寡言样子的孩子，调节能力比较差。

情绪调节能力差的孩子入学后，适应起新环境来会遇到许多困难。一不如意就发脾气，一点都说不得，一说就哭，在学校里谁又能总照顾这样的孩子的情绪呢？连老师都发愁的孩子，很容易被同学们孤立和排挤。

孩子的情绪调节能力并非与生俱来。在孩子情感流露的时候，身边的人如能给予回应，孩子就会意识到"啊！原来应该这样做！"并记在心里。因此，父母在培养孩子的情绪调节能力上起着决定性的作用。父母应该随时帮助孩子，不要让孩子总是受到到负面情绪的影响而无法调节。

● 冲动控制能力

想做的事情不一定马上就做，知道通过制订计划来执行自己想法的能力就是冲动控制能力。比如，孩子去商场的时候想吃冰激凌了，但他并不马上提出，因为他知道到了食品柜台才可以买，就等到了食品柜台时才提出来，这说明孩子的冲动控制能力比较强。这样的孩子即使和同学发生了冲突，也不会一直骂人或使用暴力手段，在学校里不会出现太大的问题。

如果冲动控制能力比较差，任何事情都很难节制，对学习会有很大影响。想做什么就做什么、不计后果，考试的时候可能做了一半题目就不做了，作业也不会认真完成。

即便孩子并非患有多动症，只是冲动控制能力很差，父母也需要认真考虑，是否存在对孩子过度保护或过度压制的问题。如果孩子一提要求父母就全部满足他，孩子就掌握不了控制欲望的方法；而如果父母对孩子的任何要求都一律否定，教育过于严厉的话，孩子的冲动控制能力同样得不到发展。

● 注意力

幼儿园孩子的注意力能集中大约15~20分钟，最长不超过30分钟。到了学龄前，大约可以集中精力30~40分钟。当然每个孩子的情况不同，有的孩子做感兴趣的事情，注意力也可以集中超过1~2个小时。但是，长时间做自己喜欢的事情和集中注意力是两个概念。注意力是指能够忍受枯燥乏味并坚持去做的能力。

和过去相比，现在的孩子的注意力多少会差一些。这很大程度上是受到了电视等媒体的影响。只要觉得没意思，用遥控器按一下换个频道，就可以看别的内容，对一个主题进行深入思考的机会越来越少了。为了培养孩子的注意力，必须先限制孩子看电视的时间和内容。如果完全限制有困难，没收遥控器是一个办法。手动换台比较麻烦，就不会养成随意切换频道的习惯了。

电脑也会影响孩子的注意力。每次点击鼠标，都会打开新的页面，孩子在看完全部内容之前就会着急地去摸鼠标。孩子对电脑的使用类似电视，父母需要严格地控制。与孩子事先确定玩电子游戏的时间和内容，并要求只有父母在家的时候才可以玩。可以通过设置开机密码的方式，严格禁止孩子自己使用电脑。使用电脑很容易上瘾，开始时没有养成良好习惯，时间越长越难以控制。

最好不要给孩子提供太多玩具。一下子有了很多新玩具的情况下，可以一件一件地逐渐拿出来给孩子玩。随着社会的发展，环境对孩子注意力的负面影响越来越大，父母更应该注意孩子在日常生活中的具体细节和细微的小毛病。

● 共情能力

别人悲伤自己也感到悲伤、别人快乐自己也感到快乐，这就是共情能力[①]。具备共情能力的孩子看到其他小朋友被欺负或生病，自己也会心急。相反，如果不具备这种能力，就会觉得无所谓，甚至把别人的痛苦当做自己的快乐。

现在的孩子在这方面的能力都比较差。一个重要的原因就是孩子都缺乏父母理解自身感受的体验。因为父母对孩子的期望普遍过高，很少去理解孩子的内心，更多的是强迫和压制。在不理解自己感受的父母身边成长，孩子怎么可能懂得体会他人感受的方法呢?

要培养分享他人感受的能力，妈妈首先要全面了解自己的孩子。孩子受伤哭了的时候，不要总想着"这么大了还哭"，先要告诉他"好疼啊!"体会孩子的感受，然后再安慰孩子"以后可要小心哦，别怕疼，勇敢一

---

① 共情能力：是指体察他人的情绪、理解他人的情感、设身处地考虑他人处境，与之产生共鸣的一种能力。这种能力并非与生俱来，需要培养和锻炼，培养共情能力能帮助孩子更好的融入社会、建立良好的社会关系。

点!"如果学习内容比平时多,也可以先对孩子说"觉得没意思,有困难,是吗?"表示理解孩子的心情。

● 道德意识

简单地说,道德意识就是孩子能认识到自己的错误,感到自责并不再犯类似错误的能力。和冲动控制能力有些类似,但这是两种不同的能力。例如,欺负小朋友的时候,冲动控制能力不足的孩子动手以后会觉得后悔,而道德意识不足的孩子打了人也不认为是自己错了。

事实上,家庭对于道德意识的培养起很大作用。如果父母具备正确的公共道德观,诚实守信、关爱他人,孩子也会意识到"公共道德观"的重要性。如果经常听到别人对自己孩子的评价是"不讲道理",那么父母首先要审视自身的生活态度,然后再观察孩子对他自己的行为能否做出正确的是非判断。

在家中没有养成的道德意识也不可能在学校中得到培养。孩子犯错误的时候应该及时指出,并告诉孩子那样做是错的。更重要的是必须心平气和地告诉孩子为什么错了。孩子做对了的时候要不吝惜地表扬,并给予切实的奖励。孩子做出正确行为,一开始可能是为了获得奖励,但如此反复多次,自然会理解到正确行为的价值,并体会到其中的乐趣。与此同时,父母在生活中遵守道德规范也很重要。告诉孩子要遵守交通规则,自己却闯红灯,孩子是不会听父母的话的。在道德教育方面,没有比父母身体力行更好的办法了。

● 社会性

父母往往会认为,只要孩子的朋友多,就说明他社会性强。但其实孩子的社会性和朋友的数量并无太大关系。特别是现在,天天上网打游戏也能交到不少网友,关注朋友的数量就更没有意义了。当自己的意见和朋友出现分歧的时候,能够考虑朋友的立场并妥协,这才是社会性较强的表现。也就是说，哪怕只有一个朋友，如果能够建立长时间、深厚的友谊，同样是具备社会性的。

幼儿园里，两个孩子都想玩一个玩具，这时，其中一个孩子会说："你玩这个，我玩那个吧！"这就是一种妥协，和朋友发生了冲突，知道想一想朋友和自己的立场，并找到解决问题的办法。像这样能够站在对方的立场上看问题的孩子，上小学后也不会有什么问题。

相反，社会性发展不足的孩子会固执地坚持自己的主张。出现分歧的时候，换位思考的能力较差，无论如何也要坚持自己的意见。

想知道自己的孩子社会性发育得如何，要注意观察孩子平时和小朋友是如何相处的，特别是出现分歧的时候如何解决。培养孩子社会性的时候，告诉孩子不能固执己见，应该多考虑别人的立场。

这样进行入学准备

理想情况下，孩子只要心理准备充分就能够充分适应校园生活，其他准备并无必要，但实际生活中并非如此。入学前多少做一些学习准备是一种趋势，学校也会据此安排教学进度。所以，还是需要一些基本的准备。

上学前，可以让孩子认识一些并不复杂的字。数字可以从1数到200，最好还能掌握10以内的加法。可以在上学前一年开始这方面的准备。这样的学习开始得越晚，孩子的大脑发育越成熟，学起来越能达到事半功倍的效果，没必要操之过急。

固执、不喜欢学习的孩子在入学前6个月开始学也没有问题。即使上学前有很多不足，上学的第一年发展也会很快，没必要太过担心。很多孩子在家里都不喜欢学习，上学后看到其他同学学习后受到刺激，自然会努力的。

这些准备的目的是，减少孩子因为没有任何准备进入校园时受到心理伤害和产生心理压力的可能性。换句话说，并不是为了达到何种学习效果才为孩子进行这些准备的。所以父母对此不要期望过高，为了让孩子今后能够体会到学习的乐趣，基本准备就绪就可以了。

● 好奇心

不论任何人都会对新鲜事物产生好奇，尤其是小孩子。一看到新东西，就会两眼放光地跑过去。但是，有的孩子对新鲜事物会做出奇怪的反应，就算有非常新奇的东西摆在他面前，也会说"我知道这个"或者"又让我做啊？"一副不耐烦的样子。这样的孩子最讨厌的一句话就是"你再想想！"因此在学习方面总是显得消极和被动。

是什么扼杀了孩子本应具备的好奇心呢？不是别的，正是过度的学习。或许学习也是一种新的刺激吧，可好奇心就是在自己发现问题、探索问题、解决问题的过程中形成的。兴趣辅导班或者书本等单一的学习方式会压抑孩子好奇心的发展。如果上学前接受了过度的学前教育，上学以后重复学习已经知道的知识，孩子自然会觉得无聊。所以，幼儿园的孩子没必要接受过多的课外辅导，让他们尽情地体验、了解社会才是培养好奇心的途径。

还不识字

学龄前孩子最让人担心的就是识字问题。而且，要是知道谁家的孩子3岁就可以读书，甚至还会造句，自己的孩子却一个字都不认识的话，的确是让人发愁。赶快给孩子买来一堆教材和练习册，可教孩子识字真不像说的那么简单。只好郁闷地安慰自己："都说自己的孩子自己教不了，看来有一定道理哦！"

和语言有关的脑组织 6 岁以后才开始发育

想让孩子的学习取得效果，就要遵循孩子的发育过程。接受知识的身体和心理发育成熟，学习才可能取得预期的效果。大脑发育方面的专家徐维宪教授建议，语言和数学相关的学习最早也应该在 6 岁以后开始。因此，不用为孩子没有更早地识字而发愁。这不过是孩子的大脑还没有发育到可以接受这种程度的学习而已。5岁以后，负责综合思考的大脑组织开始发育，此时要多给孩子提供思考的机会。给孩子插上想象的翅膀，让孩子多进行丰富的体验，作为学习基础的思考能力就能够得到充分的发展。

有效的识字教育方法

1. 等到孩子的思考能力成熟了再学认字；
2. 通过丰富的亲身体验，培养孩子对文字的兴趣；
3. 通过看马路上的招牌或糖果名称教孩子认字；
4. 多读有意思的童话书；
5. 在家中多摆放写有物品名称的卡片。

有思考能力做基础，识字会变得容易

这个时期，和多认识一个字相比，培养对外部世界的思考能力更为重要。遇到新的问题可以自己想办法解决，不知道的事情能够主动提出"为什么"，有了这样的思考能力做基础，识字就会变得很容易。

因此，在孩子还不具备充分思考能力的情况下，父母应该放弃让他开始认字的想法。不要因为"邻居的孩子4岁就认字了""6岁的孩子还不识字是有问题的"而不安。没有"按照邻居家的要求培养自己孩子"这样的道理吧？

如果还不具备思考能力就进行文字和数字记忆，孩子只能成为"死记硬背的机器"。那样的话，孩子不但学不好文字，对其他的学习也不会理解或思考，而只是机械地记忆。

上学前的文字教育越晚越好

庆模是从上学前两个月开始识字的。通常认为，这个时候还不能读书是不可想象的。但是，庆模只学了两个月就会拼读了[①]。并不是庆模具备什么特殊的才能，而是他负责语言的脑组织已经得到了充分的发育。如果

---

① 译注：韩文是拼音文字，容易掌握。韩国孩子学习韩文的读写和中国孩子学习汉语拼音类似。

从庆模很小时就固执地教他认字，恐怕他反而会出现情绪方面的问题。

识字教育越晚越好。在孩子准备充分的时候进行，往往小时候教100次才学会的东西，现在立刻就可以掌握。

从整体记忆开始认字

一般情况下，孩子对文字的熟悉都是从整体记忆开始的。这时候，可以从孩子感兴趣的内容开始。孩子不经意间会念出爱吃的饼干包装袋上的文字，这就是因为感兴趣。自己喜欢的东西平时会更关心，看得多了，文字就像图案一样被记住了。然后在生活中遇到类似的文字就能够读出来。孩子正是通过这样的过程自然而然地熟悉文字的。

教孩子认字的时候，不能采用学习的方式，这会剥夺孩子锻炼创造性思维的机会。把孩子放在文字学习的框框中，会扼杀他的创造力，让孩子失去多角度观察社会并按自己方式解读社会的机会。

写字需要单独教吗？

一天，一位5岁女孩的母亲因为孩子的学习向我提出了这样一个问题："孩子已经认识好些字了，但还不太会写，现在写字很潦草，我应该教她好好写字吗？"

孩子识字达到一定数量后，又开始关注书写的问题了。书写能力和识字能力稍有区别，书写需要握笔、运笔等手部的细微运动能力。而且，写字并非简单的画图，还需具有对字意进行解读的思考能力。

能使用筷子吃饭时可以开始学写字

孩子从何时开始写字呢？识字需要认知能力和细微运动能力的共同发展，所以每个孩子的差别会很大。细微运动能力达到什么程度就可以写字了呢？大体上，可以熟练使用筷子夹菜时就行了。用笔划线和用笔写字是不同的，所以，要达到这个程度才能够写好字。

在医院里，为了了解孩子神经系统的成熟程度，我会让孩子试着写几个字。正常情况下写字的时候，另一只手应该保持静止状态，而细微运动能力薄弱的孩子，另一只手会一起动。过早地要求这样的孩子练习写字，他们会反感的。因此，写字练习要考虑大脑认知发育和身体发育两方面的情况，才能正确选择开始的时机。

不同的孩子差异很大

孩子学习时，一般情况下都是先读后写。也有观点认为应该同时开始，但从发育的层面来看，写字的能力还是在读的能力达到一定程度后才具备的。有的孩子很快就可以读，写字却很慢。但是，大部分这样的孩子对写字有了兴趣或认识到写字的必要性后，一旦开始练习，很快就可以熟练地写字了。

有的妈妈会盲目要求孩子进行写字练习，比较有代表性的例子就是使用字帖。但是，孩子不理解字的结构、含义，只是机械地练字，和临摹图画其实没有两样。而且，强迫孩子练字，孩子会感到压力，写字反而会越来越困难。因此，在孩子准备好之前要耐心等待。从发育特点上看，即便是正常情况下，不同的孩子在这方面的差异也很大，不必把每个孩子之间的差别看成太大的问题。

通过有趣的游戏练习写字

在这个阶段，任何知识都只有通过类似游戏的方式才能取得更好的学习效果。练习写字的时候，要在日常生活中让孩子感受写字的乐趣，这比强迫孩子在练习本的田字格里端端正正地练字效果更好。下面简单介绍几种用游戏方式练字的方法。

● 写孩子愿意写的字

去市场的时候，可以这样告诉孩子："你喜欢吃什么啊？你来写写看，妈妈好给你买。"正确把握孩子的动机，即便有困难，孩子也愿意尝试。

● 练习写信

女孩开始练字的时候，大多喜欢写信。写下"爱""你好"这样的词，会让她们体会到乐趣。如果妈妈能够先给孩子写一封"爱的信笺"，孩子会更愿意写信。

● 猜字游戏

可以让孩子用手指在父母背上写字，然后做猜字游戏。这是一种自然的练习写字的方式。

6岁可以上学了吗？

现在各地关于小学一年级的入学年龄限制规定不一，大多数采用的是6周岁入学。但是由于开学普遍是在每年的9月1日，所以规定的年龄是以9月份为界的。比如2009年9月1日开学，那么要求入学的孩子必须是2003年8月31日之前出生的孩子。而2003年8月31日之后出生的孩子就得延迟一年，等2010年入学。有些父母认为提前上学好，但同时又担心孩子不能够适应。这时候，除需要考虑当地的入学年龄规定以外，还需要判断孩子是否在生理和心理方面都做好了入学准备。也就是说，孩子的年龄只是个数字，不能只看孩子的年龄、出生月份，重要的是了解孩子的具体情况。

孩子的准备程度是首先要考虑的问题

很多妈妈都认为越早上学越好，并不考虑孩子的具体情况，盲目地想方设法让孩子提早去上小学，反而让孩子吃了不少苦头。孩子适应不了学校生活，重新回到学校至少需要1~2年的时间。结果是本打算提前一年上学的，最后却耽误了一年。年龄并不重要，孩子准备程度如何是首先要考虑的问题。如果准备不足，不但不能提前，甚至还要往后推迟。

首先，为了判断孩子是否适应学校生活，要考虑认知发育、社会性发育、情绪发育等各方面的情况。如果有比同龄人说话晚、情绪状态不稳定或者社会性稍有不足的情况，不应该提前上学。

如果父母不能做出判断，也不要担心，可以在要准备入学前半年多向小儿精神科的专家咨询。对小儿精神科有偏见的父母会认为"我的孩子又没什么问题，为什么要去看精神科呢？"其实，小儿精神科并不是孩子出现精神问题才去的地方。就像全面体检可以预防疾病一样，了解了孩子的心理情况，才能够找到最适合孩子的养育方法。

为了了解孩子对学校的适应程度，可以带孩子去小儿精神科等专业机构接受性格、智能等方面的检查。通过检查和咨询决定上学时间，既可以让父母放心，又可以保证孩子在最轻松的状态下进入校园。

身材矮小的孩子不宜提前上学

现在，很多妈妈都希望自己的孩子能够提前一年上学，认为这样就可以早升学、早就业。可现在学校的氛围和以前大不一样了，同伴们之间彼此少了一分照顾，却多了三分竞争。因此，没有准备好的孩子很容易受到伤害。

身体瘦弱的孩子容易被别的孩子欺负，这不但会导致孩子变得胆小畏缩，还让孩子很难和其他同学正常地建立友谊。我的个人建议是，如果本来想提前入学，但孩子体弱多病，应该考虑再等一年；适龄儿童如果体弱矮小，父母也应考虑是否要推迟入学。

如果以提前上学为目标培养，请不要轻易推迟

有的父母从孩子上幼儿园起就一直以提前上学为目标培养孩子，可由于种种原因，该入学的时候，孩子又不得不多上一年幼儿园。想一想，孩子这时的心情会如何呢？幼儿园的小朋友们都去上小学了，只有自己被留了下来，和一帮小弟弟、小妹妹在一起。幼儿园原来一个班的小朋友现在比自己大了一级，的确是让人尴尬的事情。

如果上述的那些前提条件都具备了，最好就让孩子和同班小朋友一样去上小学，但如果哪方面存在不足，就应该推迟。如果孩子因此情绪不佳，父母应该替孩子考虑，更换一家幼儿园。

如果孩子希望上学的意愿强烈，即便准备得稍有不足，也应该在6岁时送去上学。孩子有上学的强烈愿望，就能适应并跟上学校的生活节奏。

父母的心

老二比老大更可爱

有两个孩子的母亲经常会说："我觉得老二比老大更可爱。"

"都是我生的，怎么会这样呢？大的总惹我生气，小的做什么都可爱。如果不生老二，真是一点乐趣都没有了。我发脾气或者难过的时候，老二还会跑过来亲我呢！"

虽说是这样，妈妈还是费尽心思，避免老大知道妈妈的想法后内心受到伤害。都说"手心手背都是肉"，可自己生的孩子却是有的可爱，有的不那么可爱，看来老话说的也不一定对哦！

上天赐予的礼物——静模

很多母亲都说过觉得老二更可爱的话，我也曾经非常认同这样的说法。对我来说，疲惫不堪地用三年时间带大庆模以后，老二静模仿佛是上天赐予我的礼物。在美国的时候，作为研究的一部分，我曾经让静模接受发育检查，结果是静模在各方面都比同龄人早发育一年以上。看到检查结果的同事都惊叹到"应该送去上天才班啊！"观察总能举一反三、触类旁通的静模成为我生活中的最大乐趣。我甚至和丈夫开玩笑说："像静模这样的孩子，再生几个也行啊！"现在想来，当时因为庆模愁眉不展的面容，不知不觉间又因为静模喜笑颜开了。

大部分父母喜欢老二会胜过老大，再生的话，又会更加宠爱老三。在大部分家庭中，总是最小的孩子得到更多的疼爱，因此，最小的孩子对父母的依赖性更强，心理独立会更晚。

在抚养老大过程中取得的经验，会帮助父母更轻松地带大老二。但父母会误以为"老二的脾气更温顺"。而且一般情况下，生老二的时候正是老大四处乱跑、和大人顶嘴的阶段。因此，自然会觉得怀里一副天真烂漫样子的老二更可爱。被父母宠爱的老二为了继续得到关注，会做出更加可爱的举动，父母为此又会倾注更多的爱。而老大因此感到被疏远，会为了争夺父母的爱而对小的动"歪脑筋"。在妈妈眼中，就会认为老大越来越调皮了。

父母期待值的不同是偏爱老二的另一个原因。一般家庭对老大的期待值会很高，很多情况下孩子的行为难以达到要求；而对老二的期待值会比较低，稍微做得好一些，就能得到表扬。带第一个孩子的时候会想"都5岁了，应该可以自己吃饭的"，而老二长到了5岁，也会宽容地认为"还小呢，喂喂又何妨呢？"

虽说这些都是很自然的现象，但如果孩子感觉到了两种不同的态度，就会造成很多问题。两个孩子会产生隔阂，对双方的情绪都会产生不好的影响，应该特别予以注意。

比较只能造成孩子内心的伤害

老大庆模并非不清楚我对静模的态度和对他俩进行比较的内心看法，虽说庆模天生就对身边的事情不太在意，但都在一个家庭中生活，很多东西是瞒也瞒不住的。现在想来，我真为那时的想法感到遗憾和歉疚。

从结果来看，养育静模的过程并不比带庆模的时候轻松。静模无论学什么都能很快掌握，所以我教给他的知识越来越多，无论学什么都经常听到别人在表扬，我的期待值也越来越高了。最后，我的过高期待造成了静模的学习压力。静模上幼儿园的时候，因为学习压力过大开始说谎，这可真是"妈妈搬起石头砸了孩子的脚"啊！这时我才开始反省自己。

认为老二更可爱的妈妈中，可能有人和我有类似的经历，就算现在没有，以后也一定有所体会。也许现在老二的确显得可爱，但孩子就像是一颗四处乱弹的皮球，不知道哪天会变得让父母不知所措。因此，与其对孩子的态度时好时坏，倒不如正确对待、始终如一。

这以后，我努力给予两个孩子同样的母爱。发现庆模的可爱之处给予表扬，对静模也给予同样的关注。忽然之间，我发现庆模其实也是个很可爱的孩子，而静模也并非像我想象的那样十全十美。这时候，我才发现"手心手背都是肉"这句老话是多么的准确。

多子女家庭孩子的性格

● 老大

追求完美主义的性格。很多情况下都因为父母对自己比其他孩子期望值高而承受更多的压力。在弟弟、妹妹出生以前，老大独享父母的疼爱，自信心也得到培养。在弟弟、妹妹出生以后，由于嫉妒、不安，有可能出现退步行为。这时，要给老大更多的关心，让他确信"爸爸、妈妈都是爱他的"。

● 中间

可能像老大一样追求完美主义，也可能像老幺一样大方可爱，或者是两种性格的交叉。在争执中担当裁判的角色是他们的特点。由于处在中间位置，得到的关注相对较少，也会表现出叛逆的一面。这时候，要让孩子认识到，自己的存在对家庭有着特殊的意义。

● 老幺

大方可爱、善于交际的性格，偶尔会表现得散漫、反抗、不守规矩。在兄长被关注的时候他会嫉妒，在家庭对话中如果不占主导地位，会觉得被疏远。父母不能只看到他可爱的一面，要把他当做独立的个体来看待。

老二更可爱，是因为妈妈凡事都愿意将老二和老大进行比较。比如，"弟弟都会了，你也试试"。更过分的甚至会说"难道你还不如弟弟吗？"比较是非常不好的教育方式。兄弟姊妹间的比较会给孩子造成很大的伤害。

母爱也要通过实践不断完善

有位妈妈因为工作原因，把老大交给奶奶抚养了三年。怀了老二以后，就辞去了工作，把老大也接回来了。本意是希望弥补对老大的母爱。可是老二出生以后，妈妈看到老二感觉很幸福，面对老大却很难保持同样的心情，不知该如何是好。其实母爱并无特别的不同，只是现在对老大的爱是出于义务，而对老二的爱则是发自内心。

对自己克服诸多困难亲自抚养长大的孩子倾注更多感情是理所当然的。如果老大由自己抚养，老二交给奶奶，就会觉得老大更可爱了。由此可见，共处时间的长短也会影响到大人对孩子的感情。

我告诉这位妈妈，就当是头一次见到老大，尝试着多关心和爱护他。觉得老二更可爱，更应该勇于承认，然后加倍努力地去培养对老大的感情。都说母爱是本能，其实并非如此。母爱是在抚养孩子的过程中形成的，母爱也需要不断的实践来完善。没有和孩子共同克服困难的努力和体验，就不会有真正的母爱。

不应该发脾气却做不到

在抚养孩子的过程中，孩子让大人生气的事情可真不是一件两件。孩子从早到晚闹个不停，父母开始自然是以哄劝为主，突然间也会觉得怒不可遏，毕竟父母也是人嘛！但是，仍然不能在孩子面前发火。我经常劝告父母们："如果真生气了，一定要尽快回避孩子。"

回避总比对孩子发火好些。父母发脾气对孩子的影响是最不好的。

父母不能发脾气的理由

今天又发了一通脾气，怎么就控制不了呢？回头想一想，其实也不是什么大不了的事情，可每次都忍不住冲孩子发火。

妈妈想教孩子学一些英语单词，孩子扭来扭去，一副不情愿的样子。开始也是耐心劝告，孩子却一句话都听不进去。

"再不学就不给你买玩具了，饼干也不给买了！"可这么说了还是不起作用。

无奈之下只得厉声警告，孩子这才开始装装样子。但孩子不情愿的表情还是让人生气。

妈妈一边说着"你要这样的话，都给你扔了"，一边把图书丢到一旁，开始大声教训孩子……

被妈妈吓坏的孩子哭着哭着睡着了，妈妈望着孩子也留下了眼泪。每次都下决心"不发脾气"，可每次看到孩子不听话，都会不知不觉地发火。

登录妈妈们经常访问的网上论坛，常会看到类似的留言。妈妈失去理智对着孩子发脾气的时候，觉得自己完全正确，情绪平静下来又会感到后悔，于是就上网把自己的心情写出来，通过这种方式抒发自己的心情。

风平浪静之后，看到睡梦中天使般的孩子，妈妈很心疼。但是，睡梦中的孩子却看不到父母的眼泪，孩子记忆中留下的只是妈妈发脾气时的可怕神情。

有一天，一位母亲看了我的电视专访，打来了电话。专访的内容是这样的："任何人都有潜在的暴力倾向。由于成长环境不同，暴力倾向或被激发或被控制。父母应该帮助孩子从小学会控制自己的暴力倾向。为此，父母先要控制好自己的情绪。在常发脾气的父母身边长大的孩子，不可能很好地控制情绪。无论孩子犯了任何错误，大人都要宽容、不能发火，说的就是这个道理。"

一个打电话来咨询的母亲这样问我："父母也是人，不能总让我们忍吧？您知道吗？带孩子多不容易啊，怎么总是妈妈忍呢？"

真是心痛啊！我也是两个孩子的母亲，怎么会不理解这种心情呢？周末本想好好休息，却被孩子缠着，还要忍受他的各种调皮捣蛋。这还不算，还总要装出一副笑脸。我也觉得又辛苦又委屈啊！心里常会想到"我犯了什么罪吗？""我又不是圣人！"

虽然如此，我还是要对妈妈们说，在孩子面前就再忍耐一次吧。再怎么说，大人的心理状态还是比处于不安期的孩子更稳定，承受压力的能力也更强。

孩子还不具备承受和克服困难的能力。要求孩子忍耐，孩子就不能掌握正确表达感情的方法，也不能正常地成长。父母的忍耐也许会转化为父母的压力，但欲望被压抑或者看到父母发脾气，孩子会产生不安的情绪。那么，是不是父母忍让一下会更妥当呢？

观察被确诊忧郁症的孩子，就会发现大部分这种孩子的母亲平时经常发脾气。这种情况下，妈妈也要和孩子一起接受心理咨询和治疗。反省自己对孩子发火的根本原因，引导母亲控制自己的情绪。妈妈结束治疗后，过不了多久，孩子的病情会不知不觉地好转。

情绪调节不是一瞬间实现的。平时没养成好习惯，情绪爆发的瞬间就会很难控制。因此，不止在面对孩子的瞬间，日常生活中的时时刻刻，父母都要注意控制自己的情绪。

- 习惯性地观察别人的脸色；
- 总是紧张、胆小；
- 消极，缺乏主动性和创造性；
- 易出现攻击性行为，小事也爱发脾气。

妈妈情绪不好时不要批评孩子

经常发脾气的父母也不是一开始就发火的，总是先哄着劝着孩子，孩子仍然不听话才提高嗓门或者动手的。这种情况下，父母的情绪调节能力和学识水平没有太大关系。我倒是经常看到所谓的知识分子在和孩子乱发脾气。

有些人天生就具备比较好的情绪调节能力，可一般情况下，大多数人都需要努力才能比较好地控制情绪。孩子不听话时，我也会忧郁烦躁，甚至不想去医院上班。情绪不稳定的时候面对孩子，感情也会流露在脸上。所以，当我情绪不好的时候，即使孩子不学习、不爱吃饭，我也不会去管。如果情绪最差时的数值是满分十分的话，我要等情绪恢复到七八分的时候，才会和孩子讲话。我面对孩子的时候，会掌握三个原则：

第一，经常自我反省；

第二，经常确认自己的心理状态；

第三，情绪不好时绝对不朝孩子发脾气。

我抚养两个孩子时用到的情绪调节方法

我选择的情绪调节方法是音乐欣赏。我的性子比较急，但听到舒缓的音乐后，心情就会慢慢平静下来。

如果这样还是不行，我会暂时回避孩子。比如晚上留在医院看书或学习到很晚。虽然对不起等着妈妈回家的孩子，但总比凶神恶煞般地对孩子发脾气好吧？

不能很好地进行情绪调节的父母会使孩子变得畏缩，无法树立正面的自我意识。为了不成为孩子发展的绊脚石，父母必须掌握情绪调节的方法。

发脾气后道歉的效果

即便父母没有控制好情绪，冲孩子发了脾气，之后只要处理好，就不会给孩子造成太大的伤害。父母应该坦率地承认自己的错误。就算孩子做错了，父母大发雷霆也是不对的。父母如能为自己的错误向孩子道歉，会有很好的教育意义。具体办法如下：

● 和孩子平等地对话

因为小事和孩子发过脾气以后，我有时也会觉得自己有些过分。所以，经常会抱歉地对孩子说："对不起啊！吓坏了吧？刚才妈妈实在太生气了，以后一定改正！"这时候，孩子才慢慢放松下来，和我开玩笑地说："妈妈你才明白啊？"或者说："妈妈这么做就对了。""看来妈妈最近压力也不小哦！"通过和父母的平等对话，孩子感受到被尊重，会轻松地说出自己的想法。

● 让孩子明白承认错误后可以被原谅

通过父母道歉、孩子接受道歉的过程，孩子认识到只要道歉就能够被原谅的事实。这就像给孩子打了一针预防针，告诉他在人生路上无论犯了什么错误，都要勇于面对，同时也要善待自己，不必过分自责。

● 抚平孩子的心灵创伤

父母的及时道歉，可以迅速抚平孩子的心灵创伤。父母认识到错误后应该马上道歉。如果不及时承认错误，孩子受到的伤害愈来愈深，会成为不可磨灭的痛苦回忆。

如果感觉当时难以和孩子交谈，至少应该先说一声"对不起"。因为一声道歉，彼此情感的隔阂一瞬间也许就消失了，亲子关系又会重新恢复到相互尊重、关心、爱护的状态。

0～6岁幼儿心理关键问题

1岁（0～12个月）

不要孩子一哭就喂奶　99

婴儿腹绞痛的症状和治疗方法　102

严格禁止如此对待"夜哭郎"　105

慎用奇应丸　112

孩子也会做噩梦吗？　113

大方地请求帮助　115

避免闹觉的三种方法　115

认生 vs 分离焦虑　121

敏感的孩子　122

不要和孩子讲条件　128

可能是自闭症的恋物行为　128

弗洛伊德阐述的性本能发育阶段　130

把自己撞得鼻青脸肿　132

不可行的方法　134

不同气质孩子的抚养方法　136

托付周岁前的孩子　150

克服"慈母情结"的7个步骤　163

2岁（13～24个月）

发脾气时绝对不能对孩子说的话　165

夫妻吵架时应该这样做　166

绝对不能打孩子的情况　168

通过积极的情感表达，促进

依恋关系的形成　171

已经能够控制排便的孩子

突然尿裤子了　176

纠正偏食的小窍门　184

多动症（ADHD）造成的攻击性　187

满周岁的孩子们各玩各的　189

让孩子不再耍赖的5个方法　198

孩子患有自闭症时怎么办？　200

类自闭症　202

培养孩子好性格要做到的几点　204

笨小孩来自父母的错误习惯　215

3～4岁（25～48个月）

孩子准备好自理大小便了吗？　226

孩子注意力水平如何？　235

如何提高孩子的注意力？　237

对孩子攻击性的误解　241

解决孩子攻击性问题的游戏　242

控制消费诱惑是关键　245

对于情绪激愤行为，谨记以下内容　249

消除恋物情节的游戏治疗法　253

多动症检查表　257

多动症治疗案例　261

读很多书给孩子听，他的语言能力就能发育好吗？　263

身体不舒服让孩子不会说话　265

语言发育迟缓的原因　266

孩子的语言发育正常吗？　267

我的孩子是口吃吗？　270

在日常生活中培养孩子语言能力的方法　272

收拾东西时要这样对孩子说　281

对吮吸手指的孩子绝对不能这么做　288

美国儿科学会提出的幼儿正确收看
电视注意事项　294

早期教育要点须知　296

孩子玩性器官时，父母不应做的
三件事　303

孩子玩性器官时，父母应该做的
五件事　303

在选择教育机构时需要了解的情况　306

不同教育机构的介绍　307

分离性焦虑障碍测试表　313

和丈夫、公公、婆婆一起抚养庆模　316

老大打老二的原因　320

养育两个孩子的要点：谋求孩子
爸爸的帮助　323

预防孩子之间发生冲突的方法　328

告诉孩子如何保护自己　332

鼓励孩子树立信心的话　335

你的孩子害羞吗？　338

顺从病　341

必须要打孩子的时候应该这样做　346

让孩子改掉说话哼哼唧唧的毛病　354

根据孩子性格特点选择不同的
学习方法　367

5~6岁（49~72个月）

孩子具备数学能力的特征　372

培养数学能力的好方法　373

和早期教育有关的荒谬理论　378

课外辅时应该考虑的几点　384

在生活中培养创造力的窍门　388

面对宠物死亡，妈妈可以这样做　390

孩子遭到性侵犯后的表现　399

孩子遭到性侵犯后应该注意的几件事　400

养成良好饮食习惯的秘诀　405

游戏上瘾引发的问题　407

预防游戏上瘾的方法　408

让孩子彬彬有礼的十大原则　411

指出孩子错误前，自己应该想到的　414

让孩子善于表达的小秘诀　416

培养发言能力的7个提问　418

打击孩子自信心的话　419

语言能力发育迟缓引发暴力行为　424

行动敏捷、心比天高的志敏　426

搬家后首先要适应周边环境　428

帮助孩子社会性发育的秘诀　431

和幼儿园老师沟通的方法　436

让孩子爱读书的方法　438

孩子讨厌读书的原因　439

这样进行入学准备　447

有效的识字教育方法　449

通过有趣的游戏练习写字　451

多子女家庭孩子的性格　456

父母爱发脾气孩子性格受影响　460

发脾气后道歉的效果　461

0～6岁幼儿心理关键词

B

爸爸　45，77，112，120，222，223

保姆　90，161，170，291，320

表达能　63，170，195，239，269，338，351，
354，415，416，417，418

不听话　63，72，339，344

C

产后抑郁　81，82，104，146，147，148

成长　53，77，151，169

成长环境　76，134，141，170，179，201，203，
239，272，304，331，459

成长期　53，61，63，74，339

迟钝的孩子　91，136

吃饭　60，174，182，403

创造力　55，220，308，385，386，387，388，
426，450

挫折感　98，134，160，168，187，218，288，
297，301

D

大便　111，226，227，229

大脑发育　295，297，365，381

大器晚成的孩子　380

大小便　140，160，175，225，293，295，305，
317

大小便自理　226

打招呼　189，282，283，310，338，433

代理抚养人　150，202

道德内化　347

E

噩梦　111，113，232，399，462

F

发脾气　131，164，167，238，247，433，458

抚养环境　174

抚养态度　53，64，68，87，135，141，146，193，
195，201，248，369

发育检查　53，267，454

发育课题　100，156，171，410

发育障碍　44，58，93，151，199，263，293，379

分离焦虑　118，144，315

腹绞痛　101，102，107，462

父母的作用　200，260

夫妻吵架　166，462

道德意识　240，446

捣乱　259，279，321

等待　138，318，435

弟弟、妹妹　66，160，241，317，398，404，456

电脑　38，93，405，412，439，445

电视　37，291，397，405

电子游戏　80，239，294，406，407，408，409，
445

独立性　39，63，76，177，178，195，227，251，
287，315

读书　51，180，205，263，294，303，357，386，
437，448

对话　181，191，245，263，275，300，332，353，
391，402，408，416，421，424，456，461

多动症　54，57，187，235，239，255，258，444

辅食 60，93，107，144，164，173，182，403
负罪感 200，258，303

G

感觉 104，140，147，205，387
感觉发育 98
肛门期 130，227，228
钢琴 322，374，376，380，381，384
公主游戏 358，359
沟通 74
公共场所 40，48，197，234，237，246，258
攻击性 186，218，238，241，242，422
共情 445
共情能力 445
固执 32，56，62，68，156，177，194，197，
　　260，342，362，431，447，450
乖僻的孩子 91，102，137，150
规则 55，213，227，299，300，314，341，362，
　　409，413，446
过度保护 239，433，444
过激行为 33，63，131，139，249，261
过敏 49，101，129，141，331
棍棒 73，167，345

H

害怕 95，110，113，124，158，177，208，330，
　　389
害羞 64，65，282，330，336，349，367，382，
　　417，433
好习惯 43，63，72，241，280，283，357，445，
　　459

荷尔蒙 82，110，146
互联网 406
坏习惯 71，105，115，275，404

J

肌肤接触 128，298，315
积木 185，263，266，280，301，338，370
记忆力 121，144，179，240，372
家庭环境 204，206，223，237，386
焦虑 114，118，253，287，312
焦虑障碍 122，159，233，313，315，330
教育机构 217，288，305，311，313，315，330，
　　360，380，427
教具 258，373，385
教育效果 222，365

K

课外辅导 365，439，448
恐怖的2岁 218
恐惧 51，78，99，104，109，113，118，121，
　　124，153，158，208，230，330，390
口吃 268，269，270，271

L

老二 317，321，454
老人 37，149，160，170，348
老师 40，54，163，170，241，277，306，377
离婚 84，85，223
逻辑 70，193，276，358，362，410，418

M

骂人 273，274，275，424，444
敏感的孩子 43，91，102，122，136，141，160，229，248，403
母爱 370，457
模仿心理 408

N

男性 223，237，359，361
闹觉 89，114，115，116，137
逆反情绪 61，84，134，157，176，185，241
尿布 140，225，302

P

排便练习 160，175
叛逆 241，242，273，456
偏食 182，183，184，201，405
朋友关系 27，135，432
破坏 66，82，95，112，132，301，321

Q

气质 90，135
谦让 284，285，286，324，327，363
谦虚 420
情绪表达 42
情绪发育 88，109，148，152，297，352，379
情绪分化 143，196，208
情绪激愤行为 247
情绪调节 443，459，460

情绪调节能力 443，460
情绪稳定 34，35，115，145，178，251，264，404

R

人际关系 189，224，273，282，420
认生 43，87，94，115，137，178，188，200，330，336，367
认字 55，449，450
认知发育 220，276，452
认知能力 58，151，271，276，295，299，309，450
入学 53，345，357，374，418，428，442，453

S

散漫 32，56，135，314，456
思考能力 38，55，63，358，449
死亡 389
社会性 123，178，188，330，430，446
社会性发育 58，82，92，148，201，224，265，311，415，420，430，440，447
神经质 78，167，259，318
身体发育 36，37，53，88，110，143，182，263，287，403，451
生病 45，107，120，141，149，161，183，220，249，303，362，396，445
数的概念 371，372
数数 165，371，372，373
熟睡 111，113，117，325
数学 308，371，380，436，448
耍赖 83，196，218，243，247，289

双语幼儿园　382，422，427
双职工　307，313，350
睡眠　109，231
说服能力　418
说谎　70，165，276，341，384，455
说脏话　273

T

体罚　72，167，168，239，241，346，347
提问　221，236，268，337，355，388，395，416
偷盗癖　289
退步行为　179，319，456
托儿所　169，188，264，305，427

W

外公、外婆　149，308
玩具　127，192，245，252，279，289，295
喂奶　99，101，105，111，114，137，299，319
温顺的孩子　91，121，136，147，204，330

X

习惯　129，182，279，403
想象力游戏　220
小儿精神科　52，141，177，260，292，296，
　　　　339，384，400，432，452
协作游戏　213
心理发育　88，175，340，344，448
性别角色　223，302，358，393
性别角色认同　223，393
性格好　203

性教育　48，303，357，389，393，395，399
性器官　129，302，392
性生活　30，393
性侵犯　394，398
性游戏　263，301，393
学说话　266，269，378
学习动力　375
学习态度　382
学习压力　276，367，455
学校　119，186，258，345，379，413，418，
　　　443，452，453
学走路　36，153

Y

厌恶　132
药物治疗　54，187，260，442
依赖性　45，76，157，170，177，312，320，455
依恋关系　118，169，253，312，348
依恋障碍　123，348
依恋行为　171
医院　50，142，209
益智玩具　295，378
爷爷、奶奶　37，45，120，125，149，241，291，
　　　　316，390，412
饮食习惯　60，172，184，404，405
婴儿床　30
营养　50，172，179，182，184，207，256，
　　　294，403
婴幼儿期　151，204
英语　38，214，240，263，292，307，380，422，
　　　428，437，442，458
勇气　51，69，124，163，208，333，399，435

幼儿期　151，204，293，313，378，392

幼儿性欲　129

育儿压力　189

幼儿园　39，305，422

游戏　205，211，295，359

游戏上瘾　406，407，408

游戏治疗　54，253，260，264，315，442

欲望　60，125，205，215，244，245，250，374，
　　　393，409，418，444，459

语言发育　58，179，200，262

语言学习　199

运动发育　36，152，201

运动能力　36，194，450

Z

早期教育　214，239，295，377

自闭症　44，58，123，180，199，263，293，384

自残　34，85，131

自律　64，76，177，195，204，227，280，385

自慰　47，131，204，396

自我表现　157，199，363

自我调节能力　219，229，237

自我意识　63，99

自我中心意识　187，284，285

自信心　330，417，420

自尊心　353，362，419

占有欲　178，192，243，284

智力发育　38，58，89，196，208，214，219，
　　　　　298，368，380

主要抚养人　44，59，88，90，100，117，125，
　　　　　149，170，265，270，348

注意力　56，187，206，234，255，280，444

准备程度　452

♥ 温馨"拥抱"孩子的心

这本书让我感触良深。作为母亲，我无疑是爱孩子的，可是我常常问自己，我真的具备足够的育儿知识吗？现在我才知道，如果妈妈不明白孩子为什么会哭，孩子会多么烦恼和失望。我也是到现在才明白，我觉得是无理取闹的一些行为，原来都是孩子的心理发育过程！孩子的每个行为背后都有原因，都需要妈妈去了解。

—— chelobek

♥ 孩子出生前就可以上的心理育儿课

我当妈妈已经一年了，这本书帮我解决了许多曾经困扰我的问题，还帮我树立了新的育儿观念。我是孩子满周岁之后才读到这本书的。我建议，如果妈妈能在孩子出生前就读一读这本书，对以后的育儿会非常有帮助，至少遇到问题时不会慌张了。我极力推荐这本书。

—— Ippo 76

♥ 给新手父母的好礼物

名副其实，的确是一本幼儿百科全书。虽然这本书接近500页，但你不用一页一页地一口气读完，你只需要读与你的孩子心理特征符合的那部分就可以，这样会方便许多。我们这一代人现在很少和老人住一起，很难得到上一代人对育儿的指点。当然，上一代的育儿方法也不全都正确。所以，这本书对年轻妈妈的帮助很大。这本书也非常适合送给准妈妈或孩子不满周岁的新手父母，是一份非常不错的礼物哦！

—— Hayangmulgam

♥ 疲倦时读一读吧

孩子成长过程中会出各种各样的状况，年轻的爸爸、妈妈会遭遇很多尴尬又烦恼的事情。还不会说话的孩子究竟需要什么？孩子的行为是否正常？作为新妈妈，我也经常上网搜一些问题的解决办法，可有时花去很多时间也找不到满意答案，还不确信网上提供的方法是否科学，真是又辛苦又困惑。这本书不但了解孩子的心，也了解我们这些做母亲的心；它不但解决问题，还抚慰疲惫的母亲，是在育儿过程中感到疲倦时可以用来放松心情、重获信心和力量的书。

—— archbjue

♥ 后悔没有早点读到这本书

我觉得由妈妈写的育儿书是最好的，我从这本书里可以感觉到申宜真教授抚养自己的两个孩子时也经历了许多磨难。我读这本书时想起了我抚养孩子的过程，如果当时读到这本书，孩子出现突发行为时就能更加细心地照顾了。我和婆婆在育儿观念上经常发生冲突，当时我还担心自己的想法会不会错，现在我明白了，老一套育儿法真的不太对！总之，这本书解答了许多妈妈的共同烦恼。

—— jujulong

♥ 轻松快速解决一切麻烦

以前孩子有什么出人意料的行为时，我就很着急，去网上搜索解决办法，或者去找相关图书，可是一次又一次地这么做，太费时间了，有时也远水救不了近火。现在，我的孩子有30个月了，但还不会自理大小便，我非常苦恼。听朋友推荐读了这本书后，我找到了答案。我理解了孩子不愿意进行排便训练的原因，并且知道了具体的解决方法。除了自理排便问题，这本书还讲了许多棘手的育儿问题，我想育儿期间我离不开这本书了。这本书覆盖0~6岁的每个阶段都会出现的问题，非常全面。

—— hjsoon

读者调查表

您好！谢谢您购买"家庭教育"系列读物。为了以后推出的书对您更有帮助，请您抽几分钟时间填写调查表。您的意见对我们非常重要。为了答谢您的支持，我们将从问卷中（Email或邮寄均可）随机抽取若干份，赠送我们的新书一册。

您是孩子的：爸爸/妈妈

姓名：_____ 职业：_____ 年龄：_____ 手机：_____ Email：_____ 地址：_____

---

1. 您的孩子今年多大了？
A 0~1岁　　　　　B 1~2岁　　　　　C 3~4岁　　　　　D 5~6岁　　　　　E 其他（请说明）_____

2. 您是从何处得知这本书的？
A 书店偶然看到　　　　　B 网上浏览时发现　　　　　C 朋友送的　　　　　D 其他（请说明）_____

3. 您平时主要通过哪些途径购书？
A 书店　　　B 商店或超市　　　C 互联网　　　D 邮购　　　E 大型书市　　　F 从图书馆借阅
G 从网上下载　　　H 其他（请说明）_____

4. 您是否阅读育儿杂志？
A 经常　　　　　B 偶尔　　　　　C 从不　　　　　D 以前常读，现在不读了。

5. 您比较喜欢的育儿类杂志有哪些？ _____

6. 您主要从什么途径获取育儿方面的信息和知识？
A 杂志　　　　　B 网络　　　　　C 书籍　　　　　D 其他（请说明）_____

7. 您最常去的网上育儿论坛是： _____

8. 您目前最关注的是下面哪些内容？（可多选）
A 幼儿早期教育　　　B 幼儿营养、喂养知识　　　C 幼儿疾病防治　　　D 幼儿心理健康　　　E 幼儿安全问题
F 成功妈妈育儿心得　　　G 幼儿智力开发　　　H 幼儿性格发展　　　I 夫妻及家庭关系　　　J 幼儿才艺培养
K 和宝宝一起阅读的小故事　　　L 爸爸、妈妈常用的日常小百科（如：如何给宝宝买保险）　　　M 手工制作
N 专家答疑　　　O 其他（请说明）_____

9. 您觉得图书封面上放谁的推荐语对您会更有帮助？（可多选）
A 育儿专家　　　B 其他妈妈　　　C 幼教专家　　　D 节目主持人　　　E 其他（请说明）_____

10. 如果举办下列形式的活动，您觉得哪种您比较愿意参加？
A 专家讲座　　　　　B 打折促销　　　　　C 买一赠一　　　　　D 买书赠礼　　　　　E 作者签名售书

11. 如果继续推出"家庭教育"系列图书，您希望介绍哪些方面的内容？
_____

请将以上问卷传真至010-64036522，或邮寄至：北京市东城区朝内大街137号世图北京公司心理学办公室收，邮编：100010。
如您有其他建议或意见，请登录博客留言：http://blog.sina.com.cn/u/1308389980，或发邮件至 wpc_psy@163.com。非常感谢您的时间和帮助，祝您的孩子健康成长！